谨献给

云南昆明隆重召开的《生物多样性公约》

第十五次缔约方大会

新中国城市发展研究丛书

总　编 / 潘家华　副总编 / 单菁菁　陈洪波

刘云凤　姜海凤　蓝明星 等 / 著

社会科学文献出版社
SOCIAL SCIENCES ACADEMIC PRESS (CHINA)

丛书编委会

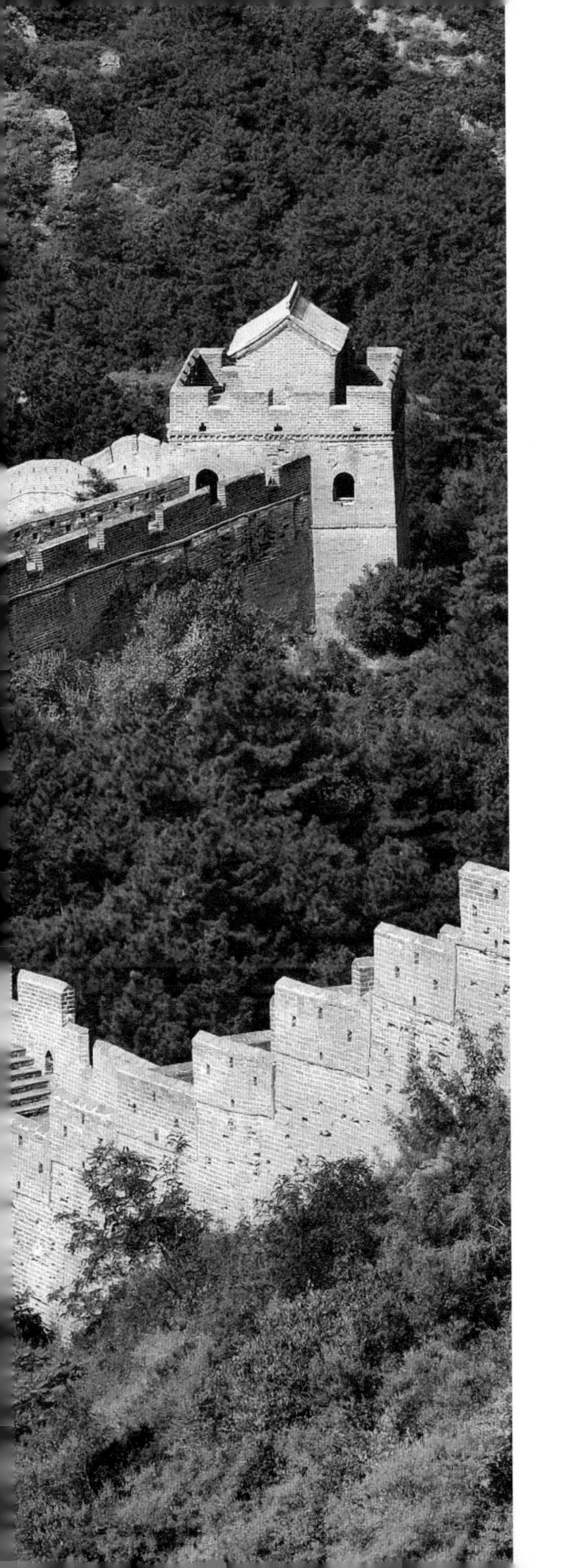

总编单位简介

中国城市经济学会成立于1986年5月，是由中国社会科学院主管（生态文明研究所代管）、在民政部登记注册的国家一级学会和全国性、开放性学术平台，旨在开展城市发展和城市经济前瞻性理论研究，总结城市发展经验，推动产、学、研交流，促进城市可持续发展。

学会第一、二、三届会长汪道涵，第四届会长周道炯，第五届会长晋保平。第一届名誉会长王任重，第二届名誉会长费孝通，第三届名誉会长李铁映，第四届名誉会长李铁映、汪道涵。历任顾问包括江泽民、费孝通、顾秀莲、刘国光、王洛林、陈佳贵、吴树青等，历任副会长包括王茂林、汪光焘、周干峙、龙永枢、李京文等。目前，会长由中国社会科学院学部委员、中国社会科学院生态文明研究所（原城市发展与环境研究所）原所长潘家华担任。在第一届学会成立年会上，时任上海市市长的江泽民同志出任了学会顾问。在1991年第二届年会上，时任国务院副总理的朱镕基同志到会接见与会代表并做了“关于城市经济发展与城市建设”的重要讲话。经过30余年发展，学会积累了大量的专家、学者资源，包括36位院士、学部委员，200余位教授、研究员，300多位副教授、副研究员，共计1000多位来自全国高等院校、科研院所、城市管理部门和相关企业的高级人才会员。

作为全国性的国家一级学会，中国城市经济学会一贯秉承发展城市、服务城市的宗旨，针对城市经济改革和发展中的重大理论和实践问题，特别是热点、难点问题，动员和组织会员及相关专家、学者进行深入的研究，提出研究报告、政策建议或出版专著，促进政、产、学、研开展广泛的学术研讨和交流。学会凭借雄厚的智力资源优势和健全的组织网络，在服务国家战略的同时，还为各地市提供发展战略、产业规划、土地利用、功能定位、环境治理等项目的研究和咨询，为推动中国城市改革和经济高质量发展提供智力支持。

网址：http：//www. zgcsj. net

公众号：

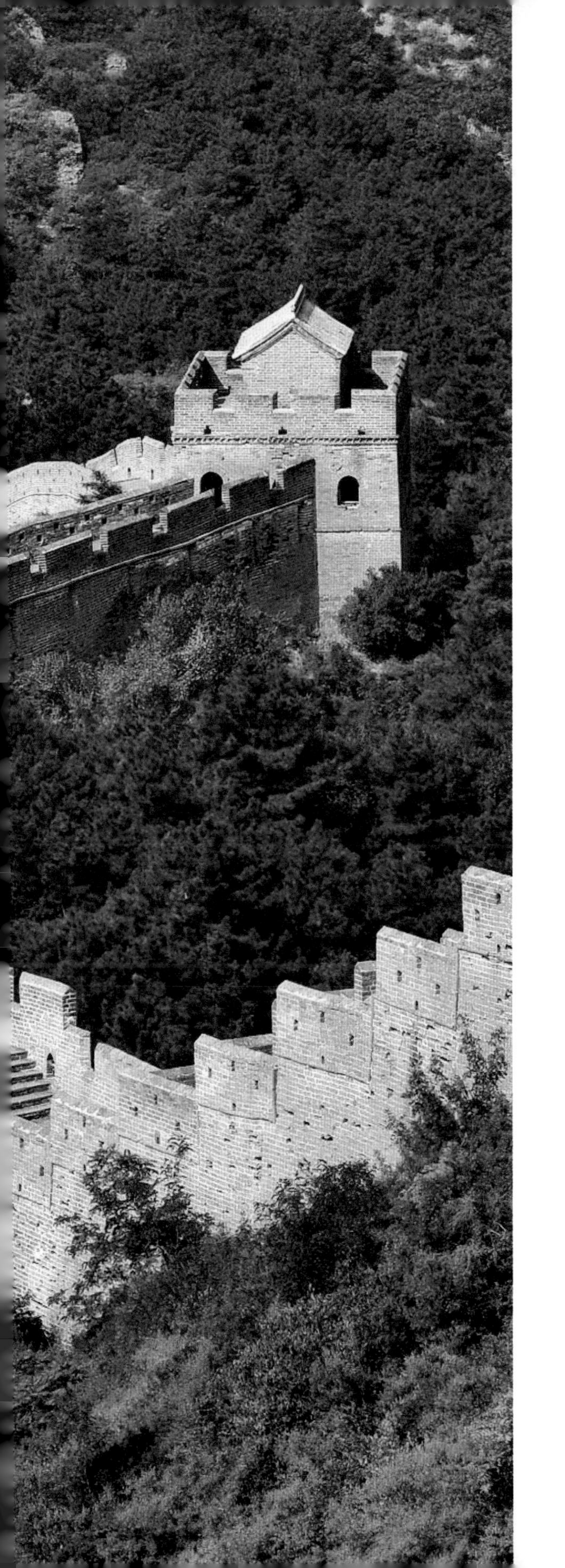

总编简介

潘家华 中国社会科学院学部委员，中国社会科学院生态文明研究所（原城市发展与环境研究所）研究员，博士生导师。研究领域为世界经济、气候变化经济学、城市发展、能源与环境政策等。担任国家气候变化专家委员会委员，国家外交政策咨询委员会委员，中国城市经济学会会长，中国生态文明研究与促进会副会长，中国生态经济学会副会长。先后发表学术（会议）论文300余篇，撰写专著8部，译著1部，主编大型国际综合评估报告和论文集8部；获中国社会科学院优秀成果奖一等奖（2004年）、二等奖（2002年），孙冶方经济科学奖（2011年）。

单菁菁 中国社会科学院生态文明研究所研究员、博士生导师，中国城市经济学会常务副秘书长。先后主持国家社科基金课题、国家高端智库课题、中国社会科学院创新课题、国际合作课题、省部委及地方委托课题56项，出版专著3部，主编著作12部，参与了14部学术著作和《城市学概论》《环境经济学》等研究生重点教材的撰写工作，先后在国内外发表学术（会议）论文100多篇，向党中央、国务院提交的政策建议多次得到国家领导人的批示，获得各类科研成果奖13项。

陈洪波 中国社会科学院生态文明研究所研究员、中国城市经济学会秘书长、中国社会科学院可持续发展研究中心副主任。2004~2005年国家公派赴英国剑桥大学经济系研修能源－环境－经济模型。主要研究领域为气候变化经济分析与政策研究（包括碳交易、低碳建筑、国际气候治理和城市节能减排等）、生态经济理论及生态城市规划。先后发表论文50余篇，出版著作5部，主持国际国内课题40余项，获得国家科技进步奖二等奖等省部级以上奖励5项。

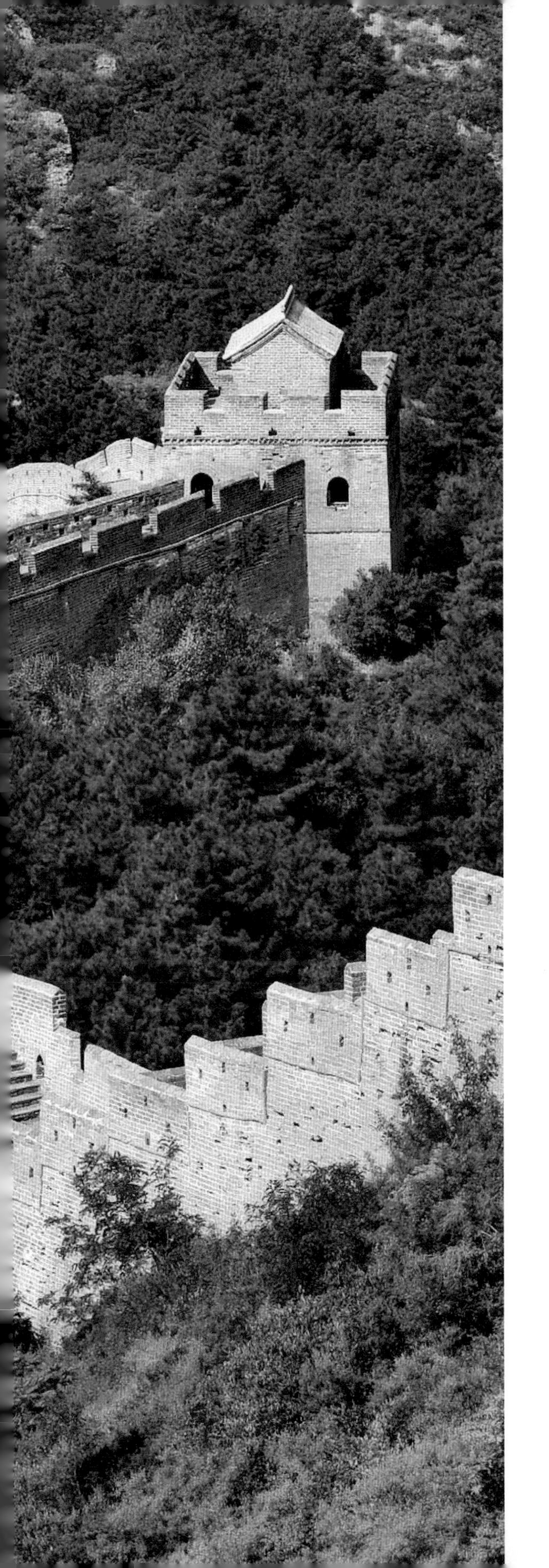

新中国城市的跨越式发展
（总序）

无论东方还是西方，城市都是社会文明的高地、引领社会进步的重镇。中华文明传承5000年，直到近代工业文明进入华夏，我们的城市基本上只是“城池”和“集市”的组合，没有工业革命后现代意义上的城市发展。新中国成立后，尤其是改革开放以后，我们的城市发展可谓波澜壮阔、日新月异，实现了历史性的跨越，也推动着世界城市化进程加速发展。新中国城市发展的辉煌成就，有着鲜明的特点，成功的经验需要总结，未来的发展也需要谋划。

新中国成立以前，农耕文明占据主导地位，虽有一些民族工业和有限的现代产业，但总体上属于典型的农业社会，城市人口占总人口的比例只有10.6%。从生产率水平上讲，传统农业社会能够供养的非农业人口比例，大抵也就在这一水平。新中国成立以后，经过社会主义改造和国民经济发展，城市发展虽有所提速，但由于资金的匮乏和技术的落后，也只是有限点状布局，整体规模和水平不高，历时30年，仍然只有不到20%的人口居住在城市。其间几经波折，从20世纪60年代初的三年困难时期大批城市居民返乡和20世纪60年代后期持续长达十年的数千万知识青年因缺乏就业岗位而离开城市“上山下乡”的“逆”城市化，表明改革开放前城市化进程的缓慢与艰辛。为了控制城市规模，保障城市的“有序”发展，20世纪50年代末期行政管制分割城乡，在制度上形成城乡“二元”的固化格局。

1978年，改革使得城乡分割的坚实藩篱逐渐松动，开放注入城市发展的资金、技术和市场活力。改革开放后的40年，中国的城市化率以平均每年高于1个百分点的速度，稳步而快速推进。对于一个十多亿人口的大国，1个百分点意味着每年新增的城市人口超过1000万，比丹麦、挪威两个国家的人口总和还多。2010年，中国的城市化水平与世界同步，超过50%的人口居住到城市。随后，中国以平均每年超过世界城市化速度0.5个百分点的速度，领先于世界城市化进程。2019年，我国城市化水平超过60%，达到60.6%，东部沿海和部分经济较为发达的省区，超过65%，有的例如上海、北京等地区，城市化水平已经达到甚至超越一些发达国家的水平。

中国人口众多，地貌多样，经济多元。历史上的"城池"尽管在新中国得以继续发展，但许多在工业化进程中地位被相对弱化。比较典型的例如河南开封、洛阳，河北张家口、保定，或由于偏离于现代交通的铁路干线，或因"城池"或行政层级地位的变化而相对地位下降。而一些资源型城市，例如黑龙江鸡西、辽宁抚顺、内蒙古鄂尔多斯等，因煤而兴，但随着资源的耗减和经济转型而发展乏力。一些投资驱动的制造业城市，例如湖北十堰、四川攀枝花、甘肃酒泉等，因国家定点的汽车、钢铁等战略投资拔地而起。就教育和科技创新主导的城市发展而言，福建厦门和广东深圳是比较典型和成功的。传统的流通型城市，教育和科技也比较发达，多附有行政功能，而规模扩张迅速，成为大城市、特大城市的发展范例，包括直辖市、省会城市、副省级城市等。许多城市的扩张和新兴城市的崛起，也具有行政指令的特色。大城市和特大城市的外延扩张，多以兼并周边县域的方式拓展；建成区的外延，也多将市辖县更名为城区；也有许多地、州、县，直接撤地（州、县）建地级市、县级市；一些县级市和新建城区，也将撤乡建镇、建街道，撤村建居民委员会。如此通过行政区划的调整而拓展城市规模，使得城市化快速推进。

尽管各地城市化路径多元，但城市发展成本相对低廉，是中国城市得以快速跨越发展的条件；相对低廉的城市建设成本，源自制度上的土地公有制和城乡户籍管控。城市发展必须要有土地空间作为载体。社会主义的土地国有和集体所有的公有制度安排，使得城市规划得以根据需要开展、土地征用可以非常低廉的价格获取。不仅如此，城市扩张过程中，从村集体农民手中获取的低成本土地，政府通过"招拍挂"的方式出让，获取巨额的资金来源，可用于城市基础设施建设和弥补城市财政资金的短缺。以至于许多城市的财政实际上在相当程度上成为依赖于土地出让收益的"土地财政"。城市发展需要劳动力，而劳动力的生产和供给又需要大量的城市公共服务和设施保障。但是，新中国的城市化有效地避免或大幅降低了这一部分成本。改革开放前，许多"半边户"（即夫妻一方是城市居民、另一方是农村居民）中，农村居民不能享受城市公共服务；改革开放后，数以亿计的农民工，付出劳动，发展工业、建设城市，但是由于没有城市户籍，他们往往不能平等享有城市居民的权益，例如子女教育、医疗、失业、退休、住房等保障。以至于常住人口统计意义上的城市化率远高于户籍城市化率。直至 2019 年，这一差额尚高达 16 个百分点，也就是说，尚有 2.25 亿生活工作在城市的农业转移人口没有被纳入城市社会保障体系。

应该说，中国的城市化是成功的，但这并不意味着快速城市化的“低成本”认知是完全准确的。改革开放前，通过高考、参军、招工等方式，农村的优质智力资源可以低价转移到城市；通过工农产品剪刀差和统购统销方式，筹集工业和城市发展的资金。改革开放后，农民工在城市非农部门就业但依旧受到农村户籍待遇，农村土地征用后的市场溢价也基本上与村集体和农民没有直接关系。也就是说，中国快速城市化的成本，为农业（工农产品剪刀差）、农民（农民工）、农村（土地）所负担，使得城市化以低成本高速度推进。也正是因为这样，城镇化的中国经验，在土地私有和市场较为发育的资本主义国家，不具有可比性和可复制性。但是，我们也要看到，从福利经济学的视角，不论是智力资源流向城市，还是农民工不享受社保的城市非农就业，对于户籍为农业人口的农民来说，是一种福利改进；对于城市，则是更为直接和更大的受益者。这也是为什么中国的城市化的部分成本为农民所负担，但城市化进程平稳有序的原因。另一个代价，就是乡村的相对衰落，使得城乡鸿沟难以弥合。尽管已采取减免农业税、农业补贴、新农村建设投入等政策措施，但农村发展活力仍不足，城乡一体融合发展成为城市化发展的新命题。

中国城市经济学会成立于城镇化快速启动的 20 世纪 80 年代中期，作为全国学术性社团，其不仅见证而且一直服务于中国的城市化进程。学会的会员既有专注城市发展研究的学者，也有从事城市建设和管理的决策实践者。第六届学会理事会讨论研究，认为有必要梳理总结中国城市发展的辉煌成就，合理吸取城市化进程中的教训，分析探讨未来城市发展的方向和路径。学会作为学术平台，组织会员单位和学者就各省区、市的城市化进程进行总结梳理，就城市建设的各种专题进行分析探讨，形成系列丛书。这是一项巨大的工程，不是一朝一夕、一蹴而就的工程。我们希望，在学会会员的共同努力下，我们可以为新中国的城市发展留下一些记录、记忆和分析，助力中国城市的高质量发展、城乡融合发展。

潘家华

2020 年 8 月

INTRODUCE

作者介绍

著作内容

刘云凤

昆明理工大学副教授、硕士生导师，中国城市经济学会副秘书长，中国城市经济学会智慧园林专业委员会主任，园林高级工程师，中国室内装饰协会特聘专家、中国室内装饰协会室内景观规范编制主编。曾在西南林业大学长期从事“园林景观设计”、“城市绿地系统规划”、“园林植物配置设计”、“风景区旅游景观规划”、“城市形象设计”等教学，编著有《园林植物景观设计与运用》教材一书，获云南省优秀教材奖，发表景观生态、园林专业相关论文约 30 篇；主持生态改造、园林项目 30 余项：其中从设计、实施到项目综合运营 1000 万以上项目 10 余项，上亿项目 2 项，分别涉及旅游地产项目综合策划及运营、旅游景观规划与实施、城市河道治理、道路景观、城市广场、公园、楼盘景观等；并于 2019 年 6 月参与北京世园会园林造景国际竞赛，主持作品《共生》获得银奖。

第 4、5、6、8、9、10、11 章

姜海凤

北京师范大学景观生态学博士。先后从事气候变化、绿色低碳转型、生态保护修复相关工作，作为项目或模块负责人主持参与过 50 多个项目开发、方案编制、课题研究、发展规划及整体咨询工作，并多次从事首创性开发研究，包括开发注册 PCDM 项目、开发国内首家大型央企集团温室气体盘查、制定首个企业温室气体排放标准、编制节能减排示范城市方案等。

蓝明星

上海市浦东新区绿化管理事务中心高级工程师，上海市绿化和市容管理局中评委员，中南林业科技大学、同济大学专业硕士校外导师。多次荣获“上海市绿化行业先进个人”称号。在国内不同学术期刊发表专业论文 10 余篇。主要从事园林绿化建设和养护管理、智慧园林管理等。

第 1、2、3 章

INTRODUCE

作者介绍

		著作内容
	**翁苑钧** 资深跨界景观人，全产业链产学研融合倡导人。中国建筑文化研究会成员，广东园林学会植物与花境专家，多家园林景观行业平台竞赛评委，多家地产、设计施工单位及高校的园林景观专业特邀嘉宾；20 年境外单位及品质开发商的双重履历，并主持过近 20 个获奖项目的景观设计及管理。	第 7 章
	**赵应江** 胡子艺术创始人，国家高级花艺师考评员，昆明市插花花艺协会副秘书长，云南省、市电视台插花艺术教学节目主讲老师，昆明学院、云南省旅游学院特聘花艺教师，锦苑博艺文化传媒有限公司花艺总监。将花草美学、建筑美学、绘画美学融入生活中，塑造其独特的、原创的、自然的、佛学的胡子艺术美学。	第 8 章
	**蒋开刚** 规划设计师，创意策划人，千亿级文旅、综合体楼盘项目操盘手。亚太地区知名设计师；GETSTAR 开创时代 · 设计天下品牌创始人，北京开创时代文旅规划设计集团有限公司董事长，云端设计院 App 创始人；“一带一路”设计出口践行者。2020 世界青年设计师年度人物。	第 9 章
	**裴小军** 中苗会园林行业共同体创始人，杭州听花科技有限公司董事长，全国房地产经理人联合会创新讲师，出版专著《互联网 + 农业：打造全新的农业生态圈》。从业 20 余年，涉及花卉苗木生产、景观设计、地产市政景观施工、高尔夫球场施工等诸多领域。	第 10 章
	**许延军** 哈尔滨师范大学副教授，硕士生导师，法国巴黎第一大学造型艺术博士，华盛绿色生命科技研究院院长，自然能量与大爱之美研究专家（探索宇宙能量和微观世界之美 22 年），在中国、法国、西班牙等多国举行个人画展，多幅作品被欧洲公立机关和个人收藏，多次接受法国电视台采访报道，作品在国内外多次获奖，发表论文多篇。	第 11 章
	**杨建辉** 博士，西安建筑科技大学副教授，风景园林系主任，研究西部城镇绿色空间规划设计理论与方法、西部城市雨洪管理规划设计方法与工程技术等。获“陕西省优秀教学成果一等奖”，并多次指导学生参与全国性竞赛获奖。曾获“全国人居经典建筑规划设计金奖”和“优秀风景园林工程金奖”。	审核

主编单位介绍及参编核心成员名单

智慧园林专业委员会是在民政部国家一级学会——中国城市经济学会下的专业委员会。中国城市经济学会成立于1986年，研究涉及城市经济、城市建设、城市管理、城市化进程等多个领域，并下设了生态文明、城市发展、低碳智慧城市等多个专委会，是中国城市经济领域的全国权威性学术团体。城市人居环境是城市重要的构成部分，对于城市的高质量发展有着重要意义，且发挥着越来越重要的作用。人民对高品质生活追求的大幅度提高，中国第四代建筑的推行，绿色地球的全球共识，推动城市园林从室外走进室内，走进了大众日常生活，公共空间的园林也将彻底走向更加广阔的国土领域，集生态化、智能化于一体，城市将成为自我更新的智慧有机体。在这样一个风起云涌的发展背景下，园林从建筑一级学科下的二级学科一跃成为风景园林一级学科，园林从业者也亟须进一步顺应潮流，跳出原有的学科范围，站在更宏大的城市经济、社会和生态的角度，用更前瞻性的视野、更全局的观念、更开阔的思维关注未来城市的发展。集结园林、规划及城市社会学、城市经济学、城市智能管理等相关行业的学者，深入开展城市人居环境基础理论和重大现实问题研究，推动并完善城市人居环境学科体系、学术体系和话语体系建设，促进行业技术创新和信息化、智慧化发展，创造更具活力与自我新陈代谢的城市有机体，促进生态文明和人类社会可持续发展。

中国城市经济学会智慧园林专业委员会依托中国城市经济学会国家一级学会和高端智库，以西南林业大学、中南林业科技大学为发起源头，召集全国园林专业高校及社会企业，组织相关行业专家进行调查与分析，为智慧城市生态发展把脉、提供各项专业服务、形成围绕智慧园林研究的专题成果，协同园林上下游各行业平台，站在整个城市（国土空间）高度，形成围绕智慧园林及有机城市系统发展的智库，组织国内、国际论坛，围绕“智慧＋城市园林类型”的模式开展服务；积极推动智慧园林实践，打造集人才、业务和市场于一体的智慧园林平台：建设以高校为阵地的人才培训和集聚平台、以智能科技为手段的智慧园林网络平台，以及根据各行业园林空间需求形成的业务平台，最终形成智慧园林及有机城市系统的产学研用平台；为理论提供落地平台，为实践提供理论支撑，在此过程中培养专业应用型人才、开展有机城市可持续发展的研究，在智慧城市建设框架下建立智慧园林智库，推动有机城市的发展。

主要人员包括：（1）顾问：田雪原（中国社会科学院学部委员）、潘家华（中国社会科学院学部委员）、李建伟［当代知名景观规划设计师，美国注册景观规划师、美国景观设计师协会（ASLA）会员，东方园林景观设计集团首席设计师、东方易地总裁兼首席设计师］、米歇尔·西卡赫（MICHEL CICARD，法国第一巴黎大学高级教授，博士生导师）、刘治彦（中国社会科学院城市发展与环境研究所党委委员、研究员，中国社会科学院城市信息集成与动态模拟实验室主任）、莫日冈·莫斯雷伊（法国第一巴黎大学教授，博士生导师）；（2）名誉主任委员：沈守云（智慧园林专业委员会名誉主任，中南林业科技大学风景园林学院院长，博士生导师）；（3）主任委员：刘云凤（昆明理工大学副教授，智慧园林专业委员会发起人）。

参编核心成员名单

本书最终审稿由中国城市经济学会智慧园林专业委员核心成员交叉审定，分别是：

沈守云（中南林业科技大学风景园林学院院长）
许大为（东北林业大学园林学院院长　教授　博导）
管少平（华南理工大学教授）
姜海凤（北京师范大学景观生态学博士）
杨建辉（西安建筑科技大学副教授、系主任）
何天淳（云南大学原校长　教授　博导）
刘惠民（西南林业大学原校长　教授　博导）
车震宇（昆明理工大学建筑规划学院　教授）
王凤麟（联合国 IGO 组织　公使）
许延军（哈尔滨师范大学　副教授）
黄新纪（云南省直机关工委宣传部　部长）
马振山（中南林业科技大学风景园林学院书记）
赵应江（胡子艺术创始人）
周立军（乡伴文旅集团浙江公司副总经理）
王晓红（中南林业科技大学副教授）
陈　辉（上海市绿化委员会办公室秘书处副处长）
梁　旺（广西南宁市青秀山管委会副主任）
雷　刚（棕榈设计上海分公司总经理）
胡志勇（杭州蓝天园林设计院院长）
田娟花（国家林业和草原局西北调查规划设计院）
吴晓华（浙江农林大学园林学院副教授）
王水浪（浙江职业技术学院副教授）
陈学舜（海南省儋州市园林管理局科长）
谢伟强（申都设计集团有限公司设计部总监）
詹　文（中南林业科技大学风景园林博士）

李建伟（东方园林设计集团首席设计师、东方易地总裁）
刘治彦（中国社会科学院城市信息集成与动态模拟实验室主任）
刘云凤（昆明理工大学　副教授）
蓝明星（上海市浦东新区绿化管理事务中心　高级工程师）
曹　荆（云南省风景园林行业协会　顾问）
沈颖刚（昆明理工大学城市学院常务副院长　教授　博导）
顾进立（昆明理工大学城市学院建筑系主任　教授）
吴　昊（中铝集团工程师）
翁苑钧（资深跨界景观人，全产业链产学研融合倡导者）
张　鹤（北京云窝窝景观技术公司信息部总监）
杨汉忠（云南国盛人居环境设计有限公司董事长）
苏晓毅（西南林业大学园林学院　教授　博导）
裴小军（中苗会园林行业共同体创始人）
陈湘华（杭州市园林绿化股份有限公司副总经理）
张雨朦（中南林业科技大学风景园林学院实验室副主任）
杨向荣（杭州市拱墅区住房和城市建设局副局长）
蓝增全（西南林业大学绿色发展研究中心　教授　博导）
钟　俊（西南林业大学副教授）
李文武（湖南水立方建筑与景观设计有限公司总经理）
马海艳（上海千年设计风景园林院副院长）
蔡梁峰（浙江农林大学园林学院副教授）
陶沛东（宁波市镇海规划勘测设计研究院高级工程师）
鲍志来（上海十方园林发展股份有限公司第六事业部总经理）
张　川（南京大学城市规划设计研究院城乡分院院长）
伍敏华（河北科技师范学院讲师）

序

我们这个时代经历了过去无法比拟的社会经济和文化变迁，园林行业跟随新时代的发展，从小到大，从弱到强，逐步成长为国民经济和人民生活不可分割的一部分。

站在时代发展的大潮前，纵观中国园林的成长历程，从而找到其变化的规律和顽强生命力的根脉，是一个庞大的系统工程，需要有眼光、有胆略，有辨别真伪的能力，同时还需要有胸怀全局、展望未来的宏观视野。

刘云凤等老师的研究深入浅出地总结了新中国成立以来我国园林事业的发展历程，从新中国成立初期对苏联城市规划体系的照搬，到改革开放 20 年对西方园林的模仿，以及近 20 年来园林的逐步多元化和本土化历程，做了很多有价值的调研和考证。在繁荣发展的大背景下，如何看待新中式园林的探索以及施工工艺的改变，是摆在我们面前的新课题。

园林产业的系统化发展对于高质量城市化的贡献，可谓越来越重大，无论是“有机城市”还是“公园城市”，这些以园林为核心的城市价值观已经深入人心。可见，园林已经成为人们生活中不可或缺的要素，既是生活的载体，也是精神家园。无论室内室外，还是插花盆栽，都成为中国老百姓日常生活的重要内容。

厘清历史发展的脉络和特色类型，我们可以分清利弊，沉淀精华，目的都在于找到本土园林发展的方向，为景观设计师的心灵打开一扇窗。

毫无疑问，探索中国新时代园林的基本风格特征，以及未来发展的方向是一个长期的过程。随着社会的发展、人民的需求改变而改变，是一切事物永恒不变的发展逻辑。期待更多优秀的园林作品问世，同时理论上的系统构建也会为行业的发展助一把力。

相信刘云凤等老师的探索有着积极推动意义，对未来的园林产业多元化、系统化发展，会起到良好的作用。

李兆伟

2021 年 3 月

序作者简介 INTRODUCE

李建伟，当代知名景观规划设计师。“景观生态统筹城市”的践行者、“生态设计与艺术相融合”的引领者，主张景观设计最大限度做到人工结构与自然结构的平衡，以景观设计统筹城市规划、水利、交通、建筑等各项规划设计。美国注册景观规划师、美国景观设计师协会（ASLA）会员。1995年获美国明尼苏达大学景观艺术硕士学位，1996年加入美国EDSA（世界环境景观规划设计行业的领袖企业），2006年回国，带领EDSA Orient团队打造出亚洲景观设计行业的知名企业。现任东方园林景观设计集团首席设计师、东方易地（East Design）总裁兼首席设计师。

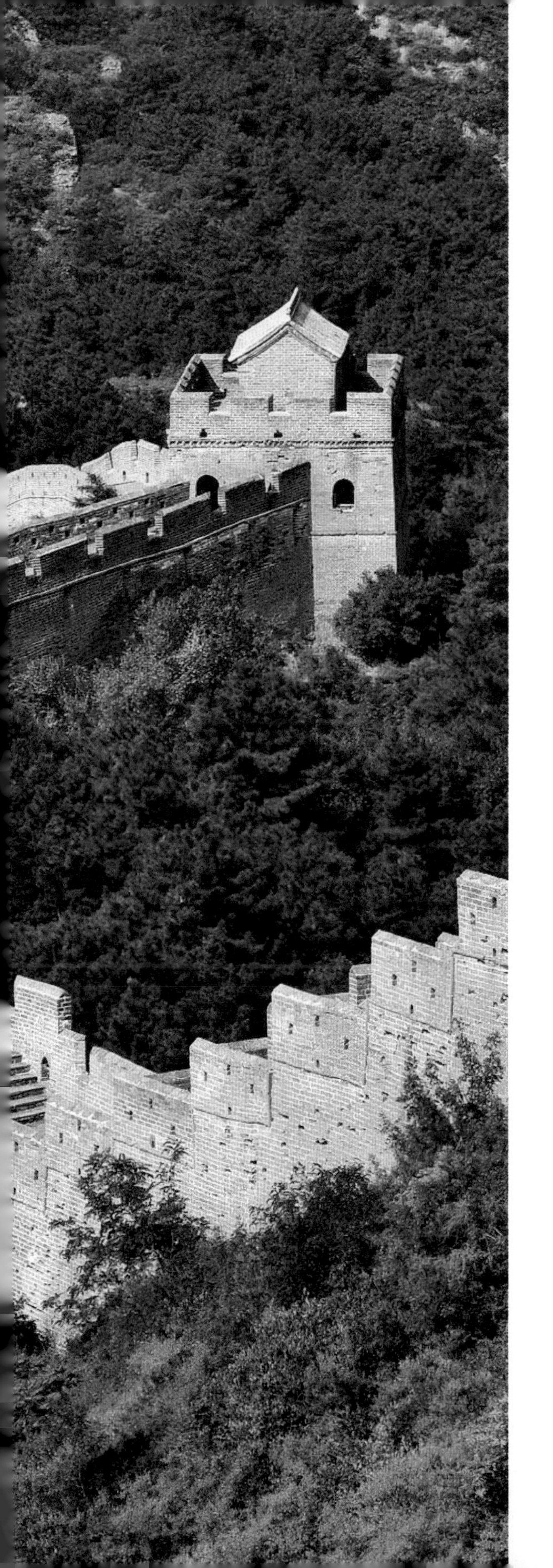

从现代园林窥见中国文化自信
（代序）

2000年，我刚好园林本科毕业，时值城市化建设进入快速进程阶段，全国上下城市建设加速运行，园林的需求日见增多。这是一个新兴行业，除了老祖宗遗留下的“古典园林”可以借鉴以外，没有现成的模板可以学习。但是，“古典园林”是为私家服务的，现代园林更多是为社会服务。向谁学？在茫然时期，我们把眼光投向了西方园林，复制、模仿西方城市景观，是唯一可以快速往前的路径。那时候，知名的设计公司，几乎都会引进几位外国设计师，不仅可以带来成熟经验，更多地可以让甲方放心。那时候的国内设计师就是一边翻看从国外翻译进来的西方设计案例，一边把目光投向这些外国“导师”，一步步领会了公共园林建设中的要点与方法。

起初的模仿学习，几乎是决然摒弃“中国园林”式的，一切以西方为妙，从园林的整体规划到详细的空间设计，几乎看不到中国元素，更多的是大刀阔斧的规则式广场、喷泉、罗马柱及其他西方雕塑元素，那时候真的觉得“外国的月亮更大更圆”。我们现在追溯看2010年前的城市园林及楼盘是不是有这样的特征？当然，很多城市广场已经不断翻新过了，那另当别论。

而我更重要的一个感受是，园林与生活、文化的融合所形成的更加丰富的景观感受，尤其是我生活在云南昆明近20年，对茶文化和园林融合的感受。云南是茶树的发源地，云南普洱茶文化是中华茶文化的重要组成部分，历史悠久，内涵丰富。在云南，茶艺展示及运用已经非常普及，成为大街小巷的一种社交必备。各种不同档次、规格的品茶场所都极其雅致，茶文化与园林文化高度融合。茶文化的仪式感融入园林中，产生了很多功能性的园林小品，比如，洗手用的流水造景。禅茶一味，品茶需要静心，而静心的过程可以通过穿行于园林艺术中逐步让心宁静。品茶的环境置于园林中，植物的芬芳与流水潺潺，可以更加饱满地体味茶水的自然气息。进而创造了更多的园林建筑：茶祖厅、茶亭、茶廊等。园林除了与茶文化融合，还与饮食文化、服饰文化等融合，形成别具一格的特色园林空间。

至2010年后（一线城市可能更早），中国设计师们已经开始思考与内省，什么样的园林才是中国园林该有的模样？于是一些高端楼盘（以别墅为主）开始试探性地模仿中国古典园林，从布局到亭台楼阁的建设，都模仿得很像，按照古典四合院落格局，打造府邸概念，粉墨登场。不过，增加了更多的富贵色彩。从此以后，一发不可收拾，中国元素作为新的方向，在设计师圈中不胫而走，重新回到中国文化的原点，探索中国古典园林背后的思想与哲学，并逐步摸索出了中国园林的新范式。

中国园林注重的是天人合一的人居境界，从模仿自然开始，掇山理水，营造山水环绕的自然意境，为了让“咫尺空间”“见方圆”，中国园林会在有限的空间里让水面尽量“辽阔”、让亭台楼阁依水而建在四周，并在角落另辟蹊径，让游人感受“大与乐趣”，身在“樊笼”里，也能“自然回归”。这是一种心灵的感受，一种“禅意”的领悟。

新中式园林，越来越注重意境的感受，结合新的材料、新的表达方式，营造了更加直观的意境。新中式的山石，可以是真实的石材，也可以通过钢材与灯光的配合构建山石意境；空间层次，可以通过山石植物、亭台楼阁构建远近高低层次，也可以通过灯光虚实增强这种空间变化；通过理水技术，增加了水景的更多姿态——更加平静的水面、更有变化的流水，还能增加水面的雾气，创造了人间仙境；通过更加精细化的材料，创造更大范围的虚实；通过细腻的不锈钢，构建更加朦胧的漏景；通过更多规格及式样的砖瓦，拼接更多图案的画面；通过更多舒适的材料，创造更宜人感受。不尽言述！

在设计师不断觉醒，并通过作品向社会传达信息的过程中，人民的中国意识也在觉醒。甚至，现在的新中式园林已经代表了一种尊贵。不是“豪华”，是“尊贵”，是一种身为中国人的自豪，中国文化的高贵！

这是中国人民经历了浮躁回归心灵的一种文化自省，是中国人民经历了种种磨难步入巅峰后的归根，这是中国人从古时走到今天一直到未来的家国情结与文化自信。诚然，也是我爱祖国的理由！

刘云凤

2021年6月

CONTENTS

新中国园林70年
新中国城市发展研究丛书

目录

绪论

新中国成立70年园林景观在城市发展中的地位变迁

INTRODUCTION

中华人民共和国成立后，经过一个多世纪战火蹂躏的中国大地逐步远离战事，社会百废待兴，社会主义建设在各个领域逐渐展开，经过70年的发展，取得了长足的进步。本书是关于新中国园林70年来发展历程的一次全面审视和回顾，并对未来发展方向及其前景进行展望，立足地球绿色文明、城市生命体建设的视野，从园林行业所涉及的相关环节、元素及产业链发展相关问题，融合综述及专业介绍于一体进行全面而系统的阐述。这既是一次专业的回顾和梳理，也是面向大众的一次展示，希望能雅俗共赏，让全社会一起关注园林的发展、维护绿色地球的可持续发展，同时也深入人们关注的生活细节，将园林融入生活，让大众从园林生活中体会大自然的和谐美好，起到自然疗愈的作用，从而增进人们的幸福感。

本书按照时间线索对行业的发展历史和未来情景进行论述，对风景园林行业发展历史和政策的客观性、准确性以及全面性进行完整阐述。本书根据园林行业发展时间轴共分成三大部分：新中国成立到2000年、2000年至今、未来。不同时间段，园林在城市建设中扮演着不同的角色：新中国成立到2000年，园林处于城市建设的从属地位，先有城市规划，然后建筑，最后才是园林，园林在规划阶段仅有非常轻微的作用，常常是见缝插针地栽植植物；2000年至今，随着房地产市场化大发展、人民生活水平大幅度提高、人们追求高质量的生活标准，园林在城市建设中的作用越来越重要，很大程度影响到市场价值，人们开始重视园林的建设，城市规划、建筑、园林提高到同样重要的位置，在城市规划阶段园林就先行进入策划中，这个阶段规划、建筑、园林三位一体，共同推动城市高质量发展；未来，随着绿色地球的全球共识的达成，中国第四代建筑的推行，园林不再是专业人员从事的工作，园林将走进大众，公共空间的园林也将彻底走向生态化，城市将成为自我更新的有机体，大量的植物、动物将走进城市，城市园林将形成智能化的专业服务平台，园林行业将进一步实现大众化、智慧化。

第一部分：2000 年之前的园林发展，学科内已有总结和定论，本书基本延续了这些结论。

第二部分：2000 年至今的园林发展，风潮涌动、人才辈出，园林的学科内涵与外延都急剧扩张，但似乎学科的内涵又变得越来越模糊，什么是园林专业不可被其他相关学科专业替代的核心内容，什么是我们专业和学科的边界，什么又是我们未来发展的核心方向？本书通过第四章“园林理论发展与时俱进”，进行了相关概述。行业在近二十年来出现了价值观上的多元化，更多的专业人士在行业中贡献了丰富的智慧，形成了大量的理论研讨成果，有利于行业的发展，也是行业水平出现多元化的一个内在原因，对行业内外重新界定园林行业的内涵和外延、明确园林的专业作用和地位以及存在的价值起到了很好的促进作用。在第二部分：全城绿化——园林、建筑与规划三位一体中，论述了园林景观设计多元化发展、园林景观施工精细化发展、植物设计—施工—采购—管控的系统发展、园林走进生活、园林产业推动城市化发展几个方面，横向、纵向系统性地对行业要素和产业链相关内容进行了梳理和详细介绍，这一部分既可成为专业学习提升的一个工具，也可成为大众全面了解并结合生活爱好参与其中的一个入口。

最后一部分，则是基于有机城市的视角以及园林走进室内领域，从高度和深度两个维度全面讲述了园林在城市建设与生活中无处不在的未来角色。城市作为生命体与森林一样，应该具备自我更新和新陈代谢的功能，可以自行进行生命的迭代，因此，园林无论从内容的延展性上还是从技术的研发上都需适应时代的需要和发展，顺应第四代住房的改革，推进森林城市的发展，发挥行业应尽的职能。未来的城市生活，人们家家户户都有花园，园林生活成为家常便饭，园林行业扮演的角色应是借助平台和在智能支持基础上，做好专业服务。

本书全景式总结描述新中国园林 70 年发展成绩以及未来重要发展方向，可以面向众多的读者群，包括本行业的从业人员（设计、规划、建设、管理）、行业相关人员（相关学科的专业人员，如建筑、城乡规划、环境艺术等）和所有对本行业感兴趣并希望通过本书初步了解园林行业的人士。

PART ONE

第一部分

见缝插绿——城市空间建设的配角

第一章
城市建设摸索 30 年，园林景观的从属地位（1949~1976）

1949~1976 年是我国园林发展的起步阶段，在这个阶段，由于受到国家综合国力、城市发展阶段、政治经济文化等多方面的影响，园林的发展可谓一波三折，经历了起步（1949~1959）、调整（1960~1965）和停滞（1966~1976）三个阶段；城市园林学科建设起起落落，经历了由无到有再到无；与园林相关的运动此起彼伏，由“绿化祖国”，到“以园养园”再到“园林革命”；园林的地位也浮浮沉沉，但无论是初期的从属于建筑、中期的从属于生产，还是到后期的从属于革命，这个时期的园林终没有摆脱从属地位。

1.1 起步阶段（1949~1959 年）

这个阶段，我国新建了新中国成立后的第一批公园，包括北京市的陶然亭、东单、什刹海、官园、宣武等公园，广州的兰圃公园、越秀公园、东山湖公园、流花湖公园、荔湾湖公园、广州动物园、黄花岗烈士陵园，上海的人民公园、康健园、西郊公园、静安公园、杨浦公园、长风公园、天山公园，南京的绣球公园、太平公园、栖霞山、燕子矶公园，哈尔滨的哈尔滨公园、斯大林公园、儿童公园、水上体育公园、太阳岛公园、道外公园、香坊公园等。其他城市新建的公园主要有沈阳的南湖、北陵公园，大连的老虎滩公园、友谊公园、金沙滩公园，武汉的解放公园、青山公园、汉阳公园和东湖听涛区，南昌的南昌市人民公园，南宁的南宁市人民公园，常州的红梅公园，杭州的植物园、花港观鱼公园，西安的兴庆宫公园，天津的水上公园，太原的迎泽公园等。另外，对许多新中国成立前遭受破坏的公园进行了修复、改建和扩建，并逐步对公众开放，如北京市在财力紧张的情况下，通过多方募集资金，对中山公园、北海公园、颐和园、天坛公园、卧佛寺、戒台寺、八大处、碧云寺等一批皇家园林进行了集中整修；上海市把收回的黄埔公园、莘庄公园、昆山公园、复兴岛公园、吴淞公园、龙华烈士陵园等改造为人民群众游览、休息的园地；其他著名的公园改扩建工程还有大连的星海公园，南京的白鹭洲公园、莫愁湖公园、瞻园，无锡的锡惠公园，上海的虹口公园，江门的新会圭峰公园，南昌的八一公园等。

这个阶段城市园林发展的主要特点及重要事件如下。

1.1.1 园林学科建设从无到有

我国风景园林历史文化悠久，从商、周时期奴隶主的官苑，到秦汉隋唐时期宏大的皇家宫廷园林，再到宋元明清时期精致的文人山水园林，技术与理论的发展和完善成就了中国园林在世界园林艺术上的重要地位，也使其成为世界三大园林体系（中国园林、欧美园林和西亚园林）与三大造园系统（中国、古希腊和西亚）之一，但其时的中国园林仍局限于古典造园领域，不可能诞生现代风景园林学科。

1840年，鸦片战争爆发，西方文化思潮的引入和租界公园的发展把西方现代城市公园的概念带入中国，中国园林也从古代园林进入现代园林阶段。这个时期，第一批学成的造园学者归国，带来了西方景观设计理念，并出版了一批现代园林的理论专著，如章守玉先生的《花卉园艺》和《花卉园艺各论》，李驹先生的《苗圃学》，陈直先生的《观赏树木》《造园学概论》等，现代园林实践和理论不断积累。其间，尽管一些农林类大学中开始开设造园学课程，但大多设置在园艺专业或建筑专业下，现代风景园林仍未作为独立学科而设置。

新中国成立后，随着城市绿化建设的迅速发展，造园学逐渐突破传统范畴，从园林营造扩大到城市绿化和风景名胜区的规划、设计领域。而为满足学科扩展的需要，1951年，在北京建设局的支持下，由汪菊渊先生和吴良镛先生发起，北京农业大学园艺系和清华大学建筑系联合创办的“造园组”在清华大学设立，并参考苏联同类专业的教学计划、教学大纲及联系我国实际，将园艺学和建筑学的交叉学科整合到一起，完成了课程体系的构建。至此，风景园林才真正作为一门独立的学科正式建立起来。随后，“造园组”几经易地易名，直到1956年调整至北京林学院（现北京林业大学），定名为“城市及居民区绿化专业”，并在1957年建立了城市及居民区绿化系。

这期间，学科建设得到了汪菊渊、陈俊愉、孟兆祯和孙筱祥等园林大师的鼎力支持，发展迅速。到1959年，园林工程和观赏植物育种两个专业已经开始招收研究生，并发展为风景园林规划与设计以及园林植物与观赏园艺两个学科。大师们还亲自参与课程设计和授课，并培养出了新中国成立初期的第一批风景园林专业骨干。

1.1.2 园林规划理论来自苏联经验

20 世纪 50 年代初期，缘于历史的过程和囿于政治、经济条件限制，我国实行了向当时的苏联“一边倒”的政策，园林规划和设计领域也不例外，其时传入中国的园林规划和设计理论中，影响最大的有以下三个。

一是城市绿地系统理论。新中国成立后，我国先后出版了《绿化建设》《城市绿地规划》《苏联城市绿化》等与城市绿地系统规划相关的译著，全面地将苏联城市绿地系统的概念、城市绿地分类的方法及各类绿地规划设计的原则等引入了中国。同时，在苏联专家的指导下，我国在北京、包头等城市开始了城市规划实践，并在此基础上形成了我国的城市绿地系统规划理论，主要包括：保护利用原有绿地、树木，并以它们为基础发展绿地系统；在工业、交通用地及居民居住区周围建立卫生防护隔离绿带；结合道路、河流、引水渠绿化，建立绿色廊道，将公园绿地连接起来；利用城市边缘的环路、防风林等建设城市绿环，并与楔形绿地系统连接起来。

二是居住区绿化理论。居住街坊是苏联典型的聚居形式，居住区绿化理论就是围绕街坊建立的绿化体系，主要包括四种形式，分别是供街坊居民使用的大面积绿地、位于沿街或住宅前的庭园、街坊内的道路绿化、小学与幼儿园等的配套花园。不同的绿地设计各有要求，如大面积绿地作为居住区绿化最重要的组成部分，里面一般配置有儿童游戏场、体育场和安静休息的场地；小学周围要设置由成排的乔灌木形成的隔离防护带；注重街坊入口的绿化，利用有艺术性的栅栏、大门、雕塑等来渲染氛围。

三是文化休息公园设计理论。文化休息公园设计理论是在莫斯科高尔基公园的设计实践中总结而来的。文化休息公园理论赋予了公园众多的功能，认为其不仅是城市绿化、美化的一种手段，更是开展文化、政治教育的阵地和公众游息的场所，强调公园的功能分区，包括公共设施区（演出舞台、公共游艺场所和其他）、安静休息区、文化教育区、体育运动区、儿童活动区等。

基于城市绿地系统理论，各城市根据实际，结合旧城改造、新城开发和市政卫生工程，兴建了新中国第一批公园绿地，而这些新建公园的规划设计也无一例外地受到苏联的文化休息公园设计理论影响，按照功能要求活动内容进行分区，参照绿地、道路广场、建筑和其他的用地比例要求进行详细设计。

尽管从日后的效果看，由于盲目照搬照抄而忽略我国国力薄弱的国情和居民生活习惯等，上述理论在中国的实际应用中产生了种种弊端，但是它确立的“环、楔和廊道结合”的规划原则，以及设计中对文化、政治属性的强调，功能分区、用地定额的操作方法，仍影响着如今公园的规划与设计。

1.1.3　园林建设中的“绿化祖国”运动

20 世纪 50 年代末期，起源于农业的“大跃进”运动蔓延到各行各业，城市园林建设也未能幸免。1956 年 11 月城市建设部的工作会议中提出：“在国家对城市绿化投资不多的情况下，城市绿化的重点不是先修大公园，而首先是要发展苗圃，普遍植树，增加城市的绿色，逐渐改变城市的气候条件，花钱少，收效却大。在城市普遍绿化的基础上，在需要和投资可能的条件下，逐步考虑公园的建设，不要把精力只放在公园的修建上，而忽视了城市的普遍绿化，特别是街坊绿化工作，这是当前城市绿化的主要方针和任务。另外，还要发动群众，利用郊区荒山荒地，植树造林。”1958 年建筑工程部召开第一次全国城市园林绿化工作会议，进一步提出：“要开展一个广泛的群众性的植树运动，掀起城市绿化的高潮，来一个城市绿化的大跃进，人人动手，家家种树。”

在“绿化祖国”“大地园林化”的号召下，“绿起来”成为这阶段城市园林建设的重点任务，各地本着“普遍绿化、重点提高”“先求其有，后求其精”“少花钱，多办事”“以绿为主，先普及后提高”“先绿化后美化”的策略宗旨，在城市里大搞绿化植树的群众运动。

一时之间，城市园林建设浮夸冒进之风兴起，园林绿化不再讲规划、讲科学，而是见空地就栽，见树苗就种，再加上后期无管理、无养护，导致树木成活率低、浪费严重。以北京和西安为例，北京 1958 年新植树 944 万株（比 1949~1958 年九年植树总数还多），但保存率很低；西安 1958 年植树 800 多万株，保存率不过 10% 左右。

1.1.4　园林从属于建筑，见缝插绿

新中国成立初期，尽管我国已经初步构建起完备的绿地系统规划理论，并将其作为城市规划的重要部分，但是由于经济刚刚起步，百废待兴，大量重点工程、重点项目的兴办需要投入大量的资金，城市园林建设的投入有限。在这样的背景下，城市建设强调的是“实用、经济，在可能的条件下美观”的方针，遵循的是“建筑先行，绿化跟上”的政策，城市绿地系统只能在原有城市规划格局基本已经确定的情况下被动规划，作为建筑的附属物，见缝插针，补补贴贴。

也正因此，当时我国的绿地系统规划实践主要包括两类：一类是在规划市区范围内的丘陵、洼地、窑坑、废弃地等不适于用作建筑的地段上，结合旧城改造、工赈和卫生工程，挖湖堆山，新建的公园绿地，如北京的陶然亭公园，南京的莫愁湖、玄武湖公园，天津的人民公园，以及上海市利用废弃荒芜垃圾堆地进行改造建设

的蓬莱公园、海伦公园等，利用水洼和沼泽地，改造建设的杨浦公园等；二类是服务于生产、生活的防护用地，如在工业、交通用地与生活居住区之间规划的卫生保护林带，水源井、环境卫生场站外围安排的防护绿地等，如被戏称为“邮票”的居住区内的小游园绿化。

1.2 调整阶段（1960~1965年）

1960年，全国遭遇了新中国成立以来最严重的自然灾害，再加上经济工作上的失误，以及国际环境的影响，国民经济遭遇了严重困难，进入了调整、巩固、充实和提高的时期。受其影响，我国城市绿化和园林建设也忽上忽下、左右摇摆。

1.2.1 曲折中前进的园林建设

（1）1960~1962年，遭遇滑坡的城市园林建设。在严重困难的形势下，园林建设资金大大压缩，新的园林建设工程被迫停止，再加上随之而来的“园林结合生产”运动，大量的城市公园被开辟为农田、果园、养殖场和鱼塘，园林建设首次遭遇滑坡，园林绿地面积不断收缩，到1962年底，全国城市园林绿地总面积比1959年减少了1/3，仅余8.6万公顷。

（2）1963~1964年，暂时转机的城市园林建设。随着自然灾害逐渐消退，经济逐渐恢复，园林建设困难的形势也开始出现转机，逐步走出困境，有两个标志性的事件对我国城市园林建设影响巨大。一是1962年10月第一次全国城市工作会议中，提出将大中城市的工商业附加税、公用事业附加税和城市房地产税，统一划给市财政用于包括园林绿化设施在内的城市公用事业、公共设施及房屋的维修保养，至此，城市园林建设有了明确固定的资金来源。二是1963年3月，建筑工程部颁布《关于城市园林绿化工作的若干规定》，对园林绿化的范围、任务、具体建设，园林绿地管理、养护维修、园林植物培育、园林部门的组织管理等，都做出了详细解释。这个“规定”是新中国成立以来对于城市园林绿化方面最完整、最全面的政策性文件，表明城市园林建设正式步入正轨。

（3）1965年，重新陷入困顿的城市园林建设。在“以阶级斗争为纲”“抓革命，促生产”“先生产，后生活”的政治意识形态导向下，1965年6月建工部召开的第五次城市建设工作会议中提出，“公园绿地是群众游览休息的场所，也是进行社会主义教育的场所……要更好地为无产阶级政治服务，为生产、为广大劳动人民服务……目前一般地不应再新建和扩建大公园，要控制动物园的发展”，预示着城市园林建设重新陷入困顿。

1.2.2 “园林结合生产”运动兴起

“园林结合生产”的口号是在“大跃进”背景下于1958年2月建筑工程部召开的第一次全国城市园林绿化会议上首次提出的，旨在于城市园林中消灭城乡差别，实现城乡结合。随后，北京市领导指示要把园林绿化当作一项生产事业，以此揭开了“园林结合生产”实践的序幕，北京市中山公园、天坛公园、地坛公园、月坛北街，三里河路东侧高压线下、紫竹院等先后成为“园林结合生产”的实践基地。

1959年12月，建工部在无锡召开第二次全国城市园林绿化工作会议，表彰了许多城市的“园林结合生产”的先进经验，要求各地城市公园逐步实现自力更生以园养园。1960年，全国遭遇了新中国成立以来最严重的自然灾害，再加上经济工作上的失误，以及国际环境的影响，国民经济遭遇了严重困难。为渡过难关，党再次提出了“以农业为基础，大办粮食”和“大种十边”等号召，制定了“以绿化为主大搞生产”的园林工作指导原则，“园林结合生产”运动正式在全国轰轰烈烈地开展起来，各地城市公园内纷纷种粮食、栽果树，并利用水池、游湖大搞养鱼生产，公园一度成为林场和农场，城市园林成为“生产基地”：福州西湖公园沦为五七农场，汕头中山公园变成养猪场，陶然亭公园被千祥皮鞋厂、市革制品厂侵占，上海陆家嘴公园沦为市公交公司汽车五场，园林的美学价值和环境价值不复存在。

1.3 停滞阶段（1966~1976年）

1966年，“文化大革命”爆发，城市园林被冠以“桃红柳绿毒害人”“小桥流水封资修”“封资修大染缸”等标签，首当其冲地成为被打压对象，在“破旧立新”“反对封资修”“无政府主义”“备战备荒”等层出不穷的运动中，遭受了空前绝后的冲击和破坏：在“破四旧”声中，公园的文物古迹被视为封建迷信，受到大量破坏，各公园、风景区内石碑、牌坊，古建筑油漆彩画、匾额对联、泥塑木雕铜铸佛像被毁，文物古迹遭到严重损坏；反对“封资修”运动中，花木被砍，草皮被铲，假山被拆掉，湖被填平，公园被工厂、机关和养殖场占据，成为呈现社会主义风貌的生产阵地；无政府主义思潮下，风景名胜区山林树木不断被盗伐私伐，损失严重；因为备战备荒，公园或单位庭园绿地成为人防工事的基地或出入口。

10年时间里，我国的城市园林建设蒙受了不可估量的损失，据不完全统计，1966~1975年，全国城市园林绿地被侵占的面积达到 11000 公顷，约占城市园林绿地总面积的 1/5，截至 1975 年底，全国城市园林绿地总面积下降至 62015 公顷，仅为 1959 年底的 1/2，比经济最困难的 1962 年还下降了 28%。同时，城市园林的管理机构也被撤销，城市规划被取消，城市进入了乱搭乱建的无组织建设阶段。城市园林学科建设也受到巨大冲击，1965 年 7 月园林专业停办，园林系建制被撤销，并入林业系，直到 1974 年才恢复。这是中国现代园林史上不堪回首的一个时期。

1.4 主要参考文献

胡继光：《中国现代园林发展初探》，北京林业大学硕士学位论文，2007。

黄谦、牛泽慧：《20 世纪我国风景园林学科发展史》，《农业科技与信息（现代园林）》2007 年第 2 期。

李志飞：《中国现代园林发展思路探析》，西安建筑科技大学硕士学位论文，2009。

柳尚华编著《中国风景园林当代五十年 1949~1999》，中国建筑工业出版社，1999。

汪菊渊：《我国城市绿化、园林建设的回顾与展望》，《中国园林》1992 年第 1 期。

王丹：《中国现代园林（1949~1978）发展历程纲要性研究》，海南大学硕士学位论文，2012。

谢雄：《20 世纪 50 年代前苏联园林绿化经验在中国本土的实践转译研究》，华中科技大学硕士学位论文，2019。

赵纪军：《新中国园林政策与建设 60 年回眸（二）苏联经验》，《风景园林》2009 年第 2 期。

赵纪军：《新中国园林政策与建设 60 年回眸（四）园林革命》，《风景园林》2009 年第 5 期。

赵纪军：《新中国园林政策与建设 60 年回眸（五）国家园林城市》，《风景园林》2009 年第 6 期。

赵纪军：《新中国园林政策与建设 60 年回眸（一）“中而新”》，《风景园林》2009 年第 1 期。

第二章 改革开放20年，园林景观的配角地位（1977~1999）

1976年10月起，遭受破坏、发展几近停滞的园林绿化事业慢慢恢复并发展起来，特别是党的十届三中全会，提出了“调整、改革、整顿和提高”的国民经济发展方针和“对内改革和对外开放”的政策，为社会主义现代化建设道路指明了正确的方向。在社会政治稳定、经济环境富裕、思想开放包容的背景下，园林被重新认识和评价，园林建设的速度普遍加快，数量和质量都有了明显的提升。下文从园林政策和制度建设、园林理论探索、园林城市创建和园林建设发展几个方面，来谈论这个阶段城市园林建设的主要事件及特点。

2.1 园林政策和制度建设

以1990年为界，园林政策和制度的建设发展被划分为特色鲜明的两个阶段，即1977~1989年的调整阶段和1990~1999年的规范化建设阶段。

2.1.1 园林政策调整

20世纪70年代末到80年代初期，中国进入拨乱反正阶段，这个阶段园林的政策也以纠正“文化大革命”的错误和偏差为主，调整方向主要表现在三个方面。

第一方面，强调园林在城市中的作用，对园林绿化的重视程度增强。1978年3月，国务院召开第三次全国城市工作会议，会议制定的《关于加强城市建设工作的意见》中明确提出各城市都要搞好园林绿化工作。1980年4月中央书记处对首都建设方针提出四项指示，其中第二条明确指出：改造北京市的环境，搞好绿化、卫生，利用有山有水有文物古迹的条件，把北京建设成为全国环境最清洁、最卫生、最优美的一流城市。1983年7月，中共中央国务院对《北京城市建设总体规划方案》作了批复，十项指示的第七项指出：“大力加强城市的环境建设，要认真搞好环境保护，抓紧治理工业‘三废’和生活废弃物的污染，首先是解决好大气、水体的污染和噪声扰民的问题……要努力提高城市的建筑艺术水平……体现民族文化的传统特色。要继续提高绿化和环境卫生水平，开发整治城市水系，加强风景游览区和自然保护区的建设和管理，从而把北京建成为清洁、优美、生态健全的文明城市。”

第二方面，强调园林的原属功能，坚持植物造景。1978 年 12 月，第三次全国城市园林工作会议召开，会议批判了“四人帮”的极“左”路线，指出，我们现有的公园、动物园、植物园、风景区要进行整顿，提高科学和艺术水平。要真正发挥它的功能。那些搞得不像公园，像菜地、瓜地的要改变，让他们到其他地方去大量种菜，为城市提供副食品，恢复公园、风景区的本来面目。在恢复的基础上，要搞得更美丽。

这次会议正本清源，统一思想，为后来全国城市公园建设的重新起步铺平了道路。会议通过的文件《关于加强城市园林绿化工作的意见》则进一步强调，“要努力把公园办成群众喜爱的游憩场所。公园必须保持花木繁茂、整洁美观、设施完善。内容过于简陋、园林艺术水平较低的公园，要适当调整布局，充实花木种类，增设必要的服务设施，逐步改善园容”。

文件明确提出了城市园林绿化工作的方针、任务和加速实现城市园林化的要求。规定了城市公共绿地面积，近期（1985 年）争取达到每人 4m^2，远期（2000 年）6~10m^2。新建城市的绿化面积不得低于用地总面积的 30%，旧城区改建保留绿地面积不低于 25%。城市绿化覆盖率近期达到 30%，远期达到 50% 的要求标准，为全国城市绿化指明了奋斗目标。

1986 年，城乡建设环境保护部城市建设局针对园林绿化只注重抓收入、不注重园林绿地的基本功能发挥的问题，提出不应再把“以园养园”“园林结合生产”作为园林绿化工作的指导方针，要正确处理好环境效益、社会效益、经济效益的关系。对于新建园林中出现的亭台楼阁热、喷泉雕塑热和假山池塘热，并大量占用园林绿地的情况，在当年召开的全国城市公园工作会议提出，“要以植物造景、而非建筑为主来进行园林建设”，强调在园林建设中应以植物材料为主进行造景。

与此同时，《全国城市公园工作会议纪要》也提出“坚持以植物造景为主进行园林建设。目前有些新建公园，绿化面积还不到公园陆地总面积的 50%，这种情况应当加以改变。绿化面积应不少于公园陆地总面积的 70%，建筑物的占地面积，根据不同情况，应分别为公园陆地总面积的 1%~3%。这对于发挥公园的环境效益是非常必要的，同时还可以大大降低造价”。对此后公园设计的用地面积做出定量规定。

第三方面，强调普遍绿化，推进全民义务植树。1981 年 12 月，全国人大五届四次会议做出了《关于开展全民义务植树运动的决议》，同时确定，3 月 12 日为植树节，全国城乡掀起了大规模的义务植树运动，群众植树开始走向经常化和制度化。

随后的 1982 年 2 月，国家城市建设总局为贯彻落实相关决议，加强城市的绿化建设，召开了第四次全国城市园林绿化工作会议，会议提出要继续把普遍绿化作为城市园林绿化部门的工作重点，搞好规划，统筹安排绿化任务。要加强苗圃建设，搞好苗木供应，以适应全民义务植树运动的需要。

同时要采取专业队伍管护与群众管护相结合的办法，加强养护管理，提高植树绿化的成活率和保存率。在实现普遍绿化口号的号召下，机关、工厂、部队、学校纷纷开展绿化庭院植树种花的活动，全国的城市绿化建设进入了高潮。

2.1.2 园林规范化建设

80 年代园林政策的调整推动了园林行业的稳定发展，但是由于制度建设不健全，20 世纪 90 年代的经济开发区、房地产建设热潮中破坏城市绿地和挤占规划绿地的现象层出不穷，在这样的背景下，加强园林绿化立法工作成为当务之急、迫在眉睫。因此，在 1989 年 12 月，全国人大七届常委会第十一次会议通过了《中华人民共和国城市规划法》，提出编制规划时应该注意保护和改善城市生态环境，加强城市绿化建设，保护自然景观。

同时规定，城市总体规划应当包括城市绿地系统规划。这是第一次用法律的方式确定绿地系统规划的地位，为保证城市绿化的规划用地提供了有力的保障。1992 年 6 月，《城市绿化条例》颁布，规定了城市园林绿地所包括的内容、范围、规划、建设和管理的方针、政策和标准，管理机构的设置和权限等。作为一部直接对城市园林绿化事业进行全面规定和管理的行政法规，该条例的颁布标志着园林绿化事业开始走上法制轨道。

各地区根据国家法规的精神和自身实际，也分别制定了本地区的城市园林绿化管理相关办法，如深圳市政府于 1994 年颁布了《深圳经济特区城市绿化管理办法》，桂林市政府于 1995 年 8 月公布了《桂林市城市园林绿化管理办法》，合肥市政府发布了《关于处理砍伐、移植、损伤树木花草和临时占用园林绿化用地标准》，大连出台了《征占绿地、砍伐树木收费标准》等。

除园林的行政法规外，国家为推进园林健康和规范发展，还建立了一系列园林绿化和风景名胜区方面的技术法规体系，如《城市规划定额指标暂行规定》《公园设计规范》《城市绿化规划建设指标的规定》等政策法规和设计规范，加快了园林行业的规范化建设发展进程。

2.2 园林理论探索

这个阶段，中国逐步从混乱和与其他世界隔离的状态中走出来，园林理论也从两方面入手，开始新的探索：一方面，借着批判“四人帮”否定传统文化的东风，开展了对传统园林理论的研究和总结；另一方面，也借着改革开放的契机，开始系统地对西方园林理论进行学习，并吸收引进。而1985年《中国园林》杂志的创刊，为城市园林工作者提供了一个思想交流和了解行业动态的平台，推动了园林学术研究走向活跃，并促进了城市园林理论的发展。

2.2.1 对传统园林理论的研究和总结

这个时期，学术界对中国传统园林史、园林文献、园林艺术开展了广泛的研究，并达到了一定高度，出版了一批至今仍具有影响力的大家丛书，王绍增先生对此有很详细的总结，现摘录如下：在中国传统园林史方面，有周维权先生的《中国古典园林史》、汪菊渊先生主持的《中国古代园林史》和陈植先生主持编撰的《中国造园史》；在对中国古代风景园林文献的搜集和注疏方面，有同济大学出版社的《建苑拾英》、上海古籍出版社的《圆明园》（上下两册）、江苏科技出版社的《江苏园林名胜》、浙江人民出版社的《西湖游览志》、重庆出版社的《蜀中名胜记》。其中，在古籍注疏方面用力最勤的是陈植先生，他先后出版了《长物志校注》（江苏科技出版社）、《园冶注释》（中国建筑工业出版社）、《中国历代名园记选注》（安徽科技出版社）等，其中《园冶注释》成为后世对园冶研究的最重要基础参考资料，被列为世界园林名著。

对中国园林史和园林艺术的研究，这时也兴起了一个高潮，其中对古典园林和园林史研究最具代表性的是刘敦桢先生的《苏州园林》（中国建筑工业出版社）和童寯先生的《造园史纲》（中国建筑工业出版社），而陈从周先生的《说园》（同济大学出版社）、《园林谈丛》（上海人民出版社）、《梓室余墨》（生活·读书·新知三联书店）等，成为解说江南文人园林的经典。此外，集成了宗白华、孙筱祥、刘管平、赵长庚、张锦秋等人论文的《中国园林艺术概观》（江苏人民出版社）、彭一刚的《中国古典园林分析》（中国建筑工业出版社）、金学智的《中国园林美学》（第一版，江苏文艺出版社）、王毅的《园林与中国文化》（上海人民出版社）等，以及一些对颐和园、避暑山庄、扬州园林、杭州西湖、岭南园林、四川园林等个案的研究，都对当时乃至后世颇有影响。

另外，也是在这个时期，钱学森先生提出了“山水城市”的概念，将我国传统园林思想与整个城市结合起来，用中国古代山水诗词的思想、中国山水画的意境和古典园林的手法来规划、设计和建设中国特色的城市。

与"田园城市""花园城市"等引进概念不同,"山水城市"是我国学者在对我国传统园林艺术和文化理解与创新的基础上,独立提出的城市建构模式,具有丰富的内涵和意义。

2.2.2 对西方园林理论的学习和引进

与传统园林研究对应,随着改革开放的深入,国际交流合作越来越广泛,部分学者开始对西方园林进行研究,如王向荣的《德国的自然风景园》、沈福煦的"西方园林赏析"系列、胡长龙的《日本庭园特性的研究》、吴宇江的《日本园林探究》、李铮生的《日本自然公园简介》、冯四清的《中国园林与意大利园林的比较》、郑炘的《西方园林史札记》等。

同时,园林设计者也不断寻求西方的几何园林和中国的传统园林的切合点,想在几何图案里加入中国人的概念和意识,提出了抽象园林的概念,并被认为是除规则式园林、自然式园林外的第三种园林形式。但是总的来说,由于研究时间短,国内对西方园林缺乏比较完整的基本理论体系支撑和一定程度的实际接触及亲身体验,这一阶段对西方园林的理解是片面的,以至于误把夸张和浮华当作西方园林的内涵,并愈演愈烈,引发了"城市美化运动"在中国大地的蔓延。最为典型的是居住区绿地以展示为目的,用造价不菲的凯旋门式的大门、随处可见的罗马柱、欧式雕塑和花团锦绣的花坛植物配置,营造豪华气派的氛围,以赢得更多的关注和卖点;在公共绿地中,纪念性和形式性园林风靡一时,宽阔的景观大道、空旷的城市广场、夸张的雕塑小品、奢侈的栏杆铺装、堤化的城市水系,既备受关注又饱受争议。中国传统园林风格在这场文化侵占中受到严峻的挑战,同时也受到一次很好的洗礼,不可避免地刻上了时代的烙印。

2.3 园林城市创建

这一时期,对于城市园林建设影响较大的一个事件是"园林城市"的创建。80年代末,随着全民义务植树活动的深入,各个城市涌现出一批"园林式单位"或"花园式单位"。广东省风景园林学会首先在省内开展了"花园城市"的研讨和评选活动。1991年12月,在中国风景园林学会第一届第二次理事会上,提出在"九五"期间的城市园林绿化工作中,在考虑目标时,既应有总体量化的客观指标,如人均公共绿地、绿化覆盖率、绿地率等,也可以有创建"园林城市""花园城市"等鼓舞、动员群众的抽象指标。

这一建议,得到国家行政主管部门的重视。建设部参照国内外园林绿化管理经验,制定了《创建国家园林城市实施方案》《国家园林城市标准》等相关园林城市的标准，并在1992年12月开始了第一批创建“园林城市”活动，经过省、自治区、直辖市主管部门推荐和严格评选，北京、合肥和珠海等城市被评选为第一批园林城市，并引起了强烈的反响，各地广泛掀起了创建园林城市的热潮。

在后来的时代发展中，园林城市的标准被6次修订，不断更新完善，内容越来越广泛，要求越来越高，从最初的局限于绿化建设指标，到后来的融入生态环境、市政建设等指标，评价从单一向多元化发展。最新的2016版标准共含综合管理、绿地建设、建设管控、生态环境、节能减排、社会保障、市政设施7类56个考核指标和1个综合否定项。截至2019年，全国共有21批392个城市（含7个园林城区）、10批363个县城、6批66个镇分别被授予“国家园林城市、县城和城镇”称号。20余年园林城市的创建对全国城市建设起到了重要的促进作用，它不仅提高了城市的整体素质和品位，也让城市政府对园林绿化工作的重要性有了深刻的认识，激励广大市民群众更加爱护、关心自己城市的环境质量和景观面貌，从而使城市的精神文明水平得到提高和升华。

2.4 园林建设发展

2.4.1 园林建设蓬勃发展

在全民义务植树和创建园林城市两股热潮下，城市绿化受到了中央和地方各级政府的广泛关注，城市园林建设蓬勃发展，1999年底，全国667个城市建成区绿化覆盖面积达59.1万公顷，绿地率达23%，绿化覆盖率达27.44%，人均公共绿地6.5m^2，涌现出北京、大连、烟台、青岛、南京、厦门、深圳、珠海、南宁等20个园林绿化先进城市，并形成不同的城市园林风格。

北京因其深厚的历史文化底蕴和特殊的政治地位，其园林的发展一直走在全国前列，并在传统与创新的结合中，逐步形成了独具特色的大气、庄重又不失传统意蕴的北京风格。80年代，北京在继承传统皇家园林风格的基础上对一批古典园林与风景名胜景点进行修复和重建，并新建和改建了一批城市公园、宾馆庭园工程，如先后对日坛公园、紫竹院公园、陶然亭公园、玉渊潭公园、龙潭湖公园等一批老公园进行修复，新建了双秀公园、香山饭店庭院等项目；进入90年代，北京利用举办亚运会、新中国成立50周年庆典的机会建成了东土城文化遗址公园、明城墙遗址公园、海淀公园、百旺公园等一大批各类公园。经过努力，到1999年，北京市公园绿地面积已达6547公顷，人均公园绿地面积9.1m^2，城市绿化覆盖率36.3%，比1978年分别提高3854公顷、4.03m^{2}和14%。

大连的城市绿化是与城市改造紧密联系在一起的。从90年代起，大连市致力于城市人居环境改善工程，大刀阔斧推进城市改造的同时不断加强城市绿化，并在1994年1月下发《关于加速绿化大连有关问题的规定》，通过改造公园恢复绿地、搬迁企业新辟绿地、改造城区拓展绿地和整治小区建设绿地等措施，修建了一批各具特色的城市公园和森林动物园，新建了200多处游园、街心绿地和20多个广场，植树3亿多棵，整个城市的绿化覆盖率达到40%以上，人均公共绿地面积由1990年的3.18m^{2}增长到1999年的7.8m^2。大拆大建中，大连一跃成为国内知名的旅游度假休闲城市，这段时期建成的星海广场、中山广场也成为大连的标志，并带动了随后很长一个时期的城市广场绿地热。

深圳因其发展的特殊性，是国内首个先规划后建设的城市，早在1985年，深圳市委、市政府就利用特区创建的机会，按照将深圳打造为“花园城市”的设想，制定了《深圳经济特区社会经济发展规划大纲》《深圳经济特区城市建设总体规划》和《城市绿化规划方案》，并严格按照“规划一片、建设一片、绿化一片”的方针，集中人力、物力、财力，边建设城市边绿化城市，使城市绿化覆盖率从1982年的10%，发展到1990年的37.2%，人均公共绿地从1982年的2.5m^2，增加到1990年38.4m^2，远超国家标准。同时作为我国改革开放的最前沿，深圳的城市园林积极吸收西方园林特点，在东西融合、多元发展中提出了“抽象园林”的概念，并在实践中构建了“以草坪为底色，草、灌、花结合”的绿化模式，在大草坪中，灌木组团布置，花卉大色块栽植，图案和造型树木巧妙组合，形成开阔疏朗、色彩明快、对比强烈的深圳园林风格，令人耳目一新。

南京市以义务植树活动为契机，大搞园林绿化，城市累计参加义务植树人数达800余万人次，植树2833万株，栽花502万株（盆），铺草125万m^2，截至1995年底，全市各类绿地总面积已达9580公顷，建成区绿地率达37.5%，绿化覆盖率达40%；市区公共绿地1798公顷，人均公共绿地8m^2，大小公园发展到40个，还开辟街头绿地和小游园83处，面积100多万m^2；机关、学校、工厂和居民区等面上绿地有较大发展，专用绿地由1978年的920.5公顷发展到2568公顷。

同时，与改革开放之前园林在“实用、经济”的原则下仅追求数量的增加不同，这段时期的园林不仅追求数量的增加，而且力求数量和质量的双升，不仅要求绿起来，更注重美起来，这也能够从这段时期园林城市的创建瞥见端倪。

2.4.2 城市公园类型多样化和丰富化

随着改革开放的扩大化，我国经济迎来新一段高速发展，以北京为例，“八五”期间，北京经济以年均11%左右的速度稳定增长，1992年GDP更是达到了前所未有的12.8%的增长率，人民生活日渐富裕。同时，这个时期，双休日、“黄金周”等一系列休假制度的制定，使得我国公民年休息日多达114天，经济收入的增加和休闲时间的增多催生了国内旅游热潮，民众对城市公园数量和质量都提出了更高的要求，单纯的文化休息型公园已经不适应形势发展的需要。为满足人们“新、奇、特”以及“求知、求乐和求趣”的消费需求，各类游乐场、主题公园、雕塑公园等快速发展起来，公园类型逐渐多样化和丰富化。以主题公园为例，这时期建成的比较有代表性的有：以文学文化遗产为主题的大观园、无锡三国城；以中华民族传统文化为主题的深圳锦绣中华、昆明民族园；以世界文化为主题的深圳世界之窗、北京世界公园；以科幻、欢乐为主题的深圳欢乐谷、香江野生动物园等。尽管由于重复和泛滥导致后期的主题公园大多失去了吸引力，但是在建成之初，由于区位优势、产品新颖、市场空白、主题有趣等综合因素的作用，这些主题公园都取得了极大的成功，并大大丰富了人民的文化生活，在我国园林史上也留下了鲜活的印迹。

2.4.3 园林由城市建设的从属变为配角

改革开放前，受城市建设阶段、资金困难和人才短缺的限制，城市园林绿化以绿起来为首要任务，城市绿地建设让位于城市经济发展，处于从属地位，城市绿地系统规划也只是城市总体规划中的一个专业配套内容。

改革开放后，经济的发展、生活水平的提高以及视野的开阔让人们对园林有了更高的要求，而且随着社会的进步，生态环境问题逐步显现，1992年《我们共同的未来》的发表，开始让人们反思城市可持续发展的路径。在这样的背景下，城市园林的地位在提升，城市绿地系统规划也逐渐从城市规划中独立出来，上海、北京、南京、深圳、广州等城市相继编制了针对自身发展的单独的绿地系统专项规划，用于指导城市园林建设。

2.5 主要参考文献

贾建中、端木岐、贺凤春、何昉：《尊崇自然、传承文化、以人为本是规划设计之基——风景园林规划设计30年回顾》，《中国园林》2015年第10期。

王绍增：《30年来中国风景园林理论的发展脉络》，《中国园林》2015年第10期。

徐红娇：《北京市综合公园发展历程初探》，中国林业科学研究院硕士学位论文，2014。

陈万蓉、严华：《特大城市绿地系统规划的思考——以北京市绿地系统规划为例》，《城市规划》2005年第2期。

柳尚华：《中国风景园林学会第一届二次理事会小结》，《中国园林》1992年第1期。

《全国公园工作会议纪要(摘要)》,《中国园林》1986年第4期。

唐兰娣:《南京园林四十六年》,《中国园林》1996年第2期。

肖瑜:《大连市城市绿地特征及建设措施》,《城市》1998年第3期。

姚倩:《武汉市综合公园发展历程研究》,华中农业大学硕士学位论文,2009。

曾文汇:《努力建设一座花园般的城市——深圳特区城市园林绿化十年回顾》,《中国园林》1992年第2期。

赵纪军:《新中国园林政策与建设60年回眸(五)国家园林城市》,《风景园林》2009年第6期。

PART TWO

第二部分

全城绿化——园林、建筑与规划三位一体

21 世纪的头 20 年，是中国经济发展辉煌的 20 年，也是中国城市建设跨越的 20 年。2019 年，中国 GDP 达到 99.09 万亿元，城镇化率达到 60.60%，分别比 1999 年提高 10 倍和 2 倍。盛世兴园林，伴随着持续快速发展的中国经济和城市建设，园林也进入了发展的快通道：园林建设暴发式增长，截至 2018 年底，城市建成区绿化率达 37.9%，比 1999 年增长 38.11%，人均公园绿地面积达 14.1m^2，比 1999 年增长 116.92%；园林地位由配角跃升为主角，不再是传统习惯上的建筑附属品的地位，而成为现代城市空间的优化者和城市自然空间的缔造者，是制约城市环境质量的一项重要因素，是引领城市发展的重要手段，其生态、休憩、景观、文化和减灾避险五大功能的定位，已经得到业内和社会的普遍认同。风景园林学也从二级学科上升为一级学科，城市建设正式进入了规划、建筑和园林三位一体的发展时代。园林学科理论得到极大丰富，在原有中西方传统园林理论的基础上，充分借鉴吸收可持续发展、生态学、城市双修、海绵城市、公园城市等学科和城市设计理论精华，生态园林城市、生态城市、公园城市等新的城市发展模式也不断兴起；城市公园类型变得更加多样，新的生态型公园大量出现，如郊野公园（含森林公园）、湿地公园、工业废弃地更新修复公园等，公园的建设、运营和管理模式也由最初的政府全权负责开始向“政府主导，政府和社会力量共建、共治、共管、共享”的新模式转变；园林设计日渐多元，施工日趋精细，新风格、新材料、新元素不断涌现；而园林的繁荣，也带动了园林企业的飞快发展，国外大公司纷纷进入，国内大企业纷纷上市，人才、资金和技术都在这个时期达到了鼎盛。

下面分别从园林学科建设与发展、园林理论发展、园林景观设计、园林景观施工、设计—施工—采购—管控系统发展、园林走进生活、园林产业推动城市化发展等方面展开讨论。

第三章 园林学科建设与发展

3.1 园林学科变迁

3.1.1 建筑、规划与园林学科分化

所谓的天下大势，分久必合，合久必分，城市规划、建筑和园林作为人居环境科学的三个重要分支，在漫长的历史发展中也经历了合合分分、分分合合的一个过程。

农耕文明时代，人居环境的建设以为个体服务为主，建筑、规划和园林三个学科在这个时期所面临和处理的问题相对较为单纯，专业分工虽然可以区分为安全庇护场所的建设、适宜聚落地的选择及划定和私人庭院的建造，却没有明显的界线，因此，中国传统上将这三个学科笼而统之称为“营造”。

工业文明时代，人居环境的服务对象从个体扩展为群体，空间的营造也从私人空间的集中打造变为公共空间的布局配置，所涉及的因素和问题明显复杂起来，分工协作逐渐变得重要，在这样的背景下，城市规划和园林建设逐步从建筑学中分离出来，自立学科，各自独立、各有侧重。建筑偏重于单体建设及空间构筑，规划主要是对以土地为核心的资源使用、道路空间布局的划分，园林面向的是各类绿地类型的建设和自然地的保护。学科的分立让各学科都得到了专业化和精细化的发展，无论是理论还是技术水平，都上升到了前所未有的高度，但是从另一角度看，学科的孤立性导致建筑师不懂园林，规划师不懂建筑，以至于其在面对复杂城市建设问题时经常束手无策，这个弊端也在后工业文明时代变得更显著。

后工业文明时代，需求感受的多样性、资源空间的有限性和生态环境的约束性让人居环境科学所涉及的要素急剧增加，需要处理的问题和面临的挑战越来越大，分工进一步丰富细化，学科间的界限变得模糊，学科间交叉和融合的趋势越来越明显。规划不再仅拘泥于土地配置，而是需要对包括人口、资源、环境在内的多要素

进行空间布局和时间调配，融合建筑和园林对生产、生活与生态空间进行整体打造。建筑不再局限于单体的建设，而是融合园林走向群体建筑空间的塑造。园林不仅需要关注绿地空间，还需要在更广的空间范围上，对绿色（森林绿地）、蓝色（水体）和棕色（土地）等生态要素和文化、历史等人文要素进行系统治理和综合修复，并融合建筑和规划成为城市自然空间与城市风貌的缔造者。

未来，学科必将进一步融合，并与其他相邻学科、边缘领域渗透、对接，最终融为一体，但不再是回到原来简单的建筑学，而是体现着整体性和综合性的人居环境科学，包括生态学、园艺学、现代农业、林业、花卉业、环境艺术、公共艺术以及相关的社会科学、文化历史、思想艺术等在内的学科知识也在其中得到广泛的借鉴和应用。

3.1.2 建筑、规划与园林三位一体的提出

如上所述，随着学术界对城市问题整体性和复杂性的了解越来越深入，对人地关系的严峻性和紧迫性的认识越来越深刻，对建筑、规划与园林三学科交叉关系和发展规律的理解越来越准确，我国学者从中国实际出发，打破学科专业界限，积极寻找解决中国城市问题的新路径，提出了建筑、城市与园林三位一体的学科发展理论，并创建了人居科学的新的研究范式。

20 世纪 80 年代，吴良镛先生从国外回来后，开始对传统建筑学理论进行探索，将建筑从传统的房子概念延伸至聚居概念，从原来简单的“一栋房子—就房子论房子”，扩展到“聚居环境—工作和生活的场所，从村镇到城市，甚至是大城市”，从而自然地将建筑与城市联系在一起，以此出发，创造性地提出了“广义建筑学”的概念，并指出，广义建筑学，就其科学内涵来说，是通过城市设计的核心作用，从观念上和理论上把建筑、地景和城市规划的精髓整合为一体。

无独有偶，钱学森先生也从 20 世纪 70 年代末起一直致力于现代科学技术体系的构建和完善，在 1996 年提出了“建筑科学”的新概念，将其列为自然科学、数学科学、系统科学等之后的第 11 个大学科门类，并指出“建筑科学”的核心内容是研究人居环境，它不是简单地将建筑与园林并入城市，称为“广义城市学”，或将城市与园林并入建筑，称为“广义建筑学”，也不是将城市与建筑并入园林，称为“广义园林学”，而是城市、建筑、园林三者一体。

随后，吴良镛先生将“广义建筑学”和“建筑科学”概念进一步深化、扩展，并在 2001 年的著作《人居环境科学导论》中，提出以建筑、园林、规划三位一体为“主导专业”，整合工程、社会、地理、生态等相关学

科，建立“人居环境科学”体系，以掌握人类聚居发生发展的客观规律，探讨人居环境理论发展，建立适宜居住的生活环境。同时，为应对未来学科发展，先生更是提出在三个学科的本科教育中进行“通才教育”，开设包括科技、人文、艺术和生态在内的基础课程，培养学生的综合能力，在此基础上，硕士阶段再深化专业教育，从而使学生既有宽广的视野、全局的观念，又有扎实的基础、深厚的内功。

从传统建筑学到“建筑科学”，再到“人居环境学”，这是我国学者跳出传统学科专业范畴，运用整体观念和系统思想，在总结历史经验和中国实践基础上对学科开展的一次深入思考，符合科学发展规律，必将人居环境建设水平和科学研究推向新的高度。需要指出的是，学科的融合并不是否定建筑、规划和园林作为单独学科的存在，而是三个学科统一站在更高的高度，用更开阔的眼界、更宏大的格局、更全局的观念来共同解决城市人居环境问题。而对于园林学来说，从传统园林到学科融合后的现代园林，其研究边界也从最初的苑囿到宅院，到城市公园，再到区域规划、大地景观规划。

3.2 园林地位变化

从建筑、规划与园林学科分立之后，三个学科的地位，在新中国成立后也经历了从建筑的一支独大到规划引领风骚，最后到建筑、规划和园林平分秋色的过程。

计划经济主导时期，我国依据《雅典宪章》，确定了城市的居住、工作、游憩和交通四大基本功能，并仿照苏联开展城市规划，但是受国民生产总值较低和建设资金严重不足的影响，城市建设主要为生产服务，城市规划只是国民经济计划在城市空间的落实，影响力很小，基本没有话语权，城市以建筑为主体，园林是建筑的附属品。

20世纪末的市场经济初期，城市规划逐步从计划“框框”中走出来，开始发挥决策指导作用，特别是随着《城市规划条例》《城市规划法》等法规的先后出台，城市规划正式被纳入法制化管理的轨道，地位不断攀升，并逐步成为引领城市建设的指挥棒。同时，经济实力的增强、生态环境的恶化及招商引资的需要，也带动了整个社会对城市园林的重视，绿地系统规划作为专项规划也成为城市规划的重要内容，绿地建设从见缝插绿走向规划建绿，拆墙透绿。但是需要指出的是，尽管这个时期规划和园林的地位都已经上升，但是城市经济发展需求仍居首位，社会发展和环境保护的需要经常要退居次位，城市规划以物质元素空间来配置位置，且城市在规模化和速度化发展需求下，频繁修订规划甚至打破规划束缚肆意扩张的例子屡见不鲜，这也导致后期局部与整体、当前与长期、发展与保护间的矛盾日益凸显。

21 世纪后市场经济发展期，城市化进程不断加快，城乡联系日益紧密，同时，由于市场逐渐替代计划成为资源配置的主要支配力量，资本驱动下的城市总是试图朝向利益的方向发展，城乡资源生态、居住环境、区域均衡问题日益严峻，作为城市发展重要调控手段的城市规划在确保城市公正、公平、协调及可持续发展中变得愈加重要，2008 年，《城乡规划法》施行，进一步强化了城市规划的决策地位和法律效力，也推动了城市规划逐渐向经济社会综合规划转变。这个时期，城市园林也获得了前所未有的发展，除上面的原因外，还有两个重要的背景因素。一个是政治因素。十八大报告把生态文明建设提升到战略层面，并与经济建设、政治建设、文化建设、社会建设并列，构成中国特色社会主义事业“五位一体”的总体布局。而城市园林作为生态文明建设的核心内容和实现“美丽中国”与“中国梦”的重要途径，引起了广泛关注和高度重视。另外一个是经济因素。金融危机的到来，住宅建设成为新的经济投资点和增长点，房地产业迅速发展，带来两个重要的改变，一是推动了土地财政的兴起，执政者们逐渐发现，公园绿地建设可以有效带动周边土地升值，基于城市经营理念的绿地公园建设成为城市基础设施建设的一项重要内容；二是促进了地产景观的繁荣，尤其是在近年多项调控措施出台后，民众自住、投资都趋于转向理性，改善性购房占据主流，对居住环境和景观品质的要求越来越高，园林创意和绿化景观变得至关重要，成为地产产品的重要卖点。在经济原动力的推动下，无论是公共园林还是私家园林都获得了长足发展。

由于规划和园林地位的提升，2011 年，城乡规划学和风景园林学均上升为一级学科，与建筑学科比肩，成为人居学科的三大支柱。规划、建筑和园林如同城市人居环境学科中的三驾马车，第一次真正实现了并驾齐驱。

3.3 园林学科争论

21 世纪之初，经济、社会和环境各方面的发展和压力让园林设计与工程需求爆发式增长，但是，园林理论和实践的发展却远远落后于需求的增长，中国传统园林的创新无法突破，西方园林设计机构大举进入中国，首批留学生陆续回国，西方设计思想大量涌入，从而引发了一场新旧园林、中西园林之间的争论。

争论的发端是从 Landscape Architecture（LA）中文译名是叫“园林”还是“景观”开始的。一方认为 LA 与中国的“园林”或“风景园林”等同，涵盖规划、设计、施工、管护，甚至园艺育种、切花等广泛的内容，景观设计不过是其中的一部分。而另一方则认为 LA 的过去时叫作“园林”，现在则是一门新的学科，名为“景观设计”，将来应该是“大地设计”。双方各执一词，展开了长达10年的学科之辩，直至以国家教委2011年确立风景园林为一级学科而结束。

作为一个后辈对于孰是孰非不加评论，但是需要承认的是，争辩引起的深入思考让沉寂许久的中国园林开始焕发新的生机，推动了中国园林的传承和发展：传统园林开始重新审视学科发展方向和研究范畴，思考如何借鉴西方现代景观学科经验和优势，更好地迎接时代挑战；而西方景观亦在争辩中意识到风景园林与一般的自然科学不同，有着很强的地域文化特征，亦步亦趋照搬照抄是行不通的，需要不断学习适应中国的文化地域特点，才能在中国土壤上开花结果。双方皆走出各自的局限性，互相妥协学习的结果，让园林学科变得更加多元和包容，推动中国园林最终走出一条既具有“时代性”又具有“中国性”的学科之路。而在这个过程中，中国园林在国内、国外的知名度和行业地位也获得了大大的提升。

3.4 园林建设进展

3.4.1 园林法规体系初步建成

完整的政策和法规体系对于一个行业的行政管理具有重要的意义，随着城市园林的快速发展，国务院、住房和城乡建设部也加快相关法规体系的建设，发布了一系列的园林绿地建设规范性政策和管理要求，以更好地规范和指导城市园林绿化建设，并提供技术支撑。

这段时期发布的政策主要有《国务院关于加强城市绿化建设的通知》（国发〔2001〕20号）、《关于加强城市基础设施建设的意见》（国发〔2013〕36号）、《中共中央　国务院关于进一步加强城市规划建设管理工作的若干意见》（中发〔2016〕6号）、《建设部关于印发〈城市绿地系统规划编制纲要〉（试行）的通知》（建城〔2002〕240号）、《建设部关于加强城市生物多样性保护工作的通知》（建城〔2002〕249）号》、《住房和城乡建设部关于加强城市绿地系统建设提高城市防灾避险能力的意见（建城〔2008〕171号）、《住房和城乡建设部关于促进城市园林绿化事业健康发展的指导意见》（建城〔2012〕166号）、《住房和城乡建设部关于建设节约型城市园林绿化的意见》（建城〔2007〕215号）等。

同时，本段时期还加强了法律法规、部门规章及标准规范的建设，并初步建成了一套相对完整的以《城乡规划法》为核心，三部部门法规条例和六部部门规章及三类标准规范构成的园林绿化法规和技术标准体系：三部法规条例分别是《城市绿化条例》(1992年国务院令100号，2011/2017年修订)、《中华人民共和国自然保护区条例》(1994年发布，2017年修改)和《风景名胜区条例》(2006年国务院令474号)。六部部门规章即《城市动物园管理规定》(1994/2001/2004/2011年修订，住房和城乡建设部令第9号)、《城市古树名木保护管理办法》(建城〔2000〕192号)、《城市绿线管理办法》(2002年，建设部令112号)、《国家城市湿地公园管理办法(试行)》(建城〔2005〕16号)、《国家重点公园管理办法(试行)》(建城〔2006〕67号)、《国家级风景名胜区规划编制审批办法》(2015年，住房和城乡建设部令第26号)。三类标准规范分别是由《风景园林基本术语标准》《城乡绿地分类标准》《风景名胜区分类标准》《风景园林制图标准》《风景园林标志标准》构成的风景园林基础标准，由《公园设计规范》《城市绿地设计规范》《城市园林绿化评价标准》《园林绿化养护标准》《城市绿线划定技术规范》《园林绿化养护标准》《园林绿化工程施工及质量验收规范》《风景名胜区总体规划规范》等构成的风景园林通用标准，由《植物园设计规范》《动物园设计规范》《城市湿地公园设计导则》《居住绿地设计规范》《城市道路绿化规划与设计规范》《动物园管理规范》《国家重点公园评价标准》《垂直绿化工程技术规程》《古树名木管理与养护技术标准》等构成的风景园林专项标准。

3.4.2 园林建设原则变迁

1. 从实用、美观到生态优先

在新中国成立初期，城市园林强调“实用、经济及在可能的条件下美观”的方针，遵循的是“普遍绿化、重点美化”的原则，注重的是绿量指标。改革开放后，随着基本需求的满足，居民产生了更高层次的需要，城市园林开始由单纯追求绿量向量与质并重的方向转化，逐渐改变千篇一律的设计手法，向多样化和美化迈进。但是由于过分注重城市园林的景观效果，导致“硬地铺装风”“广场风”“草坪风”“大树风”盛极一时，城市园林视觉壮观，但是功能低、成本高。进入21世纪，人们越来越认识到园林绿地对城市生态环境的改善作用，因此更加关注园林绿地的生态功能，并开始研究绿地如何布局更能发挥效益，选择什么树种更为合理有效，生态优先的原则占据了首位，在尊重自然、顺应自然、保护自然的理念下，坚持“低成本节约型”设计理念和“低影响生态型”开发模式，倡导“植物为主体，水土为要素”“保护优先，自然修复为主、人工治理为辅、工程措施和生物措施结合”“近自然、低干扰、原生态”“因地制宜，适地适水适树”“乡土树种为主”“乔灌草结合，自然配置”“循环与再生”“渗透性铺装”。

2. 从追求功能、艺术到以人为本

在“建设为生产服务”的年代，我国学习苏联引进城市绿化概念，营造了一批绿地，虽然也包括少量街坊绿化，但主要还是在生产区建设，侧重于减尘、降噪、改善小气候等方面的实用功能。在城市普遍追求美化的时代，受西方古典园林的影响，城市园林追求大尺度的平面图案设计，致使景观沦为纯粹的“鸟瞰”而不是“人用”的装饰品。直到21世纪，城市决策者和园林设计者才逐渐意识到，城市园林虽然是一种艺术，但更是一种消费品，因此要以满足“使用者的需求和感受”为导向，围绕改善居民生活品质、提升居民生活质量而展开，要体现人文关怀和实用性、可达性、公平性和亲和性等人性化的设计理念，如综合公园—社区公园—口袋公园体系、公园中的动静分区、亲自然空间及平台设计、入口及园路的无障碍设计，在道路、小区、游园及广场上设置林荫型绿化空间、踏步、栏杆、扶手、座椅、人行道和坡道等游憩设施，在位置、尺度和材质选择上考虑人的使用习惯等。

3. 从千篇一律到彰显特色

中国园林历史悠久，中国城市发展的速度却远远落后于西方国家，因此，当我们在加速城市化的时候，难免会在城市建设上有一些不自信，再加上受错误创新和攀比虚荣思想的驱使，相当长一段时期内，运动式的大拆大建在旧城改造中占据主流，贪大、媚洋、求怪等乱象丛生，带来的是千篇一律、千城一面、大同小异的城市设计，乏味单调缺乏生机。以广场为例，“四菜一汤”和“八股式”设计随处可见：低头是草坪与铺装，平视见喷泉，仰脸看城雕，台阶加旗杆，中轴对称式，终点是政府办公大楼，虽然是笑谈，却也是实话。

而近年来，随着人们对城市风貌越来越重视，场所精神、历史文脉、文化内涵、民族风格在园林设计元素中占据越来越重要的地位，“有机更新”模式也替代“换装”模式成为城市更新的重要方式，上海新天地、北京元大都遗址公园、北京奥运公园等大批彰显地域文化特色的优秀园林景观也如雨后春笋般冒出来，成为新的城市地标。

4. 从零打碎敲到系统整体

新中国成立初期，园林绿化主要是通过见缝插绿的方式建设，自然谈不上整体性和系统性。而后来随着绿地系统规划的推行，加上景观生态格局理论的引入，城市开始按照“点线面环”的结构有计划地布局绿地，但是本时期的系统性和整体性还仅体现在绿地系统内部，与城市其他组织、设施并未构成一个统一的“共同体”。时间进入2010年代后，园林的生态功能越来越被认识，园林也不再局限于绿地建设，而是与环境治理和生态修复紧密地联系在一起，系统论的思想开始发挥重要的作用，如滨水公园建设中，园林的设计范围包括了上下游、左右岸、岸上岸下，解决的是水资源、水环境、水生态、水安全、水景观和水经济的“六水共治”问题，统筹山水林田湖草各相关生态要素，协调水务、市政、国土、环保等相关部门，实施整体规划、系统修复和综合治理。未来，“流域治水、区域治霾、有机疏散、景观引领”将成为解决城市生态问题的最为行之有效的手段，以系统治理为原则的景观建设将越来越重要。

3.4.3 园林建设爆发式增长

与园林地位提升相对应的是园林建设速度的加快，各个城市不断通过“内括外增、植绿增绿”方式扩大城市绿地面积，改善城市绿地系统结构，向内按照“小公园、大生活”的思路，结合旧城改造、城中村改造和拆除违章、临时建筑等方式，扩大城市中心区社区公园、街头绿地、垂直绿化等建设，向外按照“大园林、大绿化”的思路，积极推进城郊一体化绿化格局，加强环城生态防护林建设。据统计，截至 2019 年底，城市建成区绿化率达 37.34%，比 1999 年增长 62.35%，人均公园绿地面积达 14.1m^2，比 1999 年增长 116.92%。这个时期，全国各个城市的园林面貌都发生了翻天覆地的变化，其中典型的有北京、上海和深圳。

北京的园林绿化发展是与重大活动和重大任务紧紧联系在一起的。这期间，北京先后承办了奥运会、新中国成立 60 年大庆、园博会、世博会等大型活动，仅承办奥运会的 7 年间，北京市就新建了以奥林匹克森林公园、北二环城市公园、昆玉河生态走廊和南海子郊野公园、大运河森林公园等为代表的大型公园绿地 160 块。目前，北京全市各类公园总数已达到 1100 余个，注册公园 403 个，城市绿化覆盖率达到 48.44%，人均公共绿地面积达到 16.3m^2，公园绿地 500m 服务半径覆盖率达到 80%，已经基本形成城市休闲—近郊郊野—新城滨河—远郊森林的圈层式公园布局。

上海的园林绿化发展是科技和资金两翼支撑的结果。上海作为改革开放的“桥头堡”，高楼大厦林立、车水马龙穿梭，人口密度高达 15 万人 /km^2，在这样的基础上开展绿化建设，困难可想而知。为解决城市造林绿地稀缺的难题，上海市寸土必争，大力挖潜城市棕地，如垃圾填埋场、受损土地、盐碱地、拆迁地、桥柱、墙面、屋顶等“困难立地”潜力，开展生态恢复关键技术研究和成果集成推广聚焦攻关，综合集成了植物品种筛选、群落结构配置、土壤改良、水肥植保等技术，并在世博园区规划、老港垃圾填埋场 7600 亩造林生态恢复、杭州湾滩涂造林以及立体绿化等重大项目中，提供了有力的创新技术支撑。同时，上海市积极落实园林绿化配套政策，通过出台土地流转、招商引资、租地备苗、征地不改性、绿地建设范围不收耕地开垦费、减免不可预见费、减免征地管理费等政策降低成本，并通过深化体制创新、整合行业资源、推进市场机制等方式拓宽融资渠道，为园林绿化提供资金保障。截至 2018 年底，上海市城市公园数量达到 300 座，绿化覆盖面积 152444 公顷，人均绿地面积从新中国成立初的 0.132m^2 增加到 8.2m^2，成就斐然。

深圳的园林绿化一直以规范和创新闻名。首先，深圳在建成之初就有一个科学的、前瞻性的城市总体规划，将城市划定为不同的发展组团，组团之间预留 400~800 m的绿化隔离带，从而避免了城市摊大饼式的连片发展，保证了城市环境生态健全。其次，深圳市建立了严格完整的绿化政策和制度。早在 2005 年，深圳市就通过生态规划，将 50% 的土地列为城市建设的禁区而作为生态绿化控制区，实施严格的建设控制。同时，深圳市还建立了包括《深圳经济特区城市绿化管理办法》《深圳经济特区城市园林条例》《深圳市生态公益林条例》《深圳市基本生态控制线管理规定》等在内的完善的园林绿化法规体系，为园林绿化工作提供保证和推动作用。再次，充分发挥特区“敢于第一个吃螃蟹”的精神，大胆推行了一系列的推动园林绿化发展的创新举措。深圳是国内最早实行公园免费开放、最早提出“海岸线归还人民”、最早创建郊野公园改善生态环境、最早开展住房制度改革推进小区绿化、最早推行园林绿化建设市场化模式运作的城市。一系列的改革措施，推动深圳成为现代化和自然化协调发展的城市典范，城市绿化率一直走在全国前列，2018 年全市建成区绿化覆盖率 44.98%，绿地率 38.70%，人均公园绿地面积 15.35m^2，初步建成“森林公园、郊野公园—综合公园—社区公园”三级公园建设体系。

3.4.4 生态型公园加速发展

随着民众对园林生态功能认识的增强和城市绿化率要求的提高，新的生态型公园建设日渐提上日程，郊野公园（含森林公园）、湿地公园、工业废弃地更新修复公园等新的公园类型不断出现并加快发展起来。

1. 郊野公园

随着城镇化的快速发展，城市也急剧向外扩张，不断蚕食外围的农田、林地、湿地等自然资源，城市生态环境愈来愈恶劣，城市中的人们对钢筋水泥越来越厌倦，渴望能够有一片近自然的绿地和游憩场所，于是郊野公园就诞生了。为了区别城市公园和自然风景游览区，郊野公园一般是指位于城市近郊、具有完善的基础设施、以保护自然和游憩为目的的大面积自然绿地。

我国最早的郊野公园出现在深圳，即 2003 年参照香港模式批准建设的塘朗山郊野公园。随后，因为其亲近自然、低成本和可达性强的优势，很快就在北京、南京、天津、成都、广州、上海等城市中发展起来。其中，深圳市共规划郊野公园 21 个，面积 596 平方公里，开放 13 个；北京市规划 100 个，已经建成开放 81 个；南京市规划 46 个，面积 10162 平方公里，开放 12 个；上海市共规划 21 个，面积 400 平方公里，自 2015 年开始先后开放了 6 个；天津市规划 16 个，面积 618.72 平方公里，目前开放 3 个。

2. 湿地公园

湿地与森林、海洋并列为地球上最重要的三大生态系统，具有极高的生物多样性和生产力，湿地还是地球之肾，具有极强的生态净化功能，因此加强湿地保护很早就在全球范围内达成共识。

我国也在1992年加入《湿地公约》组织，但是相较于发达国家，我国的湿地公园建设相对滞后，起步较晚，直至2005年荣成市桑沟湾城市湿地公园才被国家住建部正式批准成为第一批国家城市湿地公园。

随着湿地公园对湿地保护的作用得到社会各界的认同，湿地公园的建设进入了一个快速发展期，国家湿地公园建设数量快速增加，截至2017年12月31日，全国共建设湿地公园1699处，其中国家湿地公园898处（含试点）。

3. 城市工业废弃地更新修复公园

城市工业废弃地包括矿山废弃地、废弃工厂、工业仓储设施、交通运输设施、废弃物处理设施等，其主要的景观更新改造方式有创意产业空间、工业遗产旅游目的地、城市公共开放空间等类型。

我国是在20世纪90年代最末期才出现了城市废弃地景观更新设计的实践，代表作为俞孔坚设计的广东中山岐江公园，这是中国首例成功的后工业景观公园。这个良好的开端掀起了中国城市废弃地景观更新设计的热潮。

之后，城市废弃地景观更新实践案例如雨后春笋般发展壮大，在创意产业空间改造方面，主要的代表有北京798艺术区、广州红砖厂、成都东郊记忆等；在工业遗产旅游方面，自大庆第一口油井首批被列为国家工业遗产保护目录后，目前国家已公布两批共53家工业遗产名单；在城市开放空间改造方面，先后出现了北京燕山煤气用具厂公园、苏州运河工业遗产廊道、上海世博后滩公园、上海世博会园区浦东中心绿地、上海辰山植物园矿坑花园、天津桥园、海口美舍河凤翔公园、苏州真山公园、南京汤山矿坑公园等一大批优秀的城市后工业景观公园成功案例，而正在建设和正式授予国家矿山公园的就有61处。

3.4.5 城市公园规划、建设和管理模式变化

城市公园具有开放性、共享性和包容性的特征，其服务对象是包括所有市民和游客在内的公众群体，因此公众利益最大化是城市公园规划建设管理的首要原则。过去，我国城市公园的建设管理体制大多由政府全权负责，管养结合，由此产生了一系列问题，如规划设计理想化和同质化、建设资金短缺、管理成本高、管理效率低下、人手不足等，尤其是在2000年后，我国公园数量与日俱增，且大多免费开放，超载运行，其建设管理问题也日益凸显。

为此，政府启动了一系列改革措施，逐步建立起“政府主导，政府和社会力量共建、共治、共管、共享”的新模式：一是引进公众参与机制，最大限度满足市民需求，如深圳市香蜜公园通过政府职能转变，建立公众参与平台，引导公众参与规划设计、参与建设监督和参与管理等方式，广泛调动社会力量多角色参与，多元决策。二是建立多元筹资机制，解决建设资金不足难题。加大政府财政预算投入，建立市场机制，积极引导、利用社会资金投向城市绿化。如上海市在环城绿化带建设中通过土地流转、以租代征、减免费用的方式将一次性支出的绿化建设成本由 60 亿元陡降至 11 亿元，在太平桥绿地改造项目中，通过市场化土地开发方式，有效解决了资金短缺之急。三是在城市公园管理中实行政府主导、市场化运作机制。大力推行建管分离，通过政府和社会资本合作（PPP）、政府购买服务和特许经营等方式，引进专业公司负责公园的维护、管理和运营，既减轻政府压力，又有利于改善公园管理、服务质量，一举两得。

广西南宁那考河湿地是全国首个投入运营的城市水环境治理 PPP 项目，并获得了巨大成功。随后，园林相关 PPP 项目遍地开花，影响较大的有海口市的六河治理 PPP 项目、南平水美城市建设等。

3.4.6 园林公司加快发展

园林行业的发展，也推动了园林公司的加速发展，其有两个显著的表现。

1. 境外公司的大批进入

1997 年，美国易道公司（EDAW）（现名为 AECOM 规划设计）承担了苏州金鸡湖环湖开放空间景观规划项目，这是第一家进入我国的境外风景园林规划与设计公司。随后，在 2001 年我国正式加入世界贸易组织（WTO）之后，越来越多的境外景观设计企业进入我国市场，据不完全统计，包括 EDSA、SWA、ECOLAND（易兰）、贝尔高林（Belt Collins）、SASAKI、泛亚国际（EA-DG）、GVL 等在内的国际知名景观设计公司都在我国设置了中国总部。

这些优秀景观设计公司的加入，以其一贯的专业性和创新性，创造出大批优秀的景观设计项目，给中国带来了不同凡响的景观体验，同时提升了国内风景园林整个行业的设计审美，促进了中国本土人才培养，推动了一批本土化景观设计企业的孵化。

2. 国内公司的规模化发展

首先，市场加速洗牌。随着市场化公开招标竞争机制的引入，园林市场逐步开放，各界对于园林企业的资金实力和工程资质完备程度的要求不断提高，由此带来了国内园林市场的加速洗牌，一些小型的园林企业逐步被兼并、进入分包市场或退出市场。

其次，园林公司拉开上市帷幕。2007 年 12 月 21 日，云南绿大地生物科技股份有限公司在深交所成功挂牌上市，成为我国首家上市的花木行业公司。2009 年，东方园林在深交所上市，成为园林第一股。2010 年 6 月棕榈园林、2011 年 3 月铁汉生态、2012 年 3 月普邦园林、2012 年 9 月蒙草抗旱、2014 年 2 月岭南园林在 A 股上市，园林公司上市节奏明显加快。截至 2017 年底，在主板、中小板和创业板上市的园林企业有 30 家（含园林设计企业 2 家），而在新三板挂牌的园林企业超过 120 家。

再次，园林企业不断拓展业务范围。大多数的大型园林企业打通了苗木种植、景观设计和建设施工全产业链，而随着环保大势的到来，很多园林企业开始借助自身的生态优势驰骋环保领域。如北京东方园林公司形成了以水系治理、固废危废处理和全域旅游为三大核心业务板块的综合企业，铁汉生态主营业务涵盖生态环保、生态园林景观、生态旅游三大领域，蒙草抗旱主要聚焦生态修复、种业科技、现代草业，棕榈园林聚焦新型城镇化建设等。

3.5 主要参考文献

鲍益斌:《基于生态恢复理念的城市工业废弃地景观更新研究》，浙江工业大学硕士学位论文，2015。

陈秀琼:《市政免费公园经营管理模式探讨》,《莆田学院学报》2006 年第 3 期。

段进:《中国城市规划的理论与实践问题思考》,《城市规划学刊》2005 年第 1 期。

郭新林:《中国园林绿化企业现状及发展对策研究》,《经营管理者》2019 年第 5 期。

贺兴:《浅谈公园管理模式》,《现代园艺》2012 年第 11 期。

刘滨谊:《景观建筑学——中国城市建设中必不可少的专业》,《世界科学》1997 年第 12 期。

刘家麒、王秉洛、李嘉乐:《对“还土地和景观以完整的意义：再论‘景观设计学’之于‘风景园林’”一文的审稿意见》,《中国园林》2004 年第 7 期。

吕傲:《城市规划对城市经济发展的作用分析》,《现代商贸工业》2016 年第 27 期。

王凯:《城市规划与城市土地利用问题：综述与思考》,《城市规划》1998 年第 1 期。

吴良镛:《城市世纪、城市问题、城市规划与市长的作用》,《城市规划》2000 年第 4 期。

吴良镛:《七十年城市规划的回眸与展望》,《城市规划》2019 年第 9 期。

谢长坤、梁安泽、车生泉：《生态城市、园林城市和生态园林城市内涵比较研究》，《城市建筑》2018年第33期。

许婷、简敏菲：《城市湿地公园研究进展及发展现状》，《安徽农业科学》2010年第16期。

俞孔坚：《还土地和景观以完整的意义：再论“景观设计学”之于“风景园林”》，《中国园林》2004年第7期。

俞孔坚、李迪华：《景观设计：专业学科与教育》“导读”，《中国园林》2004年第5期。

张祖刚：《走向自然的城市、建筑、园林三位一体的“建筑科学”》，《建筑学报》2001年第10期。

章超、李赓、张燕青、林清：《城市工业废弃地景观更新发展浅析》，《台湾农业探索》2010年第5期。

郑凯鸿：《城市工业废弃地景观更新研究》，西北农林科技大学硕士学位论文，2018。

邹德慈：《中国现代城市规划的发展和展望》，《城乡建设》2003年第2期。

第四章 园林理论发展与时俱进

随着现代工业的发展，城市规模急剧膨胀，人口迅速增加，环境日益恶化，城市生态受到严重威胁。人类和环境紧密地联系在一起，相互制约，相互依赖，保持着相对稳定和平衡。人类在环境质量日趋恶化的形势下，不能被动地等待自然界的恩赐，必须主动地改善和创造良好的环境条件。因此，防治环境污染和提高环境质量，是摆在我们面前的一项长期而艰巨的任务。

在现代城市建设中，园林绿化已不是仅供少数权贵及富有者享用的奢侈品或豪华的点缀，现代科学已证明它是城市中安全、健康与舒适愉快所不可或缺的空间组成部分。现代化城市建设要以科学发展观的理论做指导去规划和设计，城市生态系统是城市建设中不可或缺的一个部分，园林绿化在城市生态系统中发挥着极其重要的作用，现代化城市只有保持有效的城市生态系统，才能营造出现代化城市建设魅力。

4.1 园林对城市的生态意义

在城市中，从人类的生存着眼，绿色植物可使城市生态系统向更加健康的方向转化。园林绿化生态系统对城市最突出的影响表现在改善气候、净化大气和减弱噪声等三个方面。

4.1.1 园林绿化能调节城市气候

绿地对城市小气候的形成，尤其是对城市温度和湿度的调节，有很大的影响。

调节温度。城市中由建筑和铺装地面所构成的下垫面会在太阳光下反射出大量的热能，据测定市区气温经常比大量植被覆盖的郊区高 2℃~5℃，形成“城市热岛”效应。园林绿化可以调节气温，起到冬暖夏凉的作用。夏季，植物蒸腾可降低自身温度，因而，夏季绿地内的气温较非绿地低 3℃~5℃，较建筑物地区可降低 10℃左右。所以，夏季绿地可为人们提供消暑纳凉、防暑降温的良好环境。在寒冷的冬季，有乔木覆盖的公园、庭院和道路上，由于树木降低风速，减弱冷空气的侵入，树林内及其背向的一侧温度可提高 1℃~2℃。

调节湿度。园林植物是湿度的“调节器”。植物通过叶面蒸腾，将土壤中的大量水分释放到空气中，使空气中的湿度明显增加。据研究，森林中的空气湿度比城市内高 30% 左右，绿化区域内的湿度比非绿化区域高 10%~20%，从而为人们在生产、生活上创造了凉爽、舒适的气候环境。

4.1.2 园林绿化能净化城市的空气

大规模的城市园林绿化，可以净化城市空气，改善城市环境质量。一方面，植物通过光合作用，吸收二氧化碳，放出氧气，维持近地区域的碳循环和氧平衡。另一方面，植物还以它巨大的叶面积、浓密的枝干，阻滞、过滤、吸附空气中的灰尘和飘尘，起到滞留、分散、吸取大气中的各种有毒气体的作用。另外，许多植物能够分泌杀菌素，减少空气中细菌的数量，从而使空气得到净化。据资料得到的数据，绿化覆盖率为 10%、20%、40% 时大气中污染物浓度下降的总悬浮颗粒物和二氧化硫分别是 15.7%、20%，31.4%、40% 以及 62.9%、80%。这就明显说明绿化覆盖率越高，大气中污染物浓度下降就越大，相互成正比变化，而城市中绿化区域与没有绿化的街道相比，每立方米空气中的含菌量要减少 85% 以上。

4.1.3 园林绿化能减弱城市噪声

现代城市中工厂林立，建筑工地比比皆是，在生产过程中由于震动、摩擦和撞击等而不断产生噪声；同时，汽车、火车、轮船等也轰鸣尖叫。这些噪声，不仅影响人们的正常生活，严重的还危害人们的健康，影响人们的中枢神经系统和精神反应，出现精神不振、疲劳过度、脉搏和呼吸加快、血压增高等症状。而利用绿化树木的庞大的树冠和枝干，则可以吸收和隔离噪声。

资料表明，在没有树木的高大建筑林立的街道上，噪声强度比两侧种满了树木的街道大 5 倍以上。沿街房屋与街道之间，如能有一个 5~7 m的树林带，就可以大大降低车辆的噪声。据测定，一个 9m 宽的绿带如结构合理，可以降低噪声 11~13dB，而 35m 宽的绿带可以降低 25~29dB。可见，园林绿化是噪声的“消声器”，可隔离噪声源，使居民区减弱和避免噪声的干扰。

4.2 生态城市理论

城市可理解成一个生态系统，是有生命的有机体，可以呼吸、可以自我新陈代谢。在城市快速发展过程中，城市的消耗量极大，工厂、建筑、汽车、各种辐射、排放的热能与动物呼吸消化产生的排泄物，都急需依赖绿色植物来进行消解、吸收和消化。在城市总体规划时，避免见缝插针修补式建园，应把城市当作一个有机体：会生长、会衰竭，整体考虑其营养与消耗，计算出城市的“摄食量”与“排泄量”，从而根据需求来计划供给。

4.2.1 海绵城市理论

城市原本是可以呼吸的有机体，城市钢筋混凝土密集建造，阻隔了原本自然呼吸的土地，雨水不能顺畅地渗透到土壤中，造成降水无法通过地下河道汇集到水源地，原有丰盈的水源枯竭，植被水分吸收受阻，蒸腾作用不能有效促使雨水的降落；城市的热源过多，空气中污染严重，整个气流由于过重不能上升形成对流的空气，造成污染物与热源囤积于城市，形成热岛效应，空气质量变得糟糕，严重影响了人们的健康生活；土壤也在城市建设中由于没有得到正常的呼吸而板结。

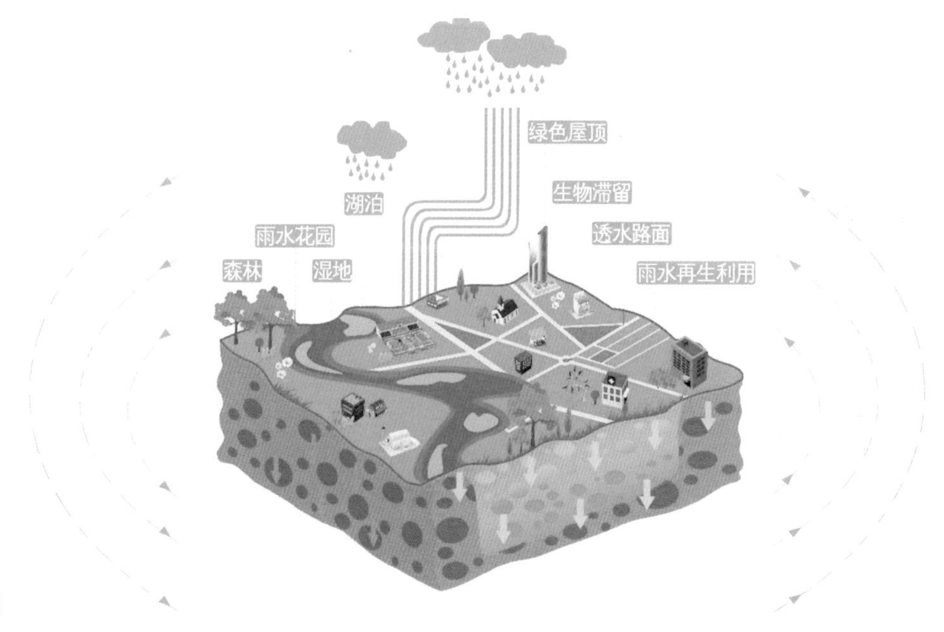

图 4-1 海绵城市的工作原理

海绵城市是会呼吸的城市，可以像海绵体一样承载与吸收水分，在需要时，又能释放水分（见图4–1）。雨水入渗可通过绿地、透水铺装、屋顶景观、浅沟洼地、渗透管道、池井等多种渠道，呈现一个三维立体化的渗透系统。借助自身的弹性，城市不仅要对雨水进行蓄水和渗水，还需要净水和用水，进而合理地运用场地内部的水资源，这样不仅改善了城市的水利系统，还可以实现城市景观生态的可持续发展。生态花园采用生物滞留技术，主要通过植被过滤、土壤吸附和微生物作用吸收、过滤雨水，可以起到减少地表雨水滞留和净化地下径流的作用。

4.2.2 水土流失与植被恢复

水土流失的原因包括了自然不可抗因素以及人为破坏因素。这些破坏因素通过摧毁原有附着在土地上的植被，而逐渐破坏土壤结构，最后通过自然灾害导致土壤的大量流失。从森林逐步演变到水土流失的过程一般为：森林砍伐—灌木丛—沙甸—沙漠，植被在生态环境中既是土壤的“贴身衣服”，保护着土壤的内部结构，同时也滋养着土壤中其他生物的生长。植被还改变了当地的气候，通过植物的蒸腾作用，影响着气候中水分的流动，从而影响气候的变化。一旦毁坏了植被，将土地裸露在环境中，风吹日晒，就会慢慢改变几亿年形成的土壤结构。当暴风雨的侵蚀来临，这些松动的土壤结构很快就会支离破碎、随风飘摇，生态环境遭到严重破坏。破坏环境可能是短时间的，然而要恢复到从前的植被面貌却是长期的。

恢复生态环境、培育植被与破坏生态环境的过程相反：沙漠种植—沙甸—灌木丛—森林，但这个过程所延续的时间可能比破坏的时间要长很多，现代植被恢复技术日臻成熟，当然可以大大缩短恢复周期。从沙漠到沙甸的过程是最艰难，也是关键性的阶段，这个阶段需要通过植被成活，逐步改变沙漠的结构，从游离的沙粒改变成凝结的土壤。现代植被的栽植技术除了更好的抗风技术以外，加入了许多滴管技术及植物营养输入方式，增加了植物的存活率，同时辅以空中作业以及地面机械作业的结合，将大大缩减人力与时间，也缩短恢复的进程。

4.3 城市规划理论

城市自诞生至今有2000多年历史，其是人类思想、政治、社会、经济的空间载体，城市的诞生就是有更多人聚集在一起生活，“人们聚集在城市是为了生活，期望在城市中生活得更好”。在漫长的城市发展历程中，城市围绕着社会的统治者或者主流，形成了理性的或感性的城市形态，要么规则统一显示当权者的威望，要么艺术繁华显示社会精神活跃。城市空间在社会的演进过程中有沉淀更有迭代，不断阐释着城市的精神，总体来说，城市的空间形态与自然还是和谐的，直到工业革命，工业主要是对能量资源的开发与利用，在人类文明的发展史上起到了重要的作用。随着工业革命的到来、技术的进步、流水线的诞生、分工与协作的迫切、人口密度的提升、规模经济的形成，世界各国的城市化率稳步提高，催生了大量的大城市。在这种以经济驱使为引擎的城市快速扩张方式下，人口急增，交通瘫痪，充满钢筋混凝土的昏暗、聒噪，充满污秽的空气，造成生态环境严重破坏。城市发展忽略了人本能的内在需求，隔断了与自然的自由联系，城市日益成为生命缺失的孤岛。在这样的空间中，人失去应有的精气神，转而追求城市中的“自然”，这迫使城市规划、景观规划工作者反思城市未来以及改变现有恶劣城市环境的途径。

4.3.1　发现问题阶段——局部改善城市环境（1850~1910 年），提出设计结合自然

随着城市环境的急剧恶劣，人们开始渴望自然。1821~1855 年，纽约市的人口增长至原来的 4 倍，随着城市的扩展，很多人被吸引到一些比较开阔的空间居住（主要是墓地），以避开嘈杂及混乱的城市生活。1857 年，美国奥姆斯特德（Olmsted）在纽约 59 街到 106 街的 7000 亩（2.8km^2）范围设计了纽约公园，首次在城市中为大众提供一个敞开的绿色公园的休闲空间，公园不再是少数达官贵人的奢侈品。1862 年，美国自然主义者乔治·普尔金·马仕（G.P.Perksn）等人在《人与自然》一书中就提出了自然环境的重要性。1864 年美国乔治·马仕（George Marsh）首次提出合理规划人类行为，使人与自然和谐相处，并呼吁设计结合自然，唤醒人们的生态意识。1889 年，奥地利建筑师、历史文化教授西谛（C.Sitte）强调“与环境合作，向自然学习，强调空间之间的视觉关系”。1893 年芝加哥举办的世界博览会的一个最大目的，是建设一个“梦幻城市”，并试图以此来拯救沉沦的城市。同年，美国查尔斯·埃利奥特（Charies Eliotch）率先使用了科学的城市规划方法保护自然景观，实现自然与城市的融合，并发起了大波士顿地区公园系统规划。1895 年美国的刘易斯·芒福德（Lewis Mumford）出版了《城市发展史》，反思科学技术发展对生态破坏的影响，为后来麦克哈格等人的生态规划理论及方法的提出构建了理论框架。

20 世纪 60~70 年代，西方开始利用生态学理论来研究大自然，改善人类的居住环境，1969 年出版的《设计结合自然》是这时期具有重大意义的作品。《设计结合自然》是麦克哈格（McHarg）生态规划理论与实践的主要表达（见图 4–2），将环境的每个因素进行叠加考虑，得出最优的组织方案。城市设计越来越综合考虑生态要素与人文要素的结合，以形成都市最适应的设计方案。

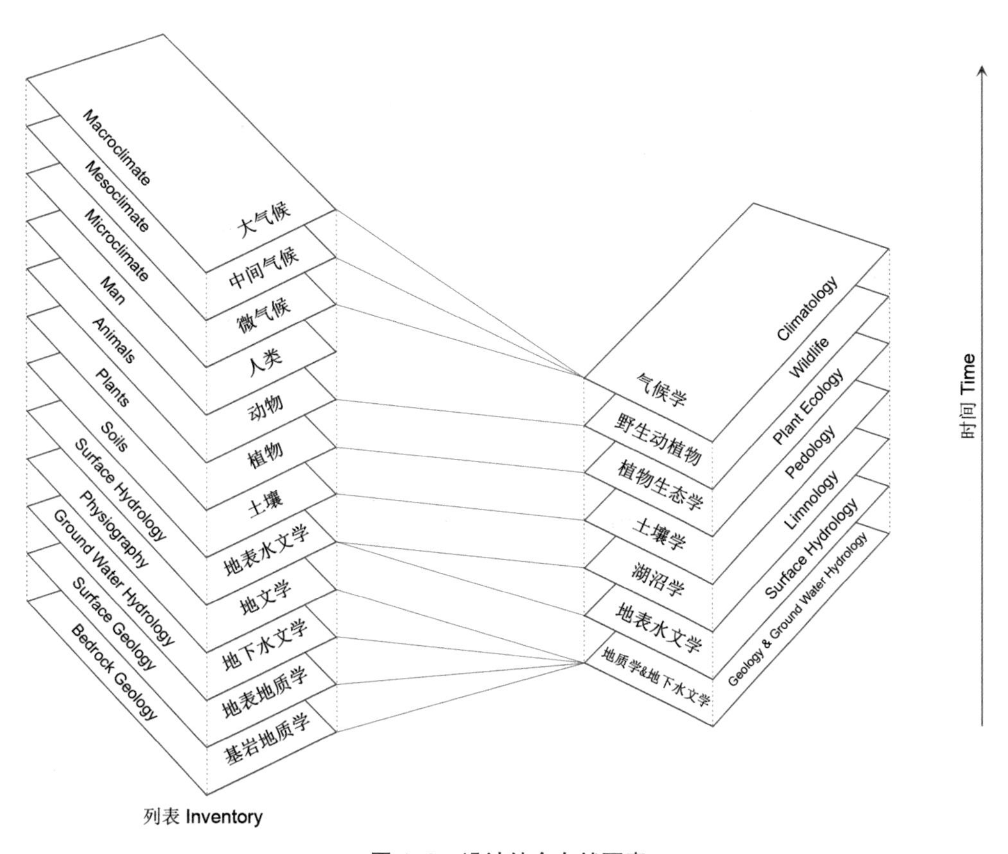

图 4-2　设计结合自然要素

资料来源：麦克哈格的伍德兰德新镇报告（McHarg's Woodlands Report）。

4.3.2　全面觉醒阶段——城市与生态平衡发展的思考（1910~1980 年），提出田园城市

20 世纪中后期，工业化带来的生态问题，使城市规划师逐渐意识到生态学的重要性。环境污染与生态破坏促使人类不得不关注其赖以生存的土地，景观规划设计随之开启了新的篇章，即协调人与自然的关系。工业革命后平衡技术与文明之间的关系，城市活力得以恢复。相关学科之间不断渗透，景观的范畴愈加广泛。民众环保呼声日益高涨，环境保护运动发展至高潮，生态规划方法形成、拓展并逐步完善。1898 年，英国城市学家霍华德（Howard）出版了《明日，一条通向真正改革的和平道路》，1902 年更名为《明日的田园城市》，提出城市环境的恶化是由城市膨胀引起的，城市无限扩展和土地投机是引起城市灾难的根源。该书是城市规划理论的起源，提出了一个城市规划模式——“同心圆结构”（见图 4-3），从中心往外依次是：绿化、基础设施、商业服务

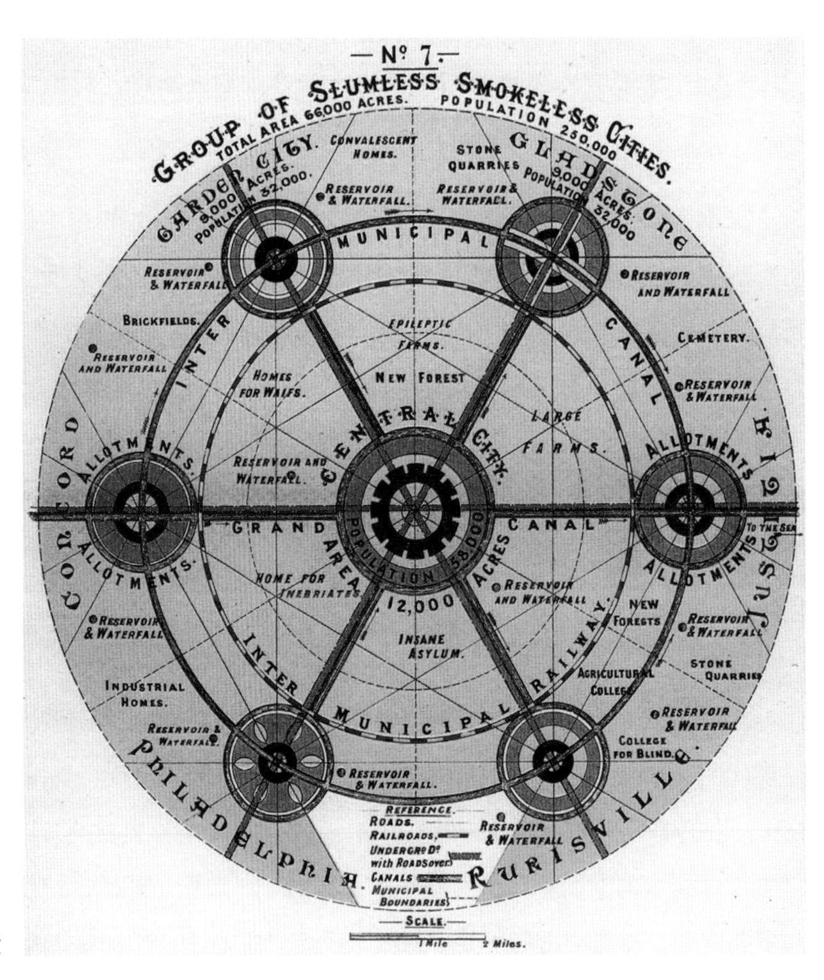

图 4-3　田园城市示意

带、居民楼和外层绿化带，在城市的下风口配置工业园。也就是用绿带网把整个城区划分成不同的单元，每个单元大概能容纳 3 万人的体量。新增的人口要在同心圆外进行城市扩大建设。20 世纪初，随着伦敦、堪培拉等地陆续出现了花园城，花园城市落地为实际。霍华德针对现代社会出现的城市问题提出了一个比较完整的城市规划思想体系，他的方案认为，每个城市人口为 5 万 ~ 8 万，城市与农村结合，超出数量另建他城，形成城市组群——社会城市。1915 年英国帕特里克·格迪斯（Patrick Geddes）提出城市规划应该与人文地理学有机结合，首创区域规划的综合研究；1939 年，德国地理学家卡尔·特罗尔（Carl Troll）提出“景观生态学”（Landscape Ecology）的概念，将地理学中的“水平—结构”与生态学中的“垂直—功能”结合在了一起。美国蕾切尔·卡逊（Rachel Carson）出版的《寂静的春天》提出人类与自然环境要相互融合，唤起了 20 世纪人类绿色生态意识的觉醒。

4.3.3 生态介入城市规划阶段——生态规划方法论，提出景观生态

生态是研究人与自然及环境的关系，以及人与社会之间的关系，包含了物质与精神两个层面的关系。传统工业衰退，人们的生态意识增强，环境保护运动高涨，生物技术提高，废弃地改造项目增多；生态主义思想在生态规划领域的表达与时间逐渐臻于完善并达到鼎盛，生态文明时代到来，地理信息技术也在这时期得到飞速发展。1986 年美国理查德·福尔曼（Richard Forman）出版的《景观生态学》将景观规划设计与景观生态学相结合，提出“斑块—廊道—基质”模式，1988 年美国哈格里夫斯（Hargreaves）设计拜斯比公园时，将生态与艺术相结合，从理性的视角看待景观内部的生态结构和功能，对场地生态循环进行了剖析与运用。1990 年美国卡尔·斯坦尼兹（Carl Steinitz）提出多解生态规划方法六步骤，通过反复循环模式得出多解方案，系统分析技术为生态规划方面的研究奠定了基础。

4.3.4 生态系统性思考介入城市规划——城市生态整体性规划设计，提出生态城市

人类活动对生态环境的影响受到密切关注，决策者、设计师和公众对“生态设计”概念的理解日趋客观。后现代主义思潮渗透到文学、哲学、建筑、城市规划和景观规划设计等各个领域。1994 年美国约翰·莱尔（John Lyle）出版了《可持续发展的再生设计》，推动了再生性景观的发展与实践，改变了规划设计的认识论，促进了再生设计技术的发展和传播。同年，美国西蒙·瑞恩（Sim Ryn）出版了《生态设计》，该书成为生态城市建设的重要内容，并深刻影响了其后的城市设计思想。1997 年加拿大瓦尔德海姆（Charles Waldheim）出版的《景观都市主义》提倡使用城市公共的设施与景观，融入居住结构内，以此来应对发展的不确定性。景观都市主义横跨了多个学科，不同学科的进一步细分，让我们意识到当前阶段的城市化进程所具有的繁复性。它是把城市当作整体，随着景观、公共设施的完备，与文化需求相结合，才得以延伸。该主义作为城市建设的指导思想，重点强调了自然和人文的最佳载体是景观。“景观都市主义”描述了当今城市建设所涉及的相关学科先后次序的重新排列，即景观取代建筑成为当今城市的基本组成部分。对许多不同专业的人士来说，景观已成为一种透视镜，通过它，当今城市得以展示；同时景观又是一种载体，通过它，当今城市得以建造和延展。景观已从过去以审美为目的的表现技法（如荷兰风景画）、再现手法（如中国园林、英国自然山水园），发展成为当今城市建设以及处理所有人地关系的世界观和方法论。

景观都市主义把建筑和基础设施看成景观的延续或是地表的隆起。景观不仅仅是绿色的景物或自然空间，

更是连续的地表结构，一种加厚的地面，它作为一种城市支撑结构能够容纳以各种自然过程为主导的生态基础设施和以多种功能为主导的公共基础设施，并为它们提供支持和服务，这种开放的、能预判和参与未来需要并能够行使功能的载体，就是我们所说的景观基础设施。

景观都市主义标志着一场新的设计革命时代的开启，将城市规划设计引向可持续发展的方面。2008 年美国莫森・莫斯塔法维（Mohsen Mostafavi）出版《生态都市主义》，将城市看作一个系统，一个城市生态系统，为用生态思想建设可持续发展城市提供了途径、方法和技术参考。

4.4 城市生态改造

在新城建设之初，提前优先考虑城市绿色空间（都市景观主义），将其融入绿色环境之中，实现从“城市里建公园”向“公园里建城市”的转变，从平面到立体充分考虑绿量的增加，建设全城盈绿的开放空间，充分满足城市消耗的需求。

而对于已经建成的城区，则可用再生态的理念，基于城市整体生态需求，从已有建筑的垂直绿化、城市硬质空间渗透性改造、湿地建设与恢复、增加生物多样性景观入手，拓展城市绿色空间，打造城市地上地下通畅、可以自由呼吸的生命体。同时考虑再生能源利用及污染物的回收利用，逐步形成城市的能源自给，实现环境污染为零。

4.4.1 生物多样性

生物多样性是环境是否生态的关键指标，生物多样性高可以表征生物与环境之间物质、能量交换的频率高，从而有助于形成良好的自然环境。植物的多样性，会带来土壤的进一步修复以及昆虫、蝴蝶、鸟类的繁衍，形成更加丰富的动物资源，动物的粪便又可促进土壤的肥力，进一步促进植物的繁盛，如此共生和谐的环境可以消化城市产生的垃圾。新城市的环境建设充分考虑植物的多元配置，而老城的改造虽然生物多样性的提高不是一蹴而就的，但也可伴随时间的流逝，分成不同时段来减少或增加。首先保存公园内的原生植物，不做改动，以其为基准，逐步搭建公园的栽种模型，然后每一年都观察适应不了当地环境的植被，并将其清除，换上其他能适应的植被，这样促使多样性丰富，也会有鸟、虫等栖居。在丰富季相演绎的同时，逐步形成生态群落的加固（见图 4–4），从而建立达到动态平衡的生态生物群落。在现有城市的基础上，进行植物多样景观的改造，将

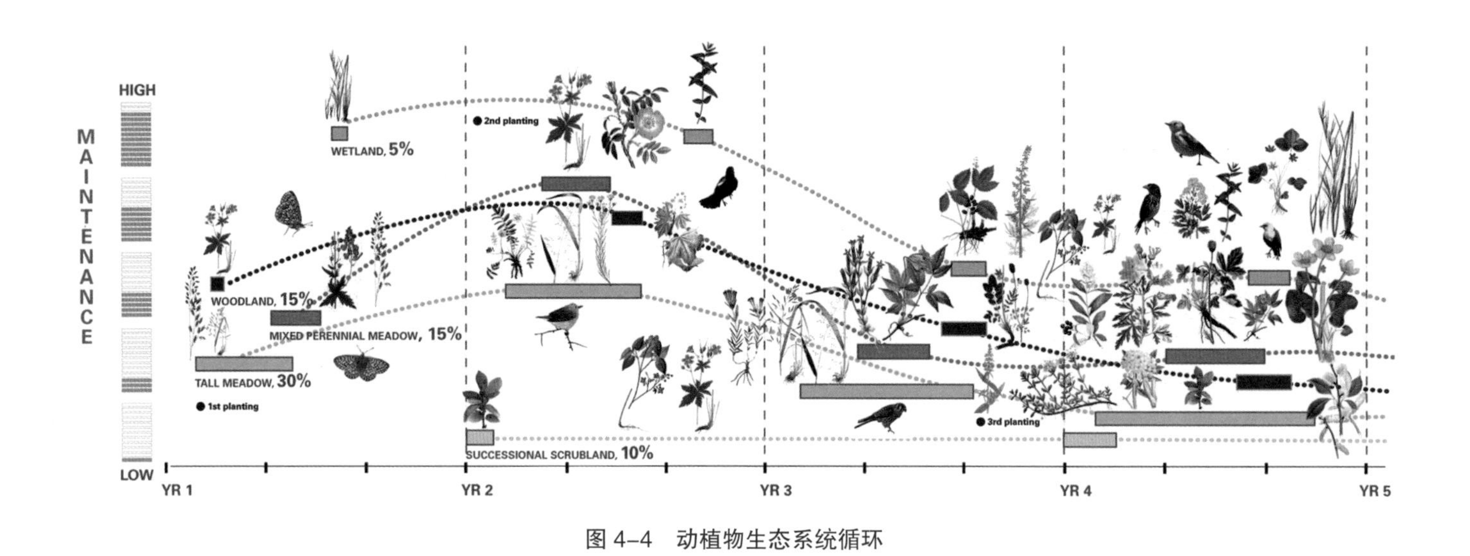

图 4–4 动植物生态系统循环

有利于提升城市的生态环境。

4.4.2 人工湿地

城市人工湿地净化采用湿地泡、生态沟、氧化塘、水生森林 / 地毯净化系统、人工浮岛、雨水专用处理设备等技术措施对水体进行净化处理。整个净化过程中，以生物—生态方法抑制藻类生长，复原水生态系统的抵抗和免疫能力，从而达成优良的水环境，净化效果显著，水质的指标可达地表水Ⅲ~Ⅳ类水标准，有的甚至可达Ⅱ类水标准以上，水质清澈透底，透明度可达 1.5m 以上；同时恢复了生物多样性，改善了水下景观，体现了生态的价值，具有节能、生态、低碳、管护费少等特征，通过生境的进一步优化改造，构建以沉水植物为优势群落的“草型”水生态环境，并通过复育动物和微生物构建系统性食物链，来驱动水生态系统的能量和物质流动，实现生态系统的自调控，从而促进生态系统具备净化力，配合生物操控，以维持水体的优良水质，创造“清水体、显鱼虾，水下生机勃勃、水上翠色欲滴”的美丽生态意境。

“生物操纵”是修复人工湿地的主要方法，其通过控制生物群落中的关键点来影响整个生态系统，是一种有效控制淡水初级生产者发生大爆发的途径。典型的方法是通过食物链的关联作用，通过增加捕食者来逐级影响下游生物的数量，比如通过增加食肉鱼来减少食草鱼，这样就缓解了食草鱼对水草的啃食压力，以此来达到控制浮游植物增加的目的。非典型方法是直接增减目标量，比如通过增加放养滤食性的鱼类来捕食浮游植物，达到减少浮游植物的目的。通过这些生物操纵手段，合理有效地配置湿地植物、动物资源，我们期待的鸟语花香、回归自然，在湿地的恢复过程中将不断得以实现（见图 4–5）。

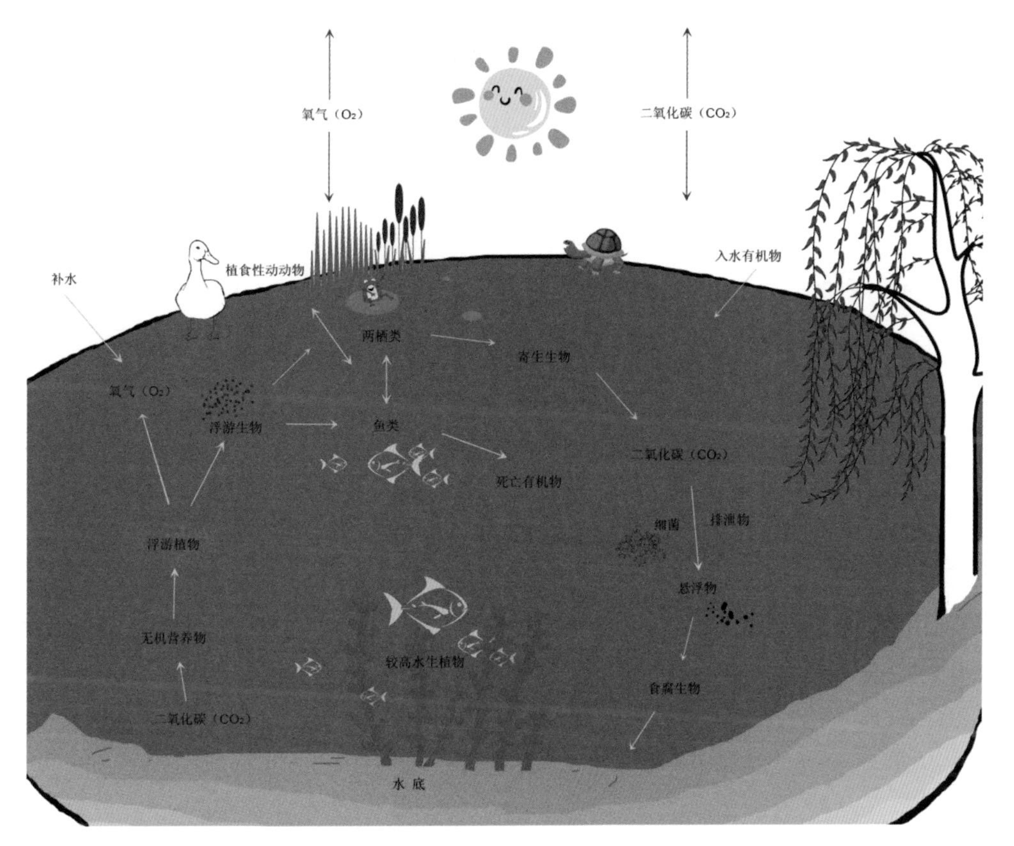

图 4–5　湿地生态循环系统

4.4.3　生态环境材料开发

人类的生产过程，从材料的生产—使用—废弃的过程来看，可以说是将大量的资源提取出来，又将大量废弃物排回到自然环境的循环过程，人类在创造社会文明的同时，也在不断地破坏人类赖以生存的环境空间。

人们传统上对材料的研究、开发与生产往往过多地追求良好的使用性能，而对材料的生产、使用和废弃过程中需消耗大量的能源和资源，并造成严重的环境污染，危害人类生存的严峻事实重视不够。

生态环境材料是在人类认识到生态环境保护的重要战略意义和世界各国纷纷走可持续发展道路的背景下提出来的，是国内外材料科学与工程研究发展的必然趋势。

生态环境材料研究的主要方向有:（1）减少人均材料流量，减少材料集约化程度;（2）减少寿命周期中的环境负荷，使用生态化的生产工艺;（3）开发天然能源，使用藏量丰富的矿物和天然材料;（4）避免使用有害物质，使用“清洁”材料;（5）使用长寿命材料，强化再生利用，强化生物降解性;（6）修复环境，强调生态效率（性能—环境负荷比）;（7）环境负荷小的高分子合金设计;（8）可再生循环高分子材料的设计;（9）完全降解高分子材料设计;（10）高分子材料加工和使用过程中产生的有害物质无害化处理技术。

生态环境材料经过十几年的发展和研究，以下几点已为世界所公认:（1）材料的环境性能将成为21世纪新材料的一个基本性能;（2）用LCA方法评价材料产业的资源和能源消耗、三废排放等将成为一项常规的评价方法;（3）结合资源保护、资源综合利用，对不可再生资源的替代和再资源化研究将成为材料产业的重要发展方向;（4）各种生态环境材料及其产品的开发和广泛应用是其发展的重点。

高分子生态环境材料未来的发展方向是:（1）开发高效生产技术，使高分子材料精细化、功能化、高性能化以及生态化;（2）优化设计，根据各种高分子材料制品用途进行可降解或长寿命高分子材料的设计;（3）探讨与环境相协调的再生循环方法，使高分子材料废弃物变废为宝，实现资源再生利用。

总之，生态环境材料必将成为未来新材料的一个重要分支，作为跨材料科学、环境科学以及生态科学等学科的新型材料，在保持资源平衡、能源平衡和环境平衡，实现社会和经济的可持续发展等方面将起到非常重要的作用。

如果在生产和生活中广泛使用该类材料，就可以实现社会的可持续发展，使资源和能源得到有效的利用，使我们的生产和生活环境得到有效的保护。

该类材料代表着科学技术发展的方向和社会发展进步的趋势，必将对人类社会进步起到巨大的推动作用。

4.4.4 再生能源开发与运用

根据国际能源署可再生能源工作小组定义，可再生能源是指“从持续不断地补充的自然过程中得到的能量来源”。可再生能源泛指多种取之不竭的能源，严谨来说，是人类有生之年都不会耗尽的能源。可再生能源是指风能、太阳能、水能、生物质能、地热能、海洋能等非化石能源，是取之不尽、用之不竭的能源，是相对于会穷尽的不可再生能源的一种能源，对环境无害或危害极小，而且资源分布广泛，适宜就地开发利用。

随着人们生态意识的提高、对城市生存环境的关注，越来越多的学者、专家甚至热爱生活的社会人士自觉自愿地开展了各方面的生态环保思考与创想，也诞生出非常多的优秀理论与构想，将在未来的城市开发、建设与管理中发挥重要的作用。

4.5 园林价值观多元化

经过近二十年来园林行业的发展，许多园林人士已经将目光从行业的转型过渡转向行业该如何做减法，不仅仅是苗木应用出现了问题，还有土地、污染的问题。行业的价值观需要转变，不能再用原有的价值观来看待现在的园林行业。随着园林水平的发展，民众的价值观也出现了多元化，这对园林行业的发展起着积极的作用，也是行业水平出现多元化的一个内在原因，对重新界定风景园林行业的内涵和外延、明确风景园林的专业作用和地位以及存在的价值均起到很好的促进作用。风景园林景观和哲学、美学、社会学、生态学等学科交叉，风景园林景观的发展也揭示了价值观体系的变化。杨锐教授在“21世纪需要什么样的风景园林学”的报告会上谈到，当代风景园林学和以往相比，是从少数人到公众的超越（服务对象），从审美价值到生态价值的超越（价值取向），从美学到科学的超越（方法论），从单一尺度到全尺度的超越（尺度），并认为应“以现代‘环境伦理学’、‘社会伦理学’和中国传统‘山水思想’为基础，建立风景园林学的学科价值观”。

基于风景园林不同侧面主要形成四个方面的价值观：（1）基于社会大众功能需求，形成的社会价值观，强调人文关怀；（2）基于哲学、美学的诉求，以文化基底的承袭为脉络，形成的文化价值观，强调审美风格；（3）基于环境保护、人地和谐的生态思想，形成的生态价值观，强调生态恢复与优化；（4）基于科技发展成果，结合审美、实用、生态需求，形成的科技价值观，强调科技对景观环境的优化、制造人文参与和创新视野。

4.5.1 社会价值观

随着园林从小众到大众的演变，园林成为全社会共同分享的城市建设成果。园林的每一个要素，从规划、设计到实施都围绕着“以人为本”的思想，一切服务于使用者的需求，创造舒适宜人的园林空间，为行走在园林中的人们考虑游览过程中的需求，从视觉、听觉、嗅觉感受到行走、休息的一系列行为，无微不至地考虑当事人的感受，创造人性化的环境空间、行走空间和户外家具。

4.5.2 文化价值观

文化的背后是哲学、美学思想，这些思想又根植于不同地域延续的历史沉淀，所以会有不同风格的园林景观。最明显的可以感受到西方与东方园林文化的差异，源自不同地域文化内涵所诞生的不同表达形式，西方的园林更注重外表的渲染力，可以从园林的形式上、色彩上看到其夸张的表达方式；东方的园林更注重营造“韵味”，可以从园林的布局、空间上感受到“移步异景”的妙趣。这种带有明显文化标记的园林，往往在不同的居住空间中表现更加突出，因不同的住户类型，而归类了不同的环境特质。每一个文化印记的园林景观都有其精彩之处，美学的成果本来就没有对与错，只有适合，不同人群有不同的偏好，而恰恰是这种不同，让这个世界变得缤纷多彩（见图 4-6）。

图 4-6　中国神话故事中的月亮宫景观

4.5.3 生态价值观

工业时代对环境造成破坏，可让园林行业成为生态恢复的先行者。从单纯地增加城市绿色，到彻底地恢复城市土壤，恢复城市呼吸、循环功能，园林行业已从单纯的种树，升级为全方位的环境改造。其不仅加强了植物多样性研发与实施，而且从引入动物、微生物参与带来生物多样性；不仅从植物生态层面做足工作，更向土壤生态（铺装的变革）、空气生态、水环境生态等多方面进行城市公园的全方位改造。今天，我们可以看到更多的野草、花卉自然舒展地呈现在城市街头、绿地，既美观又环保生态、价廉物美，这都是园林工作者不断研发园林植物品种的成果，源于自然却高于自然（见图 4–7）。

图 4–7　街头绿地中随处可见的绿草景观

4.5.4 科技价值观

科技的发展，推动了园林行业整体水平的发展。园林苗木品种的开发，让园林植物素材多元化，让设计师有了更多的选择，开发的园林产品也越来越丰富。园林建材的推陈出新、迭代更新，让以前无法实现的效果也越来越精准化表达。更多的设计里出现了智能科技，奇幻的夜景、虚幻的成像效果让景致越来越生动，虚拟现实场景与真实场景不断切换形成视觉上的惟妙惟肖与内心的震撼。自动装置设备、遥感控制以及声控装置等，则让游客的游园参与感越来越强，园林趣味从观赏性升级到体验感（见图 4–8）。

图 4–8　人工喷雾系统创造的缥缈景致

4.6 主要参考文献

David Ley. *A Social Geography of the City*. Harper and Row，1983.

Shapiro J.，Lamarra V.，Lynch M.. “Biomanipulation：An Ecosystem Approach to Lake Restoration.” In：Brezonik D.L.，Fox J.L. eds. *Water Quality Management through Biological Ways*. Gainesville：University Press of Florida，1975：85–96.

Triest L.，Stiers I.，Van Onsem S.. “Biomanipulation as A Nature-based Solution to Reduce Cyanobacterial Blooms.” *Aquatic Ecology*，2016，50（3）：461–483.

〔奥地利〕卡米诺·西特：《城市建设艺术：遵循艺术原则进行城市建设》，仲德昆译，东南大学出版社，1990。

〔美〕麦克哈格：《设计结合自然》，黄经纬译，天津大学出版社，2006。

〔美〕瓦尔德海姆编《景观都市主义》，刘海龙等译，中国建筑工业出版社，2011。

陈莜、李卫正、孔文丽等：《基于低空高分辨影像的三维绿量计算方法——以南京林业大学校园为例》，《中国园林》2015 年第 9 期。

傅元浩：《中小学校园“海绵”化探索——以山东师范大学附属中学山师北街校区校园为例》，《山东化工》2017 年第 20 期。

李生梁：《风景园林价值观之思辨》，《魅力中国》2016 年第 42 期。

沈洁、王向荣：《风景园林价值观之思辨》，《中国园林》2015 年第 6 期。

王玮、王浩、田晓冬等：《基于海绵校园背景下校园景观设计研究——以南京林业大学景观设计为例》，《中国园林》2018 年第 6 期。

邬建国：《景观生态学：格局、过程尺度与等级》，高等教育出版社，2000。

徐银凤、李晓霜、张振成：《水土保持低扰动措施在热电工程中的应用》，《山东水利》2017 年第 2 期。

闫玉华、钟成华、邓春光：《非经典生物操纵修复富营养化的研究进展》，《安徽农业科学》2007 年第 12 期。

姚雁鸿、余来宁：《生物操纵在退化湖泊生态恢复上的应用》，《江汉大学学报》（自然科学版）2007 年第 2 期。

张心欣、翟俊、吴军：《城市草本植物多样性设计研究》，《中国园林》2018 年第 6 期。

郑成秋：《海绵城市建设探索》，《建材与装饰：上旬》2016 年第 15 期。

第五章 园林景观设计多元化发展

5.1 设计风格的多元化

自新中国成立至2000年前后，几经沉浮，中国园林虽然有了不断的探索与试错，同时也形成了一定理论基础和实践经验，但在快速的城镇化进程中，仍显得有些措手不及。

新中国成立初期，只有借鉴学习苏联的人民公园，以及老祖宗遗留下来的“中国式园林”，除此之外，初出茅庐的设计师们（培养出来的园林专业本科生，仅几届）面对城市化开放的园林建设是一片茫然。在这个时期，中国景观的设计行业还是一个混沌的启蒙阶段。

19世纪晚期，“Landscape Architecture”一词成为世界公认的行业名称。从14、15世纪到19世纪中期，欧洲园林从私家庭院进一步扩展到公园、广场。园林的功能也从家庭生活，延伸扩展到了城市环境的改进，并同时为大众提供休闲、游玩和社交的新去处。欧洲城市建设早于中国300多年，城市景观的建设处于世界的领先地位。

21世纪初，作为刚刚开始城市化大发展的中国，一切景观都还在借鉴、学习与摸索阶段。部分从事规划、建筑专业的设计师也是在这个起步阶段进入了景观设计行业，在此混沌时期，一切可能都在发生。

从2000年到现在，20年的城市化大发展中，景观已经由最初以世界区域，或国家所形成的独特地域园林景观类型为风格的归类原则，发展到现在为世界大融合。无论从设计材料的选择无边界化，还是从设计师国内外互相融会贯通的交相渗透上都可看出，今日的风格似乎已全然不是以哪个区域或国家的园林特色为唯一的驱动方向。显然，现在的风格已经在综合了各方要素后，形成了具有现代时尚、文化、智能的新特色。当然除非某个特定的园区，指定要建成什么风格，而起到一定的教育或参观作用。

现代城市景观风格，在城市公共区域会随着街区的定位而采以不同的要素，从而形成特定的景致。景观风格的判断，最大的要素还是依据景观建筑、小品风格而确定，比如有的景区内的建筑及小品是中式的，可以判定这个景观风格为中式；有的景观建筑小品是欧式（几乎把欧洲各国风格汇总，统一叫作欧式），如果两种风格都不是，那就会衍生出更多的现代风格了。风格一旦确定，其骨架、内容、色彩都围绕这个风格展开去设计。

但伴随着中国的文化自信、生态环境意识的醒觉及对自然生活的向往，现代中式园林、生物多样性生态园林及回归田园参与性园林也逐渐增加起来。

5.1.1 传统园林景观风格

1. 中式古典园林

中式古典园林以“模拟自然而高于自然”为指导思想，以“掇山理水”搭建景观主要的骨架，造园技法上营造“咫尺空间，见方圆”的景观布局，以“虽由人作，宛自天开”的自然意境，展开诗情画意的园林篇章。

中国传统园林承继天人合一、顺应自然的理念，在模拟自然骨架及意蕴的基础上，通过障景、框景、透景、隔景等艺术形式组合空间，构建虚实结合的山水空间，形成多样而统一的景致，移步换景，动静结合。中式园林以高低错落有序的自然植物群落，在咫尺的空间里营造出无限的风景。

中式园林有三个支流：江南的私家园林、北方的四合院、岭南园林。其中以江南私家园林为主流，寄意于物，以物比德，寓情于景，情景交融。

中式古典园林提倡“绘画乃造园之母”，园林景观设计深受传统绘画和哲学思想影响。至宋代以后，创造诗情画意环境成为中国园林的精髓，园林景观强调观者的思想和文化，在园林创造上形成写意山水园，并以诗文来命名、点景，重诗画情趣，营造意境，贵在含蓄蕴藉，审美多偏向于淡然雅致的风格。

园景以自然风光为骨架，其间依地势而建亭台参差、廊宇婉转，园林建筑看重文化底蕴，追求韵味和气质。园林景观的布局强调点线面的结合，园林景观空间营造及素材的选择追求诗情画意和清幽平淡质朴的自然效果，创造出浓郁的古典水墨山水画意境（见图 5-1）。

中式古典园林

造园艺术，师法自然

师法自然，从总体到局部，组合要合乎自然。山与水的关系以及假山中峰、涧、坡、洞各景象因素的组合，要符合自然界山水生成的客观规律。每个山水景象要素的形象组合要合乎自然规律。如庭院园林假山设计是由许多小的石料拼叠合成，叠砌时要仿天然岩石的文脉，尽量减少人工拼叠的痕迹。水池常作自然曲折、高下起伏状。花木布置应是疏密相间，形态天然。乔灌木也错杂相间，追求天然野趣。

图 5-1　中国古典园林（一）

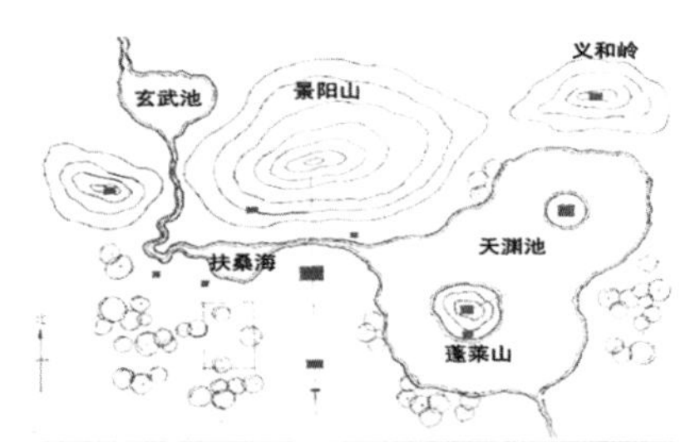

分隔空间，融于自然

中国古典园林主要是用建筑来围蔽和分隔空间。分隔空间力求从视角上突破园林实体有限空间的局限，使之融于自然，表现自然。为此，必须处理好形与神、景与情、意与境、虚与实、动与静、因与借、真与假、有限与无限、有法与无法等种种关系。如此，则把园内空间与自然空间融合和扩展开来。比如漏窗的运用，使空间流通、视觉流畅，因而隔而不觉，在空间上起互相渗透的作用。在漏窗内看，玲珑剔透的花饰、丰富多彩的图案，有浓厚的民族风味和美学价值；透过漏窗，竹树迷离摇曳，亭台楼阁时隐时现，远空蓝天白云飞游，造成幽深宽广的空间境界和意趣。

园林建筑，顺应自然

中国古代园林中，有山有水，有堂、廊、亭、榭、楼、台、阁、馆、斋、舫、墙等建筑。人工的山，石纹、石洞、石阶、石峰等都显示自然的美色。人工的水，岸边曲折自如，水中波纹层层递进，也都显示自然的风光。所有建筑，其形与神都与天空、地下自然环境吻合，同时又使园内各部分自然相接，以使园林体现自然、淡泊、恬静、含蓄的艺术特色，并收到移步换景、渐入佳境、小中见大等观赏效果。

树木花卉，表现自然

与西方园林不同，中国古代园林对树木花卉的配置，讲究表现自然。松柏高耸入云，柳枝婀娜垂岸，桃花数里盛开，槐榆虬枝，花香十里，其形与神，其意与境都十分重在表现自然。师法自然，融于自然，顺应自然，表现自然，这是中国古代庭院园林景观体现“天人合一”民族文化所在，是独立于世界之林的最大特色，也是永具艺术生命力的根本原因。

图 5-1　中国古典园林（二）

2. 日式古典园林

日式古典园林深受中国园林的熏陶，尤其是带有浓烈的唐宋山水园的影子。日式园林在唐宋山水园的基础上，结合日本本土的自然面貌和文化特征，逐步演化形成自成风格体系的日式园林。“自然之中见人工”是日式园林的写照，日本的山水庭风格，隐去人造痕迹，以其清纯、自然的风格闻名于世。

日式园林形成了极致“写意”的艺术品位，极简地再现自然风貌，通过精巧细致的细节，展现出满富诗意和哲学味道的造园意境。日式园林注重“场域”打造，通过对自然元素的简化和提升，营造出使人能快速静心入定的环境，予人以忘却凡尘的内心体验。日式园林景观布局及小品的运用都非常精准而细腻，每一个细节都非常耐看，每一个场景都非常耐品，通过有限元素引发无尽想象，让观者顿足，触发对人生的思考和感悟。

日式园林重在自然，绝大多数的景观要素都由自然植物、天然山石和动静水体组成。为了表现日式园林既凝练又深远的意境，在植物运用的手法上，同一园林中，主景和点景各选用一两种植物，骨架清晰，形式极简，意境悠远。植物选材多以常绿树种，并暗含特殊寓意，如用松树象征着生命的绵长，用樱花象征着生活的美好等。日式园林另一个闻名于世的风格就是“枯山水”，使用石砾、沙子、绿树和苔藓等外观相对稳定的元素，近乎用不到任何的开花植物，营造出一种静态、亘古不变的场景，把禅宗修行者所追寻的苦行自律精神体现得淋漓尽致（见图 5-2）。

日式古典园林

枯山水

又叫假山水，是日本特有的造园手法，系日本园林的精华。其本质意义是无水之庭，即在庭园内敷白砂，缀以石组或适量树木，因无山无水而得名。

▼山石的形态

图 5–2　日本古典园林（一）

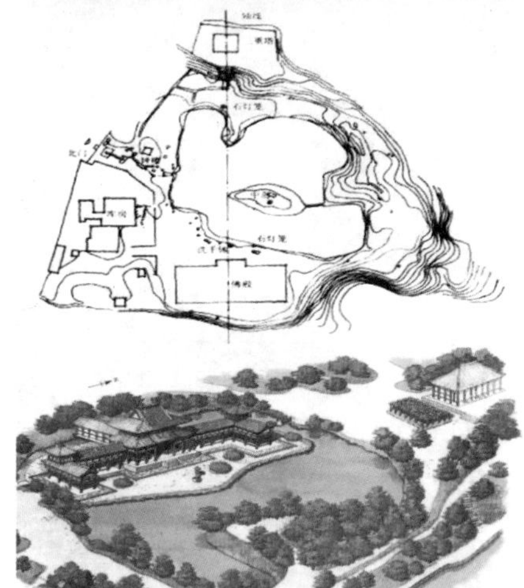

池泉园

是以池泉为中心的园林构成，体现日本园林本质特征，即岛国国家的特征。园中以水池为中心，布置岛、瀑布、土山、溪流、桥、亭、榭等。

筑山庭

是在庭园内堆土筑成假山，缀以石组、树木、飞石、石灯笼的园林构成。一般要求有较大的规模，以表现开阔的河山，常利用自然地形加以人工美化，达到幽深丰富的景致。日本筑山庭中的园山在中国园林中被称为岗或阜，日本称为“筑山”（较大的岗阜）或“野筋”（坡度较缓的土丘或山腰）。日本庭院中一般有池泉，但不一定有筑山，即日本以池泉园为主，筑山庭为辅。

平庭

在平坦的基地上进行规划和建设的园林，一般在平坦的园地上表现出一个山谷地带或原野的风景，用各种岩石、植物、石灯和溪流配置在一起，组成各种自然景色，多用草地、花坛等。根据庭内敷材不同而有芝庭、苔庭、砂庭、石庭等。平庭和筑山庭都有真、行、草三种格式。

茶庭

也叫露庭、露路，是把茶道融入园林之中，为进行茶道的礼仪而创造的一种园林形式。面积很小，可设在筑山庭和平庭之中，一般是在进入茶室前的一段空间里，布置各种景观。步石道路按一定的路线，经洗手钵，最后到达目的地。茶庭犹如中国园林的园中之园，但空间的变化没有中国园林层次丰富。其园林的气氛是以裸露的步石象征崎岖的山间石径，以地上的松叶暗示茂密森林，以蹲踞式的洗手钵象征圣洁泉水，以寺社的围墙、石灯笼来模仿古刹神社的肃穆清静。

图 5-2　日本古典园林（二）

注：部分图片来自公众号“景观帮”。

3. 欧洲古典园林

欧洲古典园林有三个重要的时期。

第一个时期是从 16 世纪中期到 17 世纪中期，以文艺复兴时代和巴洛克时代的意式园林为代表，意大利引领着欧洲园林的时尚。这个时期比较著名的园林作品有埃斯特别墅（建于 1550 年，见图 5–3）和朗特别墅（建于 1564 年），特点是普遍以整个园林作统一的构图，别墅起统率作用，突出轴线和整齐的格局，基本的造园要素是石作、树木和水。园林中的石作包含阶梯、园路、挡土墙、护栏以及和水景相融的大量石雕。植物多选常绿，因其耐修剪的特性，常被修剪成绿色的走廊、墙体，抑或是黄绿树木相间组成特定的植坛图案。花园外围是常绿的树林，与花园内自然形态的小树丛相呼应。以流水为主，静水为辅，与石作结合形成建筑化的水景，如喷泉、叠落、瀑布、溢流等。注重光影的对比，运用水的闪烁和水中倒影，构造园林的空间，并用流水的声音作为造园题材。

16 世纪末到 17 世纪，伴随着巴洛克式的建筑出现，园林的内容和形式也有了变化。这一时期的园林追求新奇、夸张和大量的装饰效果，园林中的建筑体量一般相当大，显著居于统率地位，同时强调了雕塑、喷泉、造型在园林中的作用。比较著名的实例有阿尔多布兰迪尼别墅（1598~1603）和迦兆尼别墅。这个时期植物修剪的技巧有了发展，“绿色雕刻”的形象更复杂。绿墙如波浪起伏，植坛剪树的各式手法、图案及线形变化多样，绿色剧场（由经过修剪的高大绿篱作天幕、侧幕等的露天剧场）也很普遍，流行用绿墙、绿廊、丛林等形成空间和阴影的突然变化。水的处理也更加丰富多彩，利用水的动、静、声、光，结合雕塑，建造水风琴、水剧场（通常为半环形装饰性建筑物，利用水流经一些装置发出各种声音）和各种机关水法，是这时期的一大特点。

第二个时期是 17 世纪中期到 18 世纪中期，欧洲园林潮流的引领者是法式园林。法国在意大利传入的园林风格基础上，提升了植物材料修剪技术，并采用更加丰富的植物要素，形成不同花卉植物与常绿植物的搭配，创造了更加丰富的图案，造就美丽的地毯式园林，形成有序而绚烂丰富的古典主义风格园林。

法式园林，注重几何美学，处处显示强烈的人工痕迹，自然的元素都要经过人工的改造，形成十分规则的艺术品。创造这些艺术品的是法国园艺大师，当然还有王权的推动，最有代表的就是凡尔赛宫。在长达2公里的林荫大道上，严格按几何轴对称结构，布置着大量的喷泉、雕塑、花坛，两侧的树林里修筑有别院、戏院、迷宫及洞穴，形成一系列的景观。凡尔赛宫是国王君权的象征，整座花园雄浑的气度和雍容华贵的景观令法国骄傲，成为欧洲皇家园林的第一典范。

法国园林的通用手法以府邸的轴线为构图中心，沿着府邸中轴线，逐步展开花园建设，最后过渡到林园，从建筑、花园到自然形成一个从人工到自然的完整统一的整体。而且以常绿修剪的绿墙或茂密的绿植作为花园的延续和背景，突出了花园的图案效果。整个园林的外观，着重强调有序的大场景、鸿篇巨制的轴线，从而形成了广阔的外向园林，通过严谨的布局，场面显得恢宏。

第三个时期从18世纪中期起，英式园林成为欧洲园林的执牛耳者。英国造园的主要灵感来自著名画作，通过对画作的模仿，再现自然式的田园风光。一改法式园林的规则和整齐，摒弃了几何式的人工构造，英国园林整体给人的感觉就好比是一片悠然的天然牧歌，在起伏的土地上种上草皮，以此为底板，布置上形态优雅的大树，让小河自由奔走，形成弯弯曲曲的河流，这一切都宛如一幅风景画，但由于缺乏变化而略显平淡。18世纪后期，在中式园林的激发下，英式园林开始从寡淡无味的风景画，走向有梯度层次、有丰富景观及意境内容的图画式园林，在原有基础上增添了一丝浪漫（见图5-3）。

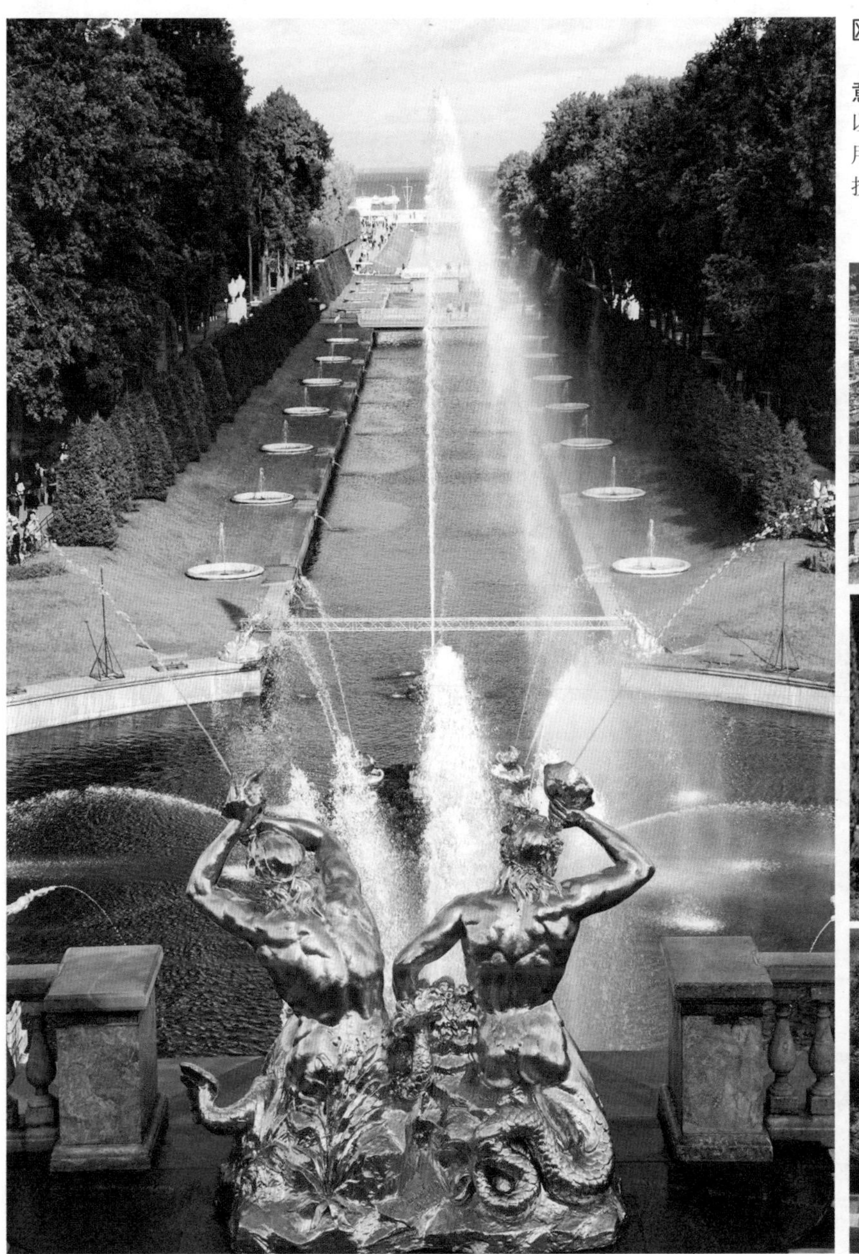

欧洲古典园林

意大利古典园林

以文艺复兴时期和巴洛克时期的意大利园林为代表。用绿植做背景，用石材雕塑做主景，灵活运用水的技法，各种喷泉、叠水激活整个空间。

图 5-3　欧洲古典园林（一）

法国古典园林

利用建筑、道路、花圃、水池等修剪得十分整齐的花草树木，运用植物材料修剪技术的完善，以及不同花卉植物与常绿植物的搭配，形成了不同的图案，造就美丽的地毯式园林，如同刺绣一般编织出美丽的图案，形成极为有组织有秩序的古典主义风格园林。

英国古典园林

造园艺术开始追求自然，有意模仿克洛德和罗莎的风景画，展现疏林草地的自然浪漫景观，后来受到中国自然园林思想的影响，增加了更多植物层次，形成更加丰富的自然景观。

图 5-3　欧洲古典园林（二）

注：部分图片来自《园林》。

5.1.2 现代风格

1. 与西方融合的现代景观

欧式，后增加了更多美国等发达国家文化印记，统称为西式。西方的景观，从根本追溯到欧洲的文化历史，这样的背景下诞生出的欧洲园林，在其经济社会文化影响力辐射整个世界时，其园林艺术也曾得到全世界的膜拜。在室内外景观中，西方景观曾经一度横扫景观市场，而欧式景观也在中国这片土地上，根深叶茂，从材料加工链条的产业化，到设计师的习惯性定式思维培训与固化。

西式景观在中国的运用，模仿了西方文明的一些符号特征、色彩和对园林对称布局、植物修剪、喷泉的综合运用，展现了热烈、开放的生活空间，营造了小资情调社交需要的生活情境。比如，室外花园匹配的烧烤场、沙发休息空间等，为朋友聚会、用餐等提供了可能。虽然是园林景观元素和场景的打造，却是更多生活方式的演变（见图 5–4）。

2. 结合科技的现代景观

现代智能科技的发展为景观的奇思妙想提供了实现的土壤。这些新技术在景观中的运用，大大提高了景观的视觉与感受的冲击力，为景观增添了新的活力（见图 5–5）。

在材料科技方面：新型景观材料的使用不会造成环境污染，材料更加轻盈，安装及更换都十分方便，同时还会增强使用者的舒适感；在智能科技方面：有感应系统（比如声音控制、触摸控制、光感控制、距离遥控等）和声光技术。

3. 简洁优雅的现代景观

采用简洁的线条（或几何直线，或流畅的曲线），利用整洁的界面，营造耳目一新的清爽，这是追求简洁一族的画面，并有“断舍离”的哲学观点作为支撑，生活的物质内容逐渐减少，但精神世界愈渐丰富。

在这种哲学思想的指导下，整个区域，材料单一、造型简洁、色彩素雅，几乎可以用灰、白两个色调进行概括，一切都那么宁静（见图 5–6）。

中西结合的园林

中西结合可以是形式上，也可以是意蕴上。形式上的结合会显而易见，但意蕴上的结合则需要游览感受。比如圆明园，其形式采用了西方建园手法——人物雕塑、跌水喷泉，但整个园子的布局却是中国的。现代中西方园林的结合，更多是在色彩与材料、技法上的融合，让人既感受西方文化的热烈开放，又能感受中国文化的含蓄内敛。在造园中也融入了更多开放性与私密性结合的功能空间。

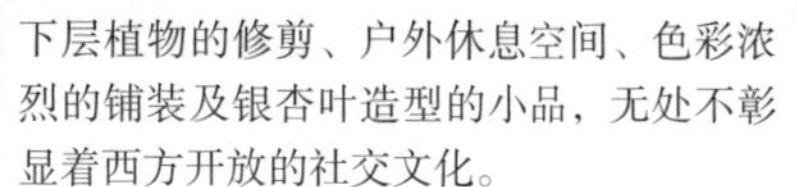

下层植物的修剪、户外休息空间、色彩浓烈的铺装及银杏叶造型的小品，无处不彰显着西方开放的社交文化。

图 5-4　中西结合的现代景观（一）

注：图片来自公众号“景观帮”。

素材取自中国。整个园子，不能明确地说它是西方还是中国的，但你都能感受它们的影子，无处不在，两种文化自然融合。

注：由御园景观供图。

图 5-4　中西结合的现代景观（二）

科技结合文化的现代景观

自由蜿蜒曲线，演绎未来感，探索宇宙的奥秘带来空间的思考，曲线相连形成独立的功能节点。相交之处成为空间交互的奇点，引发人与空间的互动。心中的山水，是此时的空间力场，将人类仰望星空的无限遐想，构建于生活社区，创造丰富的体验。

在主入口空间营造上，通过声光技术的运用带来星际穿越般的剧场感。银河的璀璨星辉成为场地的指引，线条的动感演绎开阔与流畅之感，如流星划过夜空般落入星月的水景。

多维度设计，呈现空间隐与现，人行其间如穿梭在流动的景观。以星云变幻形态为原型，空中栈道叠加了景观层次。漫游宇宙无限的变化后，我们回到赖以生存的地球，关注人与自然生命共同体，关注人与人、人与空间的日常，以艺术与科技之名连接生活。

图 5–5　结合科技的现代景观（一）

图 5-5 结合科技的现代景观（二）

简洁优雅的景观

简洁优雅，非常适合极简主义追求信息熵减、宁静的生活哲学、信息变少的方式，要么是材料类型少，要么是设计的手法形式统一。

形式与色彩简洁，空间张力强，极具感染力。

注：由 BCLA 厦门铂宸景观供图。

图 5-6　现代简洁的景观（一）

注：由上海笛萧萧艺术景观供图。

图 5-6　现代简洁的景观（二）

4. 中式范式提升的现代景观

中国园林近 20 年也在不断沿袭、借鉴、综合中国古典园林的基础上，逐渐形成了自己的园林文化，逐步回归自我，形成了自然、优雅、宁静的现代中式园林风格，创造了人文与自然相融的景致。

当下，这类景观已然成为主流，这是新中国成立 70 年来，园林不断从茫然、模仿、借鉴到回归自我文化根源，并对中国古典园林的精髓进行不断提炼后逐步形成的一种表达，是一种中式范式的改革，是新时代下人民对自身的审视与对现代生活的一种思考而形成的具有时代感的中式风格。中式范式改革，既是中华民族文化自信的表现，也是人民挣脱外在浮华、从外走向内、不断追根溯源、不断反省自我的一个过程。同时，这种中式风格在引领潮流的时候，民族文化的自豪感油然而生（见图 5-7）。

5. 生态与生活主义的现代景观

城市公共景观的发展，已经经历了从单纯的观赏游憩功能，到追求可参与性的过程。景观空间对于社区的作用，也不只是眼前的风景，而是可以在其中感受到的生活温度，生态与生活主义的现代景观应运而生，比如垂直农场、社区菜园等。社区菜园从策划、设计，到实施、管理是一个持续而复杂的过程，一旦这个过程可以持续进展，那么这个菜园就不仅仅可以收获瓜果蔬菜，以及鸟鸣虫吟的生态环境，还可以更多地感受到社区居民和谐、互爱的大家庭气氛。社区菜园让居民有了深度参与社区治理的可能，通过这片菜地建立自然科普教育基地，让更多的孩子去认识土地、珍惜土地（见图 5-8、图 5-9）。

6. 其他现代景观

包括一些不同主题而特制的景观，这些景观因主题要素的不同，而展示出不同的面貌，其并不专属于某种类型，只是糅合了某些风格，而形成独特气质。

中式范式提升景观

中国园林讲究模仿自然而高于自然，最终构建的是天人合一的空间，游园其间与自然融为一体，内心宁静、安详。由于园林空间有限，不可能将自然山水等按比例照搬，那么古典园林，在造园方法上就讲究虚与实的结合，通过掇山理水塑造自然山水面貌——“虽由人作，宛自天开”，营造“咫尺空间见方圆”的效果。

古典园林的“漏”，窗花没了，通过新的手法，演绎了更多的表达。

“似无还有”的“透”景换上今天的新材料与新纹理，疏密尺度得到更加自由的控制。

掇山理水，不局限于土石的运用，形式上也不一定是凹凸不平，可用打磨后的光滑石材，甚至玻璃、钢材，界面也可以平滑。

图 5-7 中式范式提升景观（一）

注：由上海拓绿景观供图。

景墙的做法不局限于砖瓦，可以采用更多形式的表达：造型变化多样的钢材立体图案，以及可繁可简的立面造型。

注：由上海拓绿景观供图。

图 5–7　中式范式提升景观（二）

拥有独立生态系统的大楼
城市中的垂直农场

在过去的两个世纪里，我们已经与我们的食物脱节了。几千年来，人类都与他们的食物和城市交织在一起。农业的诞生不仅催生出我们的第一个永久聚落，同时，它也随着人们对食物和宜居地的需求的增长而不断发展。然而，随着工业革命的到来，这种状态发生了改变。人类在交通运输业和食物储存方面取得的进步使得我们能够更快地运输且更好地保存货物。因此，农耕的过程逐渐从我们的视线中消失了。这个建筑系统，用于研究人类与食物之间的关系，并通过这个系统设计了一个将建筑与农业联系起来的大楼。

图 5-8　生态建筑景观（一）

建筑和农业是两个最大的污染源，据统计，全世界有90%的人口都在呼吸着受污染的空气。建筑和农业已经成为对我们有害的事物。这种不健康的生活环境和人们越来越单一的饮食习惯甚至导致了肥胖、糖尿病、心脏病和癌症等疾病。食物和住所都是人类的需求，建筑师需要重新思考这二者之间的关系。如今，建筑师有机会去重新构建建筑和农业之间的关系，将其变成两个互惠互利、相辅相成的概念。

对于这个新型系统来说，有机农业、无公害的肉类、社会性采购和“从农场到餐桌”生鲜电商策略等因素至关重要。这就意味着需要将我们的城市区域打造为农村有机循环的一部分，以满足民众对食物的需求，同时为城市提供食品安全。

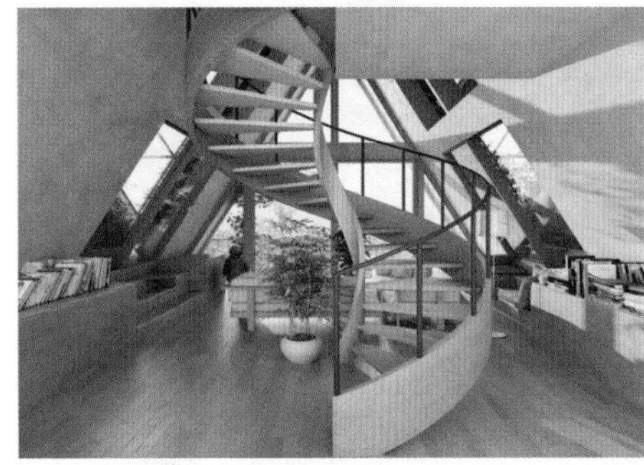

如果可以将食物的生长空间限定在一个区域内，那么供应链和包装链便可以适当地缩减。堆叠形式的种植花园使得人们不再需要费尽心机地将城市用地转变为森林、热带草原和红树林等，而是通过这些使用中的农耕用地，顺其自然地完成城市生态的自我复原。

垂直农场可以在占地面积相同的情况下，提高每片种植区的粮食产量。而室内的温室气候则可以使农作物免受不同天气状况的影响，同时为不同的植物提供不同的生态系统。

此外，建筑师所构想的农场项目在建筑内部也产生了一个附属的有机生命周期，即一个过程的产出可作为另一个过程的原料：建筑物所产生的热量可以被土豆、坚果和豆类植物等利用，促进其生长。水处理系统可以过滤雨水和洗涤水，并将营养素注入其中，之后再将处理后的水体循环回温室内。而食物垃圾则可以通过建筑的地下室进行当场回收和处理，使其变成肥料，以促进更多农作物的生长和产出。

这个建筑系统为住户提供了一种设计思路，他们可以根据对生活空间和耕种空间的需求，自行设计自己的空间。比如，住户们可以从结构和花园系统、废物处理单元、水处理系统、水耕法以及太阳能系统等中任选一项或几项，通过不同的排列和组合创造出一系列灵活的空间布局。

此外，DIY的设计手法在本项目中也发挥着至关重要的作用。它不仅有助于建筑花园空间的设计，更有利于其自身的施工过程。住户可以根据他们自己想要的空间布局进行小屋的建设，从而打造出一种自给自足的、真正舒适的居住环境。

图 5-8　生态建筑景观（二）

注：图片来自“园景人”。

成都麓色菜园

从景观设计团队最早的“稻香农场”概念，到业主亲手设计的“可食地景”方案；从业主的辛勤耕种，到麓湖景观、社区、物业等部门的支持与配合；从一个农耕社团自耕自作，到其他社群的响应与帮助……景观，在这里真正地融入了生活。“我们希望将农耕文化引入公园景观，为孩子提供一个学习型的、更有价值的景观空间。”

“寸土寸金的城市里，人们往往更加珍惜土地的价值，我坚信‘田园牧歌’可以在我的家门口实现。”

在景观设计中有一个词叫“相地”——从场地中发现蛛丝马迹，用景观设计的语言去赋予土地新的灵魂。当陈跃中所带领的易兰景观设计团队“相地”红石公园之时，其便根据一处高差地形提出了“稻香农场”的构想。

“菜地设计——怎么能让我们身边的景观成为可食地景呢？这成了了我非常感兴趣的事情。”

图 5-9　生态农场社区景观（一）

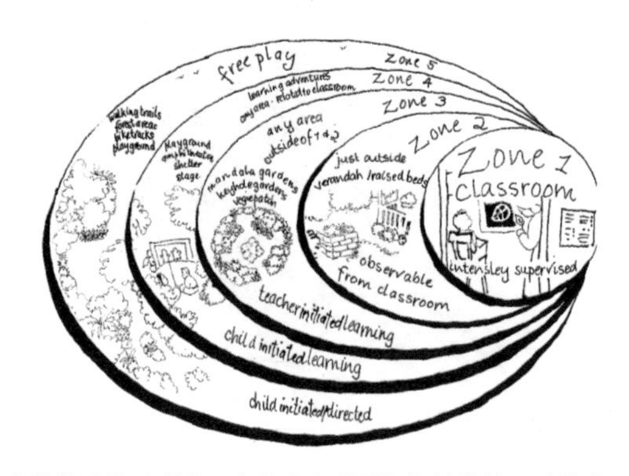

这片菜地分区明确，充分考虑到了各年龄段的互动需求。小孩在其中接受自然教育、大人在这里学习园艺知识、老人在菜园中重拾劳作的幸福。“坚信‘田园牧歌’可以在麓湖实现，它会如儿时记忆一般，有一片同耕共收的土地，成为加深邻里情感的纽带。”实现需要改善种植土质，到协助规划蔬菜的高低层次、把控菜架材料选择、从景观的立体层次和季节变化层面选择品种。而这类实践不仅推动着我们的社区公园从提升商品房溢价的“消费性景观”，转变为提升居住幸福感的“生产性景观”，也启发着我们，慢慢转变自己在社区中的身份认知。从一个“被动享受者”变为“参与共创者”，真正挖掘每个人的生活想象，把社区变成家园。

人与人，与土地，与自然的连接是无可替代的。一块小小景观就是一个试验田，它能够集合各方力量，重新定义公共生活。

图 5–9　生态农场社区景观（二）

注：图片来自“麓湖生态城”。

5.2 设计材料运用的日新月异

景观材料的运用随着城市的建设发展也日新月异。一方面表现在传统材料的开发上，比如水泥、砖瓦、钢材、玻璃、石材、木材等，在色彩、形式、性能、多样化上面进行扩充，实施起来更加便捷，选择也更多样化。另一方面表现在新型科技材料的开发上，比如透水生态砖、会发光的铺装等。这些都为设计提供了无限的思路源泉，景观效果也无限丰富与变幻衍生，让人充满想象。

5.2.1 新瓶装老酒，老材料的不断开发与衍生

1. 水泥的惊叹

水泥原本是一个笨拙的产品，往往让人联想起破旧的老厂房、被淘汰的工业园区，以及90年代的老住宅，墙面灰暗、脏乱，划痕重重，长满发霉的青苔，并带有一股股腥臭气味。然而，今天的水泥却受到设计师的格外青睐，将其外表在原有的基础上进行漆面打磨及技术升级，转身便形成了贵族般的厚重与朴实，沉淀的底蕴默默地展现出来，既是其他元素的背景，又是无法掩映的主角（见图5-10）。

2. 砖的新表达

印象中，砖就是用来砌墙的，至于这个墙能砌成什么样子，确实没有太多的想象，感觉就是一堵墙，为什么还需要那么多的讲究。然而随着景观的发展，设计师们开始逐步把玩起这些不起眼的砖块，而且经由他们的手，这些再传统不过的砖块，竟然成了形态各异的网红打卡艺术品，让人流连忘返（见图5-11）。

3. 瓦片的故事

在我们的记忆中，瓦片就是用来遮盖屋顶的，最突出的记忆就是那“粉墙黛瓦”勾勒出一幕幕中国水墨画。“黛瓦”就是青瓦，给人以稳重、古雅、朴素、深邃、宁静的美感，是中国自古以来建造亭台楼阁等园林建筑的必备材料。

在东方传统建筑中，瓦片是屋顶铺设的必备材料，纵向排列的瓦片，可以导流雨水，形成连续、平滑有机理的屋面视觉效果，与墙体的色彩和质感的差异，让建筑本身更显挺拔。屋顶从屋檐直至遥远的天际，从视线到思维上给人广阔深远的视觉空间和想象空间，而被悬挂飘浮在屋顶上的瓦片，在天光丽影下营造出奇妙的光影效果，也是人民多彩生活画面的美丽一幕。瓦除了用在屋顶外，在古代苏州的私家花园中，也经常被用于地面与墙体，形成了变化崎岖的墙面效果和地面不同纹理界面。

图 5-10　水泥艺术（一）

图 5–10 水泥艺术（二）

注：图片来自“园景人”。

砖块的表情

砖块还是那个砖块，通过设计师魔术般的手艺，将砖块的排列顺序、横竖罗列以及凹凸变幻、角度旋转，就可以塑造出不一样的墙面，制造了丰富的界面，砖块一下就变得朴实而艺术，欣赏效果大大提升。

图 5-11　设计师把玩砖的方式（一）

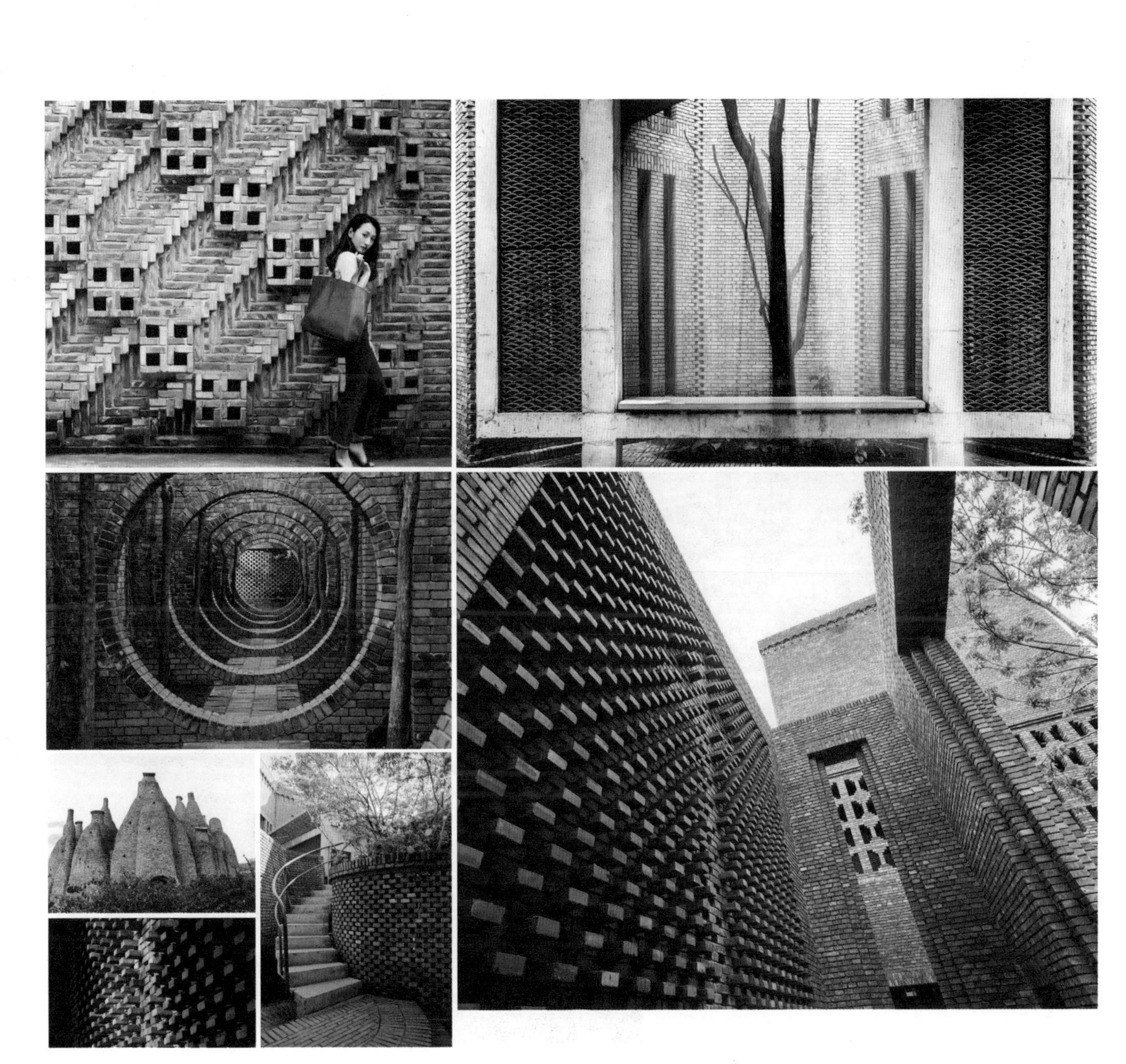

图 5-11　设计师把玩砖的方式（二）

现代的景观设计师利用这些特性更是将瓦片做到了极致，在他们手里瓦片除了出现在屋顶，还出现在路面、墙面甚至花园中，除了单独使用，还与其他材质（卵石、砂石、青苔等）重新组合，利用自身的形态，横竖造型：或立或躺，或侧或正，虚实造型，斑驳错落，蜿蜒曲折，构成一幅灵动、变幻莫测、美丽的画面（见图 5-12）。

图 5-12　瓦片的故事（一）

图 5-12　瓦片的故事（二）

注：图片来自“园景人”。

4. 钢材也有柔情面

钢材，一种笨拙而沉闷的材料，却在景观设计师的雕琢下脱颖而出，很多想象不到的柔软、色泽美丽、造型奇特的景观小品，却真真实实地来自钢材的塑造，让观者怀疑真假，却事实如此。钢材以其寿命长、管养方便、具有耐蚀性等优越的材料属性以及美丽的外观特点，在景观设计的铺装收边中占有了一席之地，虽然它并不常见，但只要出现，基本可以提升景观档次。

在北方，漫长的冬天，人们无法视而不见、听而不闻草丛里的钢铁小品，面对严寒的侵蚀，如同绽放的花朵，从岁月的旋涡当中，悠悠浮现出丝丝迷人的沉醉，在叶落纷飞的季节守护着希望。白雪中翠绿的钢铁松枝，疯狂突破固执，穿破了冬的暗沉，叫醒了春的使者，耀动的活力充满着生机（见图 5-13）。

5. 玻璃的幻境

玻璃在景观中的运用，应该是一件奇妙的事情。充分利用玻璃的反射性，可以创造出亦真亦假的画面，让穿梭在其间的人体验奇特，亦梦亦醒。传统中，常用玻璃的地方就是窗户、墙面，利用其强透光，来增强屋内的光线。但在景观中，可利用玻璃这种特性通过透景、反射景来创造虚实结合的空间艺术（见图 5-14）。

6. 石材的多样

石材，是最为传统而多样的景观建材。在满足景观不断变化的需求下，石材也从颜色、材质、表面、规格等方面不断地呈现出多样化的发展，让景观的展现更加充分与方便。石材多用于地面铺装与装饰墙面，随着路面宽窄、类型的不同，对道路石材也不断提出新要求，也正是这些要求的多样化，促成了石材景致的不断提升（见图 5-15）。

7. 卵石的画面

卵石是一种景观中常用的天然建材。它可以平铺，形成路面的基质，也可以摇身一变，成为设计师常用的“造图大师”，在道路中、墙面上，经常可以看到不同规格、质感、色彩、形态的卵石，在设计师及景观造景工匠的共同努力下，构造出一幅幅美丽的图案。卵石在运用上走向两个极端，要么朴实到底，要么丰富到极致，形成强烈的张力，冲击视觉。

道路铺装花色繁多，可以是具象的动物、植物图案，也可以是几何形体及抽象的图案，搭配不同的天然色彩卵石，组合成立体生动的画面。当人们行走在这样的路面上，会放缓脚步，惊喜地欣赏这些自然精灵们共同组合成的美丽画面，他们来自自然又与自然和谐地融合在一起，让行走在其间的人们也在精神愉悦、放松中与自然融为一体（见图 5-16）。

图 5-13　钢材的艺术（一）

图 5-13　钢材的艺术（二）

注：部分图片来自“园景人”。

图 5-14　玻璃营造的幻境（一）

图 5–14　玻璃营造的幻境（二）

注：图片部分来自“园景人”。

石材运用

石材是园林中运用最为广泛的一种建筑材料，从类型、色彩、界面到用途都非常丰富。

一 天然石材的类型

1. 天然花岗岩

花岗岩质地坚硬，耐磨、耐压、耐火、耐酸、耐碱及腐蚀气体的侵蚀 。多数只有彩色斑点，还有的是纯色，花纹变化小，可拼性强，使用范围较广。按花色分为红、黑、绿、灰、白、黄等六大系列。

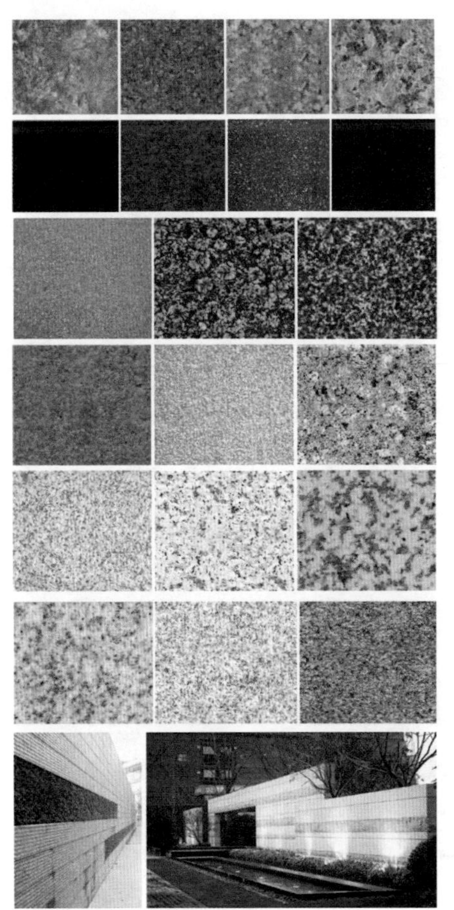

2. 天然大理石

大理石原指产于云南省大理的白色带有黑色花纹的石灰岩，剖面可以形成一幅天然水墨山水画。古代常选取具有成型的花纹的大理石用来制作画屏或镶嵌画，后来大理石这个名称逐渐发展成称呼一切有各种颜色花纹的、用来做建筑装饰材料的石灰岩。白色大理石一般称为汉白玉。天然大理石组织细密、坚实、可磨光，颜色品种繁多，有美丽的天然颜色，硬度比花岗岩小，但由于不耐风化，故较少用于室外。

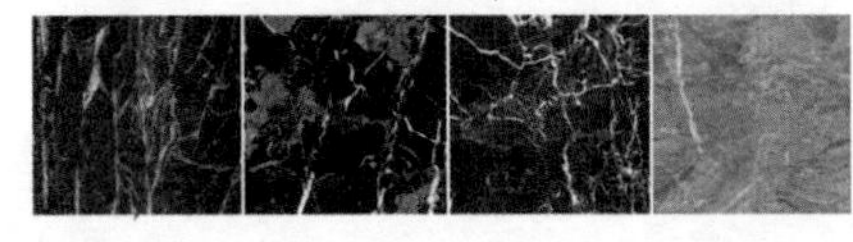

3. 砂岩

砂岩是一种沉积岩，主要由砂粒胶结合而成，绝大部分砂岩是由石英或长石组成。砂岩颗粒性强，表面有波浪型纹理，质感较柔和细腻，颜色和沙子一样，可以是任何颜色，最常见的是棕色、黄色、红色、灰色和白色。砂岩孔隙大，吸水率较高，容易吸污，易滋生微生物，材质硬度低、较脆，铺装慎用，通常适用于立面贴饰。

4. 板岩

板岩是具有板状结构、基本没有重结晶的岩石，是一种变质岩，原岩为泥质、粉质或中性凝灰岩，沿板理方向可以剥成薄片。板岩的颜色随其所含有的杂质不同而变化，含铁为红色或黄色；含碳质的为黑色或灰色；含钙的遇盐酸会起泡，因此一般以其颜色命名，如绿色板岩、黑色板岩、钙质板岩。硬度比砂岩高但低于花岗岩。一般用于立面贴饰及小面积人行道铺装。

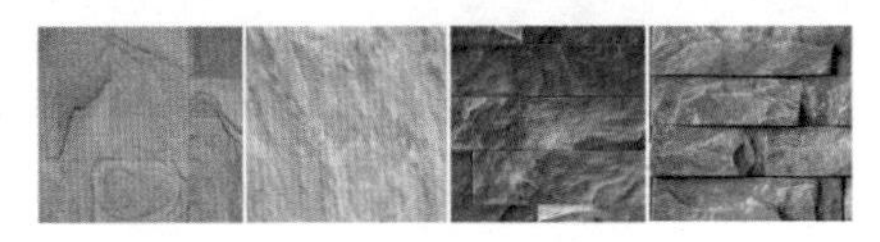

二 天然石材的表面

1. 火烧面

表面粗糙，生产时对石材高温加热，晶体爆裂，快速冷却形成粗糙火烧表面，是花岗岩最常见的饰面种类、景观设计中铺装最常用的饰面材料。

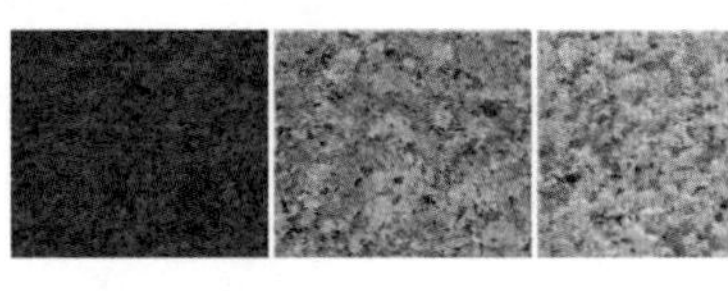

2. 抛光面

表面非常平滑，高度研磨抛光，有高光泽的镜面效果。花岗岩、大理石和石灰石通常含天然晶体，经抛光处理后，这些晶体反射光线而使石材表面有光泽，但需要不同的维护方式以保持其光泽。

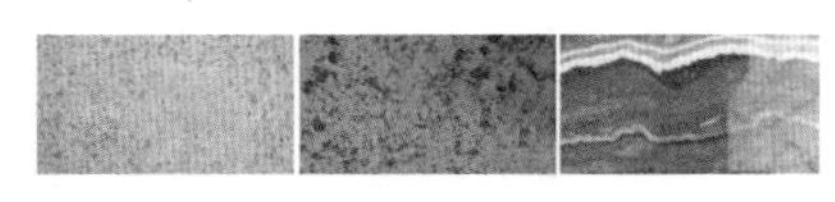

3. 哑光面

石材的镜面光泽度很低，一般低于 10 度。

4. 自然面

自然面表面粗糙，但不像火烧那样粗糙。一般来讲自然面石材指的是没有经过任何处理，自然形成的面，是石材中天然形成面，如板岩的板理、花岗岩的节理等。但市场上讲的自然面是指劈裂敲击断裂而形成的自然起伏的面，因此也称自然劈裂面。

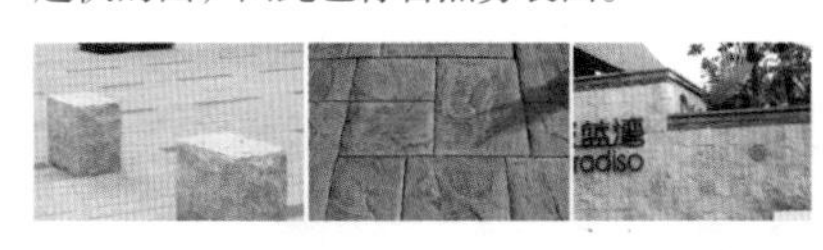

5. 剁斧面（斩假面）

是用斧剁锤打在石材表面上，形成非常密集的条状纹理，有些像龙眼表皮的效果，可选择粗糙程度，是中式园林中常用的饰面。

图 5-15 多样化的石材（一）

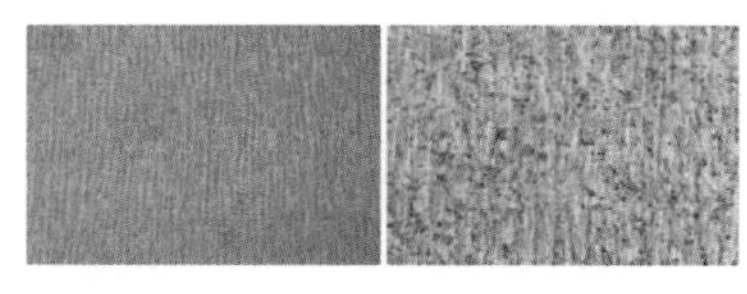

6. 荔枝面

表面粗糙，凹凸不平，是用凿子在表面上密密麻麻凿出小洞，是模仿水滴经年累月地滴在石头上的一种效果。

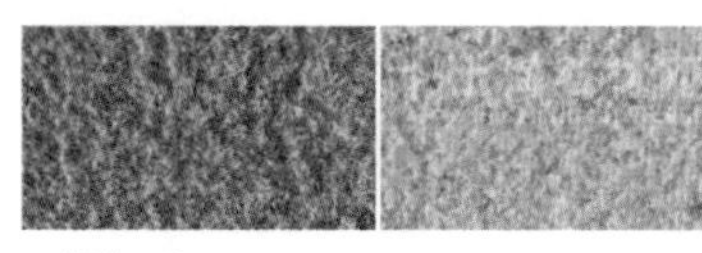

7. 机切面

直接由圆盘锯、砂锯或桥切机等设备切割成型，表面较粗糙，带有明显机切纹路。

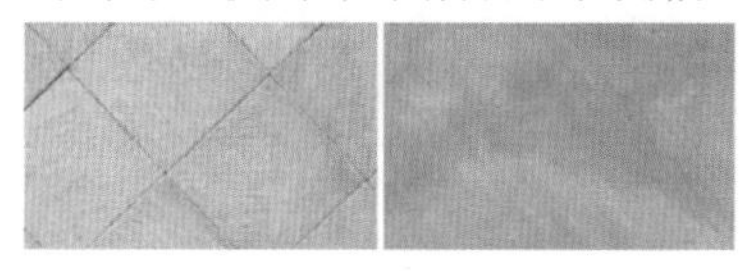

8. 蘑菇面

一般是用人工劈凿，效果和自然劈相似，但是石材的上顶面却是呈中间突起四周凹陷的高原状的形状。

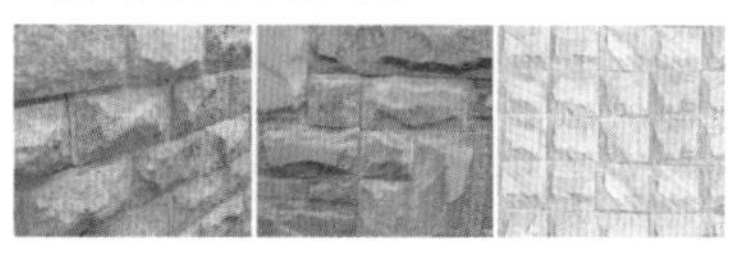

9. 拉丝面

石材拉丝面也叫机刨面，在石材表面上开一定的深度和宽度的沟槽，是石材的一种特殊的加工工艺，能够起到防滑与纹理特别的质感。

图 5–15　多样化的石材（二）

注：部分图片来自“园景人”。

图 5-16　鹅卵石的美学（一）

图 5–16　鹅卵石的美学（二）

注：部分图片来自“园景人”。

8. 砂石换新颜

砂石是一种建筑材料，以 2 毫米作界限，2 毫米以上为砾，2 毫米以下为砂，园林景观采用的砂石，由砂和砾石按比例搅拌而成。很多时候砂石都默默地充当着幕后的填充作用，躲在路面、墙面的背后，辅助建筑的实施。然而，在景观设计师的眼里，没有一种材料是景观的配角，任何材料都可以走到前台成为主角。但是，有个条件，就是要先经过景观的改造，才能很好地呈现。

砂砾的质感柔软，色彩多样，较之其他材料具有更强的衔接性，易于设计师使用，不同的景观材料通过砂石的连接，最易塑造出过度自然的景观效果。砂砾还具有很强的亲和性，管理也非常方便。作为细腻而易于造型的材料，景观设计师常将其利用在儿童活动场地中，用于景观的最下层，与草坪、木板等材料共同营造景观丰富层次的下界面。

另外，对于较大规格的石材，景观师经常采用另一造景法——石笼，让碎石通过不同造型的金属网格笼子或箱子，塑造成一面艺术墙。自然的植物或青苔可以间植其间，增加石笼的层次与色彩。石笼可与自然环境相协调，而且不需要特殊维护（见图 5-17）。

9. 木材的回归

在古老的中国，木材一直被祖先们运用得驾轻就熟，从建筑到家具再到装饰构建，无处不展示着中国人民运用木材的智慧与艺术造诣。

随着城市发展，新建筑的需求，各种新型建筑材料被开发并大量运用，木材默默退到一定范围，仅成为自然主义爱好者的主角，去掉了昔日烦琐的雕琢，回归了木料的本质，展现其本真的面貌（见图 5-18）。

图 5-17　砂石的华丽转身（一）

图 5-17 砂石的华丽转身（二）

注：部分图片来自“园景人”。

木材的运用

古典园林中的木材运用除了亭台楼阁建设，作为大材料使用外，更多的是作为雕刻装饰运用的小件，出现在建筑窗户、门扇、坐椅、屏风及器皿上等。而现代的木材少了雕刻，更多地展现木材原本的纹理，通过不同的构建装饰，将木材本有的气质展现出来。

图 5–18　木材的自然风（一）

图 5-18　木材的自然风（二）

注：部分图片来自“园景人”。

5.2.2 新材料的发现与开发（见图 5-19）

1. 新材料的发现——六方石

六方石作为难得的自然风景石，它的形成来之不易。作为一种特殊的火山岩，它是由数亿年前地壳运动火山爆发产生的岩浆停滞流动，冷凝收缩，产生的一种垂向节理，将火山岩分割成六边形柱状结构，再经过长期风化，形成各种颜色、不同尺寸的六方石柱。

六方石经常大规模聚集在山间或海边，因为这两地往往是火山喷发最激烈的地带。

2. 新材料的开发——夜光石

夜光石，顾名思义，即入夜后会散发出光芒的石头，因为石内含有大量的磷，所以会发光。夜光石可以用于景观步道铺装，白天不同颜色拼装呈现美丽的花型，夜晚自发光，因为有照明效果，所以既环保又节电。人造夜光石具有很多优点，如低光照环境下也可以刺激其进行光储存，而且发光的亮度及时长都更卓越。

3. 新材料的开发——生态砖

生态砖，是一种质量轻盈的、排水及透气性良好的新型混凝土，因其具有多个孔洞，利于排水和透气，所以也叫透水性砖。在雨雪天气里，能快速渗透地表水，及时进入地下补充地下水位，能有效预防城市地下水位陡然走低，是环保的铺装材料。

4. 新材料的开发——有机覆盖物

有机覆盖物重在有机，其制作原料是有机生物体，没有环境负担。覆盖在植物生长的土壤地表，能有效起到保水、增肥、调温、防侵蚀、抑杂草、吸扬尘、促生长以及美观装饰等作用。近几年来，有机覆盖物在国内外迅速发展，已成为一种新型的城市绿化地表覆盖材料，并逐渐流行到各种园林中。

新材料的发现与开发

一　发现新材料

六方石：美轮美奂的六方石，修炼亿万年，而今静静等待懂“石”之人，捡起它，把它用在最美的景观设计之中。

二　新开发的材料

夜光石：其实早在我国古代，夜光璧、夜光石、放光石等石材，就被传为罕见的夜间能发出光芒的奇石。事实上是因为我国萤石产量少，所以就显得珍贵和价值连城了。英国Pro-Teq公司研发了一种名为星河喷雾（Starpath）的产品。将其喷在任何固体表面，就能白天吸收太阳能，夜晚亮起柔和的蓝光。奥雅纳工程与设计咨询公司在研究报告中说：星河喷雾能减少公园和街巷对复杂照明设施的需求，同时不牺牲夜间安全性。由于它不会反光，而且亮度相对较低，所以不会增加光污染。经过加工后的夜光石，具有防水功能，即使在水中，也能美轮美奂。

▲夜光石的工作原理

三　透水砖：透水砖是未来大面铺装的主流趋势，具有高透水、高承载力、操作简单、色彩多样、可塑性强等特点，在海绵城市建设中充当了重要的角色。

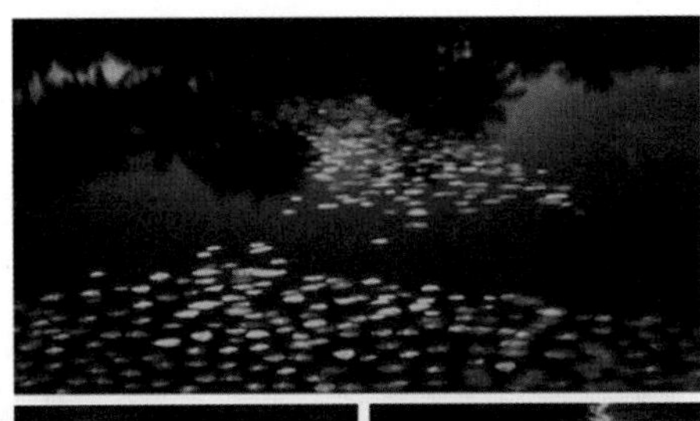

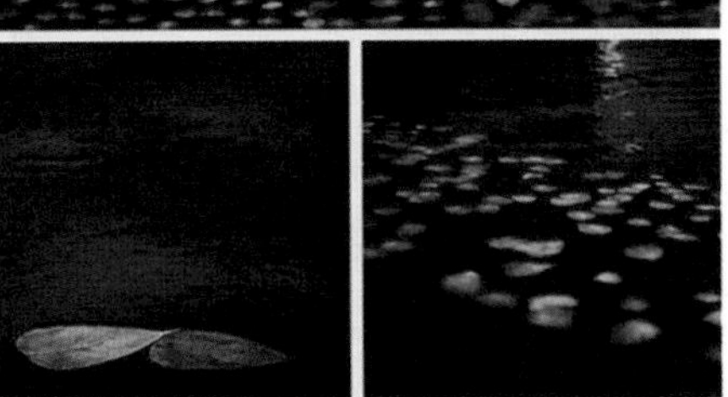

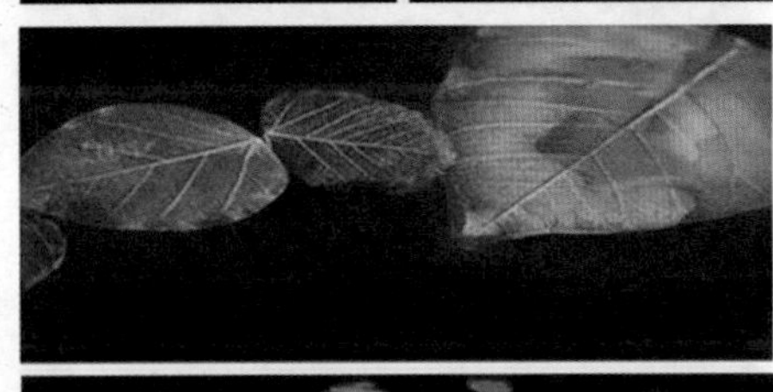

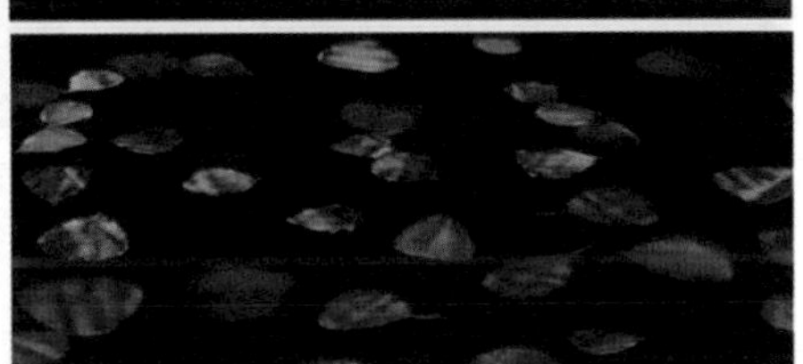

图5-19　新材料的光彩（一）

四　有机覆盖物：起保持土壤水分、吸附扬尘、调节土壤温度、增加土壤肥力、抑制杂草、促进植栽生长、减少土壤侵蚀以及装饰美观等作用。

注：由上海恒景园林供图。

图 5-19　新材料的光彩（二）

5.3 设计元素运用的变迁

园林景观设计元素，是随着园林专业成为建筑专业下的二级学科后，逐步形成的系统化归类，以便于教学与传播。

植物、土建、建筑、道路、小品五要素，是构成园林景观的主要内容。在园林发展过程中，这五要素在不断融合、相互渗透，共同构建一幅完整的园林山水景观。同时，五要素不断完善扩充，形成越来越丰富的空间与选择。

5.3.1 植物，高矮疏密、艺术搭配，或开放或私密

植物无论从品种，还是从适应性上来讲，都有大幅度完善与提高的空间。在全国范围也有相应的苗圃行业协会，对苗木的发展进行指导与资源调配，以便于更好地结合市场与时俱进。

植物在景观中占有 60% 以上的分量，现在的植物造景不再是过往仅仅追求意境之美，更多强调其生态效果，以及丰富的植物多样性所带来的层次及美感。

除主干层的乔木灌木外，我们看到许多观赏草本植物，丰富了景观的层次与色彩。在许多城市尤其是北方城市，为了春夏两季城市面貌的改观，不惜代价每年更换花卉品种，让城市在短暂时间里拥有婀娜多姿的状态与色彩（见图 5–20）。

5.3.2 土建，大小高低、曲折平整，或开阔或幽静

土建包括整个园林场地的地形、水景，是工程量最大、最复杂的部分。随着民众对园林景观新需求的不断提高，土建也呈现多样化的内容。

1. 地形的突起与凹陷，或规则或自然

地形没有定式。根据整个场景定位塑造封闭、开敞的空间，运用不同的覆盖物（植物、瀑布跌水）创造封闭与开阔、安静与热闹的空间氛围。地形的塑造，不仅仅限于自然曲折的传统山型的堆造，更多可能是结合自然或规则的跌水、瀑布，形成井然有序的空间层次变化（见图 5–21）。

植物

乔木作为最高大的植物类型，在景观中起着背景、遮荫的效果，因此乔木的配置常以落叶与常绿植物为主，以不同质感与不同疏密、不同造型搭配形式丰富背景及整体外貌景观形态。灌木则是丰富中间层次，让整个空间更加饱满，通常采用不同色彩常绿的植物作为与视线平齐的重点观赏层次。花卉是离观赏者距离最近的植物类型，在植物丰富度及观赏性上要求更高。

注：由上海拓绿景观供图。

图 5-20　多彩植物（一）

图 5-20　多彩植物（二）

注：由上海笛萧萧艺术景观供图。

地形塑造

园林中的地形包括自然与规则结合的做法，通过大体量可游览山水、微缩景观假山叠水而展现出来。掇山理水是中国园林的精髓，塑造了整个园林空间的骨架，掇山可以高低错落，水体可以婉转迂回，形成人为创造的自然山水格局。

图 5-21　地形的多样化（一）

地形处理过程中，挡土墙起着非常重要的作用，往往在地形缓坡的背后，通过挡土墙可以在有限的区域快速收边，为了美观，往往结合瀑布、景观墙等方式进行处理。

图 5-21 地形的多样化（二）

注：部分图片来自“景观帮”。

2. 水景的大小高低，或宁静或跳跃

水景是景观中唯一有声音的元素，通过反射也是可以拉伸景致空间的元素，而且通过泵压，水可以循环流动起来，整个场景就动起来了。水是有灵性的，也正因此，成为设计师笔下的必备要素，在蜿蜒流淌间，所到之处，必是花团锦簇、景致优雅，成为吟诗颂词的绝好去处。引进西方经营水的方法，为中国园林提供更多施展的空间，小桥流水的形态可以任由观景的需求或大或小，或急或缓，平静的湖水也可以通过现代的技法营造更加极致的净水水面。

水景可以乘舟，也可以掬于碗口，大小都能创造不同的意境。可以置于山林之间，也可以摆在屋隅一角，采用现代动力与施工技术，可创造或波澜壮阔或平静如镜的水面景观。随着地形起伏可创造山林溪涧、层叠跌水与瀑布清流，也可以安置于园林一角形成碧波荡漾或者踏步亭间一汪清泉，还可以是居室台前一碟静水。水景随着园林发展，呈现多样化趋势，渲染着场景的自然生态。

湖泊是大面积的平面水。现代湖泊内容丰富，可从水里到岸边将能想象到的娱乐、观赏活动都丰富起来，提升水面的使用价值。

河流是带状的宽阔的水面，河上可以行船，河边可以设置沿河商业街，布置各种商业活动、亲水活动，结合周边的地块进行综合开发。

溪涧是带状、从高到低流淌的细小的流水。溪涧置于林间，是最为婉转动人的一种水的姿态，可以创造出无数诗情画意的场景，潺潺流水声如歌如泣，生动缭绕，引人入胜。现代园林中，想尽办法创造溪涧的场景，让人虽在樊笼里，也能感受自然的清新美好。

池塘是中等尺度的湖泊，是最为广泛运用的景观水体，几乎每个上规模的园区都必配置一个池塘。池塘可营造丰富的湿地景观，配置观赏设施——木制栈道和亲水观赏台，创造人们亲近水面与水生植物的机会，这样的湿地景观为无数大人孩子所青睐，是孩子的乐园、大人的卸烦场，在栈道上闭上双眼、静坐一刻钟，所有的烦恼烟消云散。

跌水是小范围的水流从上而下缓缓流淌，是溪涧中最优美的那段水姿态的缩影。在城市的园林中，经常使用这样的场景，既节约开销，又能惊艳地引入自然要素。跌水采用的材料或钝或圆，色彩或灰或暖，根据园区的风格营造或朴实或华丽的景观。跌水模仿自然但又不限于自然，可以直接将自然界的跌水景观模仿得惟妙惟肖，也可以超越模仿创造现代的跌水墙壁，引入室内。

禅水是最小范围的水景，可用碗碟来承载。与周围石头、木雕或一株植物共同营造禅的意境。在当下，这样的景观甚为流行，由于体量小，可以布置在房前屋后，甚至屋堂居室，随意一布置，那种意境悠远的感觉源源流淌……（见图 5-22）

水景

有山皆是园，无水不成景。
叠水，理水，阔瀑，飞瀑，高低错落，清脆悦耳，潺潺流动。

叠水：水顺着台阶一层层地向下流，有一个横向铺展的过程。顺流而下，层层叠叠，错落有致，水光潋滟。

水幕、水帘：叠山理水觅知音，分流成一层层、一簇簇的涓涓细流，巧引水流，山环水绕。

瀑布：水流在一定高差，由于地心引力的作用，飞泻而下，形成壮阔的水流姿态。

图 5-22　水景千变万化（一）

水潭、湖水、镜面水池：平面上的水景，结合自然池面形成的自然水潭、水池，与水生植物共同营造幽静的空间，利用倒影将空间无限延伸；镜面水池，利用施工技术让水面平整如镜，重点表现其反射倒影的景观，景深一下拉大了更多。

图 5-22　水景千变万化（二）

注：部分图片来自“景观帮”。

5.3.3 园林建筑的繁杂简易，或规则或自然

园林建筑从造型繁杂的亭台楼阁衍生出无限丰富的新造型，从水泥、木材、石材、玻璃等材料的运用扩充到所有的建材（见 4.2），根据现代人的需求，园林建筑更多敞开、包容，造型上符合现代人的简洁与材质的多样化组合。为了与现代人的使用习惯相符，园林建筑原有的功能也在衍生与变化。虚实构造的手段随着材料的丰富和造型的可选择性多样化，也呈现更加广阔的运用，拉开了场景虚实的跨度，更加丰富景致的表达。

园林建筑是园林景观中体量大而集中的非自然要素，是文化内涵的集中展现，因而也是园林景点的画龙点睛的表达，其对场景的场域形成相当重要，因而设计师会花较大精力来完成。

1. 休憩空间（亭、廊）

园林建筑中亭、廊是最具有自然风格的风景，是主要的建筑形态，可以为使用者提供遮风避雨、遮阳防晒的功能，亭廊的修建融于园林地形植物之间，若隐若现。在园林景观中，若只有植物没有建筑，虽自然清新，却略觉寂寞。亭、廊等建筑的点缀，不仅满足了使用者的需求，在景观上也是画龙点睛，让景观有了精神与文化，使整个景观活了起来。

亭、廊的色彩可以是暖色，也可以是冷色，但绝不可能与植物色彩一样为绿色（除非特殊需求），任何一种亭廊色彩与植物的绿色背景融合都能形成一种较强的对比感，眼前单调的画面顿时有了层次感。亭、廊的形式可以刚硬，也可以柔软，与场景的主题相映衬，张弛有度（见图 5–23）。

2. 隔断与装饰空间（景墙）

景墙与隔断，作为景观中重要的文化与空间塑造要素，常常叠加运用，在其间再插入窗框，为景观的虚实打造平添了无限的遐想。现代景墙的材质丰富、元素多样化、实施便利化，为创造丰富的园区文化景观提供了便利，再结合水景的倒影、树景的掩映与修饰，可把景墙装扮得更加俏丽唯美（见图 5–24）。

亭廊建筑

与自然穿插，虚实相间，有主题有功能，以新时代的建筑材质与手法，塑造新时代新形象。

图 5-23　亭廊的多姿多彩（一）

图 5-23　亭廊的多姿多彩（二）

注：部分图片来自“园景人”。

隔断与景墙

虚与实、文化与空间的塑造

图 5-24　隔断创造朦胧美（一）

隔断与景墙，材质丰富，可以是原始木材、石材堆砌成生态、朴实的图案，也可以是经过打磨、有序排列组合而成的界面，与植物搭配相映成趣，还可以是精雕细琢，利用钢材的可塑性、玻璃的变化以及石材的拼接，雕琢而成的中国山水屏风，要么与自然融为一体、粗犷原始，要么与精神合一，优雅别致，意境深远。

图 5-24　隔断创造朦胧美（二）

注：部分图片来自“景观帮”。

5.3.4　道路，亦画亦功能

道路，从纯行走功能衍生出“景观＋功能”，道路的形态有广场、甬道与桥。每个形态都不仅提供使用，而且提供更多的视觉享受与体验。

广场就是提供更多人同时交流的场所，开阔、包容、舒适。过去的广场，往往是城市排水的汇水面，雨水爆发时是囤水器，雨水褪去后又是垃圾集中处，很难吸引大众驻足停留，现在的广场采用新型的渗水砖，环保又优美。广场不仅是一个铺装的地面，更多的是赏心悦目的图画，色彩和谐、图案雅致。广场在使用上不再是硬邦邦的地面，更多是具有弹性的贴心接触。恰当的广场，为市民集中交流提供了非常好的场地，使用频率也最高。广场配置遮阳的大树，在每个清晨与落日后，成群的大爹大妈欢歌笑舞，广场成为整个园区人气最旺的地方。

甬道就是提供人们行走、散步的带状步道。甬道从灰色不起眼、仅仅用于行走的功能，不断衍生成色彩丰富、图案优美、材质各异的景观宠儿。根据不同甬道在园区中的位置，设计不同的形式与规格，满足人们行走与驻足欣赏的需要。人们在或漫步或慢跑的过程中不再面对的是面无表情的灰色步道，而是表情丰富并带有友好温度的画面，让你行走其间心情愉悦、精神饱满。

桥就是将人从河的这边送到那边的通道。桥的形态丰富，有各种造型的拱桥、平桥，桥可以将道路演变得更加丰富多彩。所以现在人们更多喜欢创造桥的出场率，过去桥就在水面上，现在可以布置一条砂石枯河桥、高于地面景致的吊桥等，让道路元素更加丰富婉转（见图 5-25、图 5-26）。

5.3.5　小品，缤纷多彩、变化无穷，或开朗或严肃

小品是园林景观中最活跃、可爱的部分，像小精灵一样把原本沉闷的场景一下装点得活泼、生动。现代的小品奇异多彩，无论从材质、色彩还是造型都独树一帜。配合着园林建筑点题，不失分寸地扮演好自己装点、美化的作用，同时兼具园区的功能使用，可以说娇小可爱、缺它不可。

园灯、音响，是最常见的小品。现在的园灯不像过去的园灯那么具象，远处一看还以为是一个小动物或者蘑菇、花朵、大树，由于与场景融合得非常完美，几乎可以以假乱真。园椅，还是椅子，功能没有变，但是形状有了千变万化，可能是一个树根、树藤，一个雕塑人的手臂抑或者是一个草垛，创意层出不穷。总之，它不再是过去那个枯燥而严肃的“小哥哥”，端庄地坐在那里随时等候你的到来，它一下演变成百变“小魔女”，千奇百怪，让人捉摸不透。关键是服务质量更好了，坐感舒适了、观赏度提升了，真正可以一坐不想起了（见图 5-27）。

道路成景

道路是园林中的组织线路，把人从一个景观带向另一个景观。道路本来是一个功能性很强的元素，在景观组织中却可以结合整个场景，或配角，或主角，抑扬顿挫，展现一幅幅画面。

图 5-25　优美的道路，宛如一幅画（一）

▲ 园林的构图，通过道路就实现了

▲ 路面可以演变成任何一个可用的休息平台

▲ 突出主景，道路材质统一、图案简洁

▲ 让水与路更近些

▲ 亦桥亦廊

▲ 跨过“峡谷”的桥

图 5-25　优美的道路，宛如一幅画（二）

注：部分图片来自“景观帮”。

图 5-26　道路就是艺术画（一）

图 5-26 道路就是艺术画（二）

注：部分图片来自“园景人”。

小品景观

为何叫小品？其一，不显眼，在景观中不是最重要的位置；其二，体积不大，数量不少，可以移动装置；其三，类型不少，满足各种功能的需求。小品包括雕塑、园灯、园桌椅、音响、指示牌等其他用途的园林家具。往往很多功能相互叠加，并经过造型装饰，形成综合效用的装饰品。

图 5-27　园林中的小精灵（一）

图 5-27　园林中的小精灵（二）

注：部分图片来自“园景人”。

5.4 设计效果的唯一性

随着城市的发展，城市对自己的外貌越来越要求与众不同，景观就如每个人着装一样，不希望撞衫，永远希望自己是唯一的。事实也如此，世界上没有一个人是相同的，也没有一块地是一样的，根据场地的特征，因地制宜，也是必不可少的。

随着城市化的推进，人与人的社交更加开放、融合，在隐私上却要求更加封闭。这种两极化的诉求，就要求开敞的景观有足够的开放与包容，满足差异化的需要：高矮、胖瘦、正常与残疾、男女、老少，景观表达上可以或高或矮、或大或小、无障碍设计、严肃与优雅、舒适与活泼。封闭的要求更加封闭，服务隐私性的需求：小区的景观是为小区居民服务，这里的开放是有限的，在这里，景观层次更加分明，空间尺度相对狭小。私人领地的花园相对就更加封闭了，院子里的景观如何先没考虑，第一步想到的是，如何与外界隔离开来，保护自我的私人隐秘性。

5.4.1 公共景观绝对的唯一

在公共景观中，要求设计效果的唯一性，这是有目共睹的，受公众监督，来不得半点复制。因此，公共广场景观需要因地制宜，依据场地周边不同人群的需求而设计不同的功能布局，空间形式上更加多样、开放与包容，色彩上却相对保守、折中。

1. 商业景观

商业景观靠近城市商业区，人群聚集的特点使其设计中对人流集散地考虑得更多，人流动态路线设计尤为重要。一方面，要有利于疏散过于密集的人群，另一方面，要为一部分疲劳的人群提供必要的休憩场地，因此，有些临近商业区的地方，结合公共休闲服务业态会开发一部分商业空间，比如林荫广场咖啡吧、书吧等。商业景观往往设计得简洁时尚（见图 5–28）。

2. 街区公园

街区公园是为行走的人们或城市流动人群提供暂时驻足休息的空间，这类公园往往在城市的道路交会一侧，要求提供更多安全宜人的休憩设施，比如林荫下的长椅、亭子等。街区公园往往设计得实用得体（见图 5–29）。

注：由上海千年园创供图。

图 5-28　商业公园景观（一）

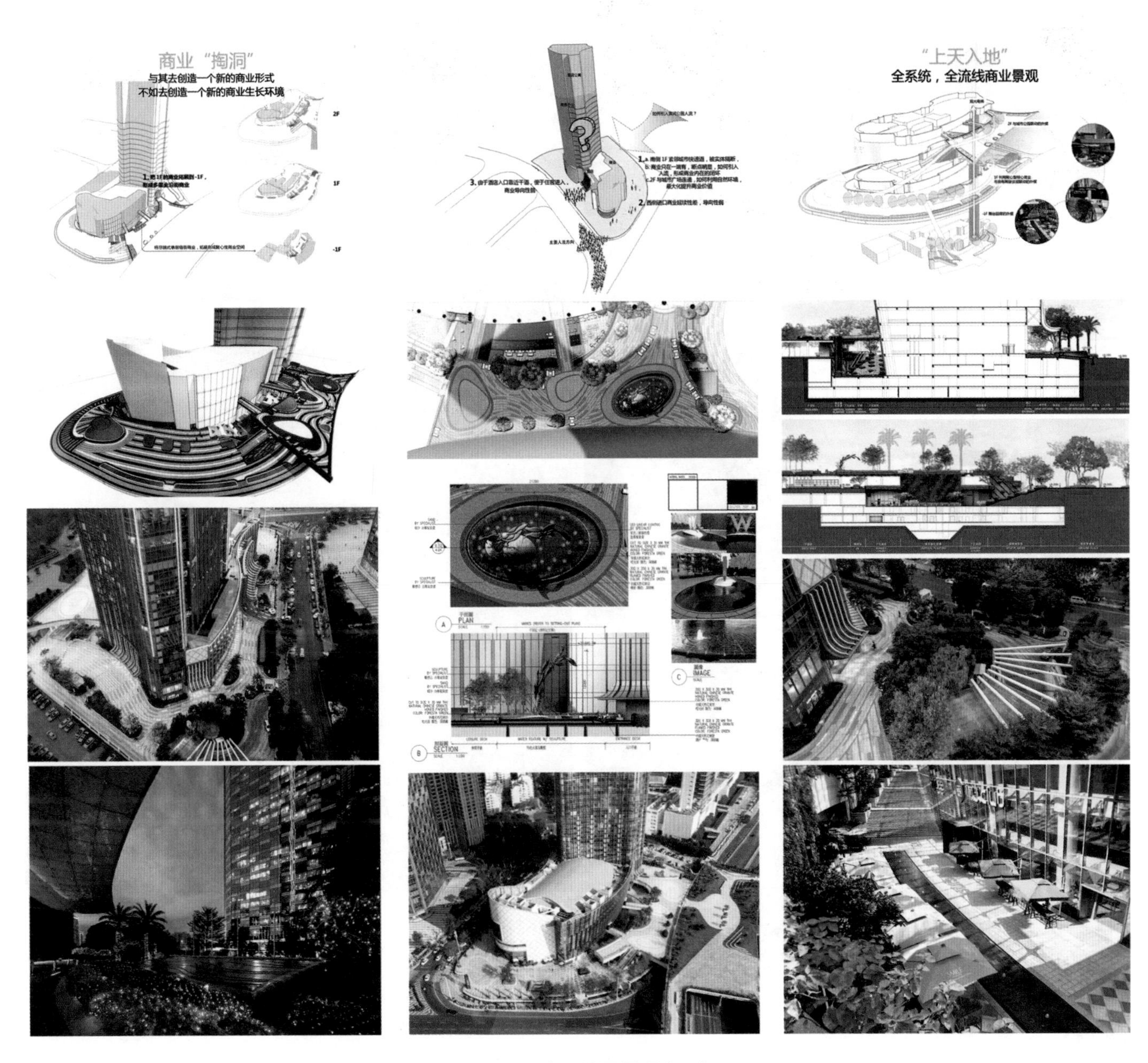

图 5–28　商业公园景观（二）

注：部分图片来自“园景人”。

街区公园

疏导人流，为行人提供更多的休息空间。

注：由广东彼岸景观供图。

图 5–29　街区公园景观（一）

注：由上海千年园创供图。

图 5-29　街区公园景观（二）

3. 社区公园

社区公园紧挨着居民社区，其使用对象更多的是老人与小孩，因而在设计上主要针对这样的人群设计了更多看护的休息空间及为孩童玩耍益智开发的空间，色彩上也更加鲜明、流畅，更加符合人性、亲民及活泼。

案例代表：广州大鱼公园（见图 5-30）。该项目位于广州的白云山附近，大鱼公园具体的设计布局、功能划分、路线设计综合到许许多多的因素，考察了场地周围可借的景观以及可以延续的本土文化，综合考虑潜在的未来建设的因素，重点落笔在社区的功能使用上，营造的参与感极强。这个公园不仅需要思考到原有土地文化的延续性、公园生态系统的循环，还要考虑与未来建设的衔接以及可参与的融合设计，最终打造出老少皆宜、参与性极强的社区公园。

4. 主题公园及综合公园

主题公园按不同的主题可以分为以观赏植物为主的植物园，以观赏动物为主的动物园，供儿童游玩的儿童公园，还有以体育、汽车、雕塑等为主题形成的不同类别的公园。这类公园主题突出，具有一定的教育性与娱乐性，因此兼顾了严肃性与活泼性，融教育于快乐之间。

这类公园的服务对象是全市人民甚至外地人民，因此在设计上更加完整、系统，包含了停车服务、入口人流集中疏散、公园内的必备生活设施（卫生间、餐厅、小卖部、休息亭等），设计的风格也时尚而格调鲜明（见图 5-31）。

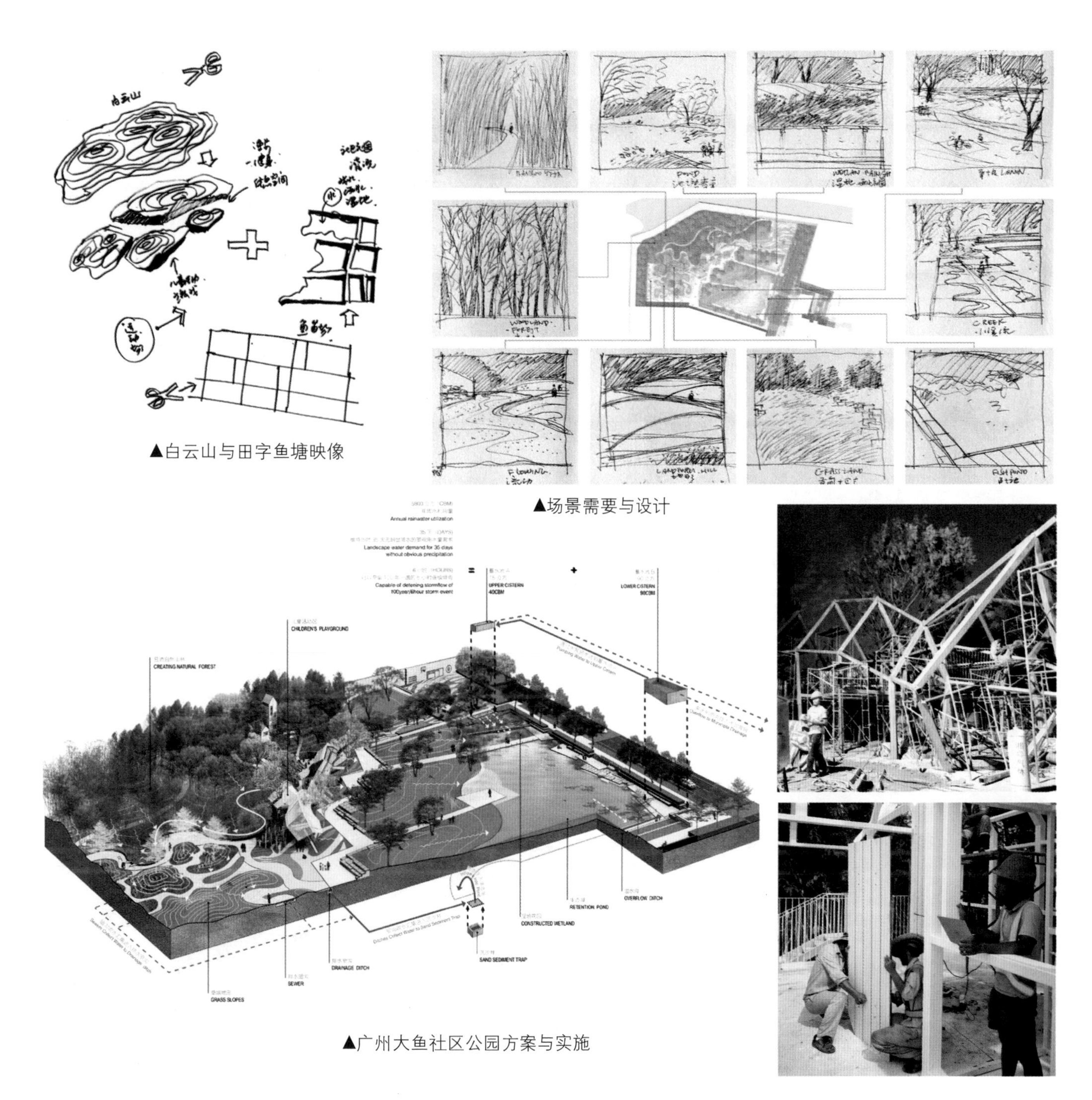

▲白云山与田字鱼塘映像

▲场景需要与设计

▲广州大鱼社区公园方案与实施

图 5–30　广州大鱼社区公园方案（一）

▼场景描述

图 5-30　广州大鱼社区公园方案（二）

注：图片来自“张唐景观”。

主题公园

儿童公园，整个规划突出儿童心理需求，好动、开放、快乐，园区采用色彩鲜艳的地面、游戏设施及卡通人物。

图 5-31　丰富的主题公园（一）

杨丽萍大理花海主题公园

以玫瑰花食材为主题，设计不同玫瑰花主题的乐园。园区主要分为生产区、观光娱乐区。观光游乐区结合观赏、娱乐、体验参与于一体，打造了文旅、乡村振兴结合的农业示范基地。
主题公园重在强调主题，以玫瑰花为媒，形成不同场景的视觉效果，最后成为了拍摄基地、娱乐游玩的打卡地。

注：由北京开创时代文旅供图。

图 5-31　杨丽萍大理花海主题公园（二）

5.4.2 社区景观必须唯一

目前的新社区大部分是商业地产开发出来的，受商业利益的驱使，为了让房价有更高的溢价，房地产商们也是挖空心思，千方百计将景观做得标新立异，吸引客户的眼球。但从另一个层面说，也正因为房地产业的发展，这种唯环境品质为驱动力的价值观、审美观，才真正推动了城市景观的发展。可以说，推动园林行业发展的功臣之一是房地产。

每一个新楼盘的推出，第一要素一定是通过市场调研确定服务的客户群体，然后根据客群特点匹配相应的风格定位或定制新的风格理念。景观的品质对于客户群体的选择是至关重要的，甚至成为地产成功营销的关键，正是这种利益驱使，让更多有想法的设计师得以展示与发挥他们的才能，新颖的设计手法、新材料的运用以及新技术的开发层出不穷，大量优秀的地产景观应运而生。

虽然，在同一个风格下，每一个地产新楼盘与老楼盘之间有几分相似性，但更多是基于这种相似基础上的升华，从而形成了新楼盘的独特性。也正是地产景观的一次次自我驱动的进步，推动了整个城市的环境品质的大幅度提升。

1. 生态主题景观

案例 a：石漠山演变的太平森林公园（见图 5–32）。

位于云南弥勒市郊太平湖畔的一处石漠化荒山，经改造成为太平森林公园。解决石漠化治理难题，人工造林和恢复森林植被是主要措施。在综合治理的过程中，从微地貌、微地形改造开始，利用科学系统的防治技术，恢复着太平湖全新的大地生态。在一系列的探索和治理实践过程中，太平湖因地制宜地开创了独具特色的太平湖石漠化防治体系与模式。经过不断改造，太平湖已形成了由山顶生态林保育带、山腰绿化景观林过渡带、山底复合农林缓冲带、湖滨防护林隔离带、湿地水生植物净化带组成的立体综合生态修复体系。这套体系的相互作用，不仅改变了太平湖石漠化，还开创了一个全新的特色旅游目的地。

成排树木让山坡披上了“绿衣裳”，一片片花带让这里五彩缤纷，一个连着一个的湖泊让这里山水秀丽……昔日“疮疤”累累的石漠化土地，而今繁花似锦，披上绿装、彩妆的太平湖，焕发着勃勃生机。太平湖的石漠化防治起步于苗木种植，一路发展，如今已建成 5500 余亩的苗木产业基地和特色花卉基地，青山绿水、五彩花卉中的太平湖，呈现无限魅力。在太平湖，游客携手家人、良友与山水相伴，听松涛歌唱，拥湖风入梦，呼吸

曾经荒芜的山坡，现在开出了绿色的梦想之花，弥勒·太平湖森林小镇成为云南省政府命名的21个“云南省特色小镇”之一，荣获了首批中国林草产业（森林康养类）创新基地等殊荣，被认定为首批国家农村产业融合发展示范园等；2020年以弥勒太平湖为核心的“南国御养”旅游线路产品还获得了文旅融合旅游线路产品一等奖，景区荣获中国旅游总评榜“中国人气文旅小镇”，景区成功提升为国家AAAA级旅游景区。

图5-32　石漠化荒山演变太平湖森林公园（一）

这里曾经是一座荒芜的山坡，拓荒者借微薄之力，怀鸿鹄之志，垦殖绿化，铺路引水，移木造屋，蔚为大观。用特色小镇的生动实践，诠释了“绿水青山就是金山银山”的光辉思想。

图 5–32　石漠化荒山演变太平湖森林公园（二）

来自高原上清新的空气，住在森林间，看时间在身旁慢慢流淌，体验真正的返璞归真的自然情怀。这块土地的森林覆盖率、森林康养功能、水土保持效益等森林生态系统的服务因子都将发挥巨大效益，石漠化将得到根本性扭转，一个青山常在、绿水长流、空气常新，宜居宜业宜游更宜人的新太平将更引人瞩目。

案例 b：东山丝竹山静日长。

此案例将自然要素与城市建筑用一种互生的方式融合，你中有我，我中有你，分不出彼此，没有隔阂，宛如建筑就生长在山林间。这种建筑与植物互相融合所形成的景观弱化了城市建筑的刚硬，让自然与建筑更好地融为一体（见图 5-33）。

2. 风格概念的楼盘景观

案例：大唐锦绣世家项目景观方案设计（现代中式风格）

如果说未来可以设计的话，它应该就潜藏在我们的梦境里，未来之梦境，现实可触摸。融合传统的文化意韵与未来新社区的体验模式，以“府韵・鱼悦未来”作为项目的主题理念，设计构建传统与未来的对话情景，按照“遇见、惊喜、归院、未来”的顺序逐层展开，引入自然山水元素，将东方美学引入现代人居体验，勾画悠游寻境，一方雅居的东方画境。将象征活力与财运的“鱼跃龙门”主题雕塑、静谧会客的“鲤享时光”中央庭院、激情活力的悦动公园作为未来社区中鱼悦未来生活的集中展现。四进式礼序体验，注重仪式体验；打造两轴（东西轴线 + 南北轴线）、一环（悦动生活活力环）、一园（鲤享全龄乐园）、一院（鲤享时光中央庭院）、多组团（邻里共享花园）的健康幸福社区。包含了锦绣里坊（休闲慢街）、锦悦门堂（仪式主次入口，便捷归家）、愉悦未来（过渡引导主题景观、主入口视线焦点）、鲤享时光（专享中央庭院、多功能阳光庆典草坪）、鲤享乐园（鲤享主题全龄活动、看护健身活动）、悦享归家（邻里共享花园、尊贵庭院式入户、惬意共享交流空间、品质趣味生活）。营造“透而不敞，简约清爽”的植物空间：“乔木 + 地被”的配置手法——整体简洁干净，通风效果好不易滋生蚊虫；通过具有疗愈功能的植物（吸收污染物、驱蚊）的应用，营造更清新的绿化空间。更舒适的“超级绿道”——遮荫乔木靠近人行主动线来种植，可以让业主感受到更多绿量，同时降低高层住宅的压迫感；种植遮荫效果比较好的落叶乔木，夏季可以遮荫，冬天可以晒太阳。集中种植同一种开花乔木（结合少量常绿乔木）营造震撼的季相景观效果；增加中层灌木的丰富度——通过色叶、开花的增配，让归家成为一次穿越花园的旅行。注重香味树种的应用——让业主可以用嗅觉感知四季的变化；适当种植具有浆果的特色乔木，可以吸引鸟类前来觅食——营造鸟语花香的自然之境（见图 5-34）。

室内外景观一体化

建筑、室内、园林，回归“一体化设计”

图 5-33　东山丝竹　山静日长　室内外景观融为一体（一）

图 5-33　东山丝竹　山静日长　室内外景观融为一体（二）

注：部分图片来自“园景人”。

现代中式风格——大唐锦绣世家景观设计

如果说未来可以设计的话，它应该就潜藏在我们的梦境里，未来之梦境，现实可触摸。融合传统的文化意韵与未来新社区的体验模式，以“府韵·鱼悦未来”作为项目的主题理念，设计构建传统与未来的对话情景，按照“遇见·惊喜·归院·未来”的顺序逐层展开，引入自然山水元素，将东方美学引入现代人居体验，勾画悠游寻境，一方雅居的东方画境。将象征活力与财运的“鱼跃龙门”主题雕塑、静谧会客的“鲤享时光”中央庭院、激情活力的悦动公园作为未来社区中鱼悦未来生活的集中展现。

图 5-34　大唐锦绣世家景观设计（一）

注：由 BCLA 厦门铂宸景观供图。

在整体的社区关怀系统里，设置了对于儿童的一个教育、娱乐系统；对于老人的一个呵护系统，以及对于中老年的疗愈系统，同时建议投入一些运营机制，完善运营系统，增强物业管理。

注：由 BCLA 厦门铂宸景观供图。

图 5-34　大唐锦绣世家景观设计（二）

3. 主题概念的楼盘景观

案例：梦境乡村民宿度假酒店。缘起业主儿时与家人邻居小伙伴嬉戏打闹的快乐童年场景，于是带着乡愁回到了他多年未见的家乡。起初只是想恢复重建老宅，为积极响应国家“乡村振兴”战略，主动融入云南省“大滇西旅游环线”等政策；发愿要带领村农一起将儿时记忆的乐园恢复重建以分享予世人。小时候老宅的木屋、灰色的砖瓦、天井里凹凸不平的院落，院落边上那棵经常嬉戏、攀爬的风景树，与家人一起围着火塘烤洋芋的情景，从黑白的记忆中逐步鲜活起来，这些要素在现代的生活方式中逐步打开，记忆的要素与当下的诉求有机融合，营造了一个宁静的家园（见图 5-35）。

4. 回归概念的楼盘景观

案例：匠心归园路设计。

文人喜爱清净雅致的生活环境，而结庐、山居正契合着文人们的理想。人们在大自然栖居，身心都得到放松，还有满满的诗意。江苏南京的“江山大境”，坐落在老山森林公园内，环境宜人，生态优良，其以“山”为主题，将山居意境作为项目的设计主线，打造“饮晨露，看花开，听鸟鸣，感山林雾气蒸腾”的闲适生活场景。园林造景，路的轮廓是曲线的，在景观石和植物的引导与隔离下，园路有序游走，曲径通幽，于林间漫步一般。每一处铺地、植物、景石的材料选用和铺设方式都经过激烈的讨论、画图、沟通及尝试，把每一处细节做到最好，呈现“一径花开一径行”的画面。

整体设计采用绣球、玛格丽特等开花地被，局部景墙边种上景观树，形成丰富细腻的中式植物景观配置。大树采用香樟、乌桕、栾树、朴树营造主体空间，中间花乔结合则采用唯美的八棱海棠和日本晚樱。地下一层设计了一个中庭区，用于采光和休憩。路弯弯，一路上都是花开，和绿草成映，适合的位置上必有一棵适合的树，给人以曲径而通达的体验。

地面上还铺设有玻璃，可以透过玻璃，看到更丰富的景观，视觉上也更加有层次。这里的每一条路，都是这片房屋主人的归家路，所以不仅是设计，还是一种温暖，温暖每颗归家人的心。“陌上花开，可缓缓归矣”，回家的路是最熟悉的路，也是最期待的路，这是属于每个人内心的柔软，在这样的园路上，多么纷杂的心事都会得到缓解，多么扰动的内心都会得到安宁（见图 5-36）。

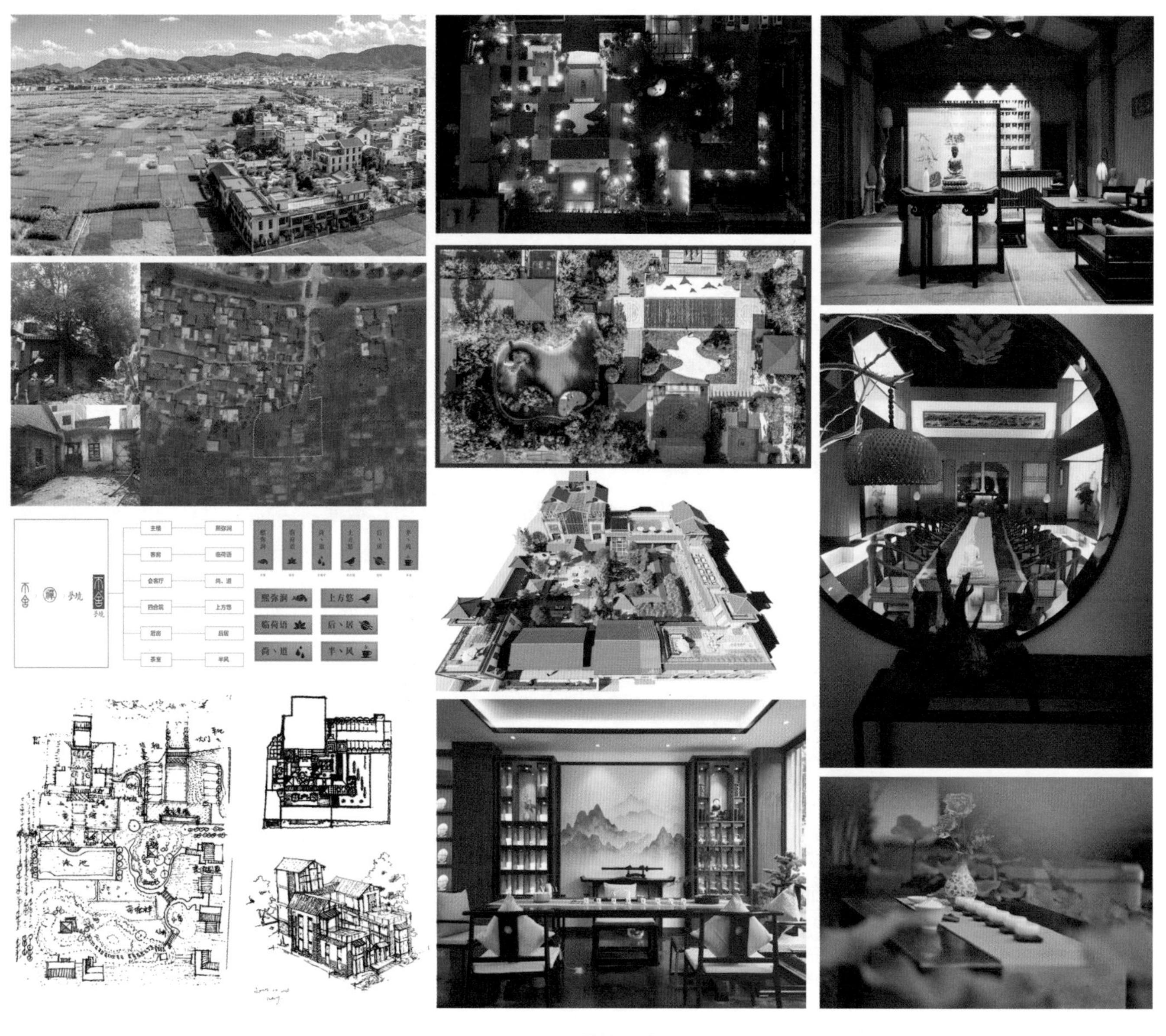

图 5-35　昭通梦境不舍（一）

注：由北京开创时代文旅供图。

图 5-35　昭通梦境不舍（二）

人们对归家路的憧憬和想象潜藏在内心深处，有句诗言：陌上花开，可缓缓归矣，不张扬的盛景相随，身未至而心先抵。

园路是业主每日行经的，虽不起眼却使用频率最高，于不张扬、不动声色间给人以家园的质朴与安稳。每条路，未来都将成为业主们归家的必经之路，饱含设计带来的长久的幸福感、蓬勃的生命力，以及温暖人心的力量。

园林造景路径曲折，利用景石与植物之间的层次与引申，景致一层层铺展开，好似漫步山林。园路最窄宽度为3m左右，如何在这种宽度下打造出曲径通幽效果，着实考验设计师的智慧。

建造过程中，设计师对石材进行现场编码，一块块严丝合缝，组织出蜿蜒曲折的动线，整体宽敞又似林间小路的空间。

图 5-36　主题景观·匠心归园路设计（一）

项目归园路整体设计回应了苏杭园林的设计风格，曲径通幽，宽敞素净，移步异景，灵动延展。

景石的大小、高低、排列方式经过反复锤炼，与植物相互衬托。

一径花开一径行，盈盈楚楚的花绽放了一路，多烦嚣的心境也沉淀下来。设计师采用玛格丽特、绣球花、雏菊等开花地被，局部景墙边点缀造型树，形成完整丰富的中式植物景观配置。

负一层售楼部设计了一个集采光与休憩功能于一体的中庭区，曲径而通达，翠草铺了一路，一颗植株栽在空间之眼，不偏不倚，恰到好处。地面设置了玻璃隔挡，供人们俯瞰景观，丰富视觉层次。

场地设计了复合的功能空间供儿童玩乐，不远处是家长看护区。

注：图片来自“景观帮”。

图 5-36　主题景观·匠心归园路设计（二）

5.5 设计工具的便捷化

随着科技发展，以前需要徒手画的草图、方案图、效果图、施工图，现在都开发出了相应的软件，便捷、高效地表达设计师的方案，并且便于储存、修改，大大改进了园林设计行业的工作效率和管理水平。

5.5.1 软件的便捷化

1. 调查工具

设计师在做设计之前都要做充分的现场调查，除了收集甲方提供的原始资料以外，更多需要到现场去感受并读懂场地的特性，好的设计师一般在感受现场的时候，脑海里就有了初步方案。但是，若是设计面积非常辽阔，需要做区域规划及景观规划时，一个准确、高效的调查工具就显得尤为重要。

传统的调查办法是，借用军事地图以及卫星影像图进行比对，去感受场地的特征，然后再去现场实测，由于面积大，往往实地走下来需要很长时间和精力，而且立体感受并不好，不能更直观地进行传达沟通。随着科技的发达，GIS 技术的成熟，地形的调查与地形图的生成更加准确、高效，再配合现有的无人机的拍摄成图，立体空间感受更加直观，设计师在这样的条件下可以在更加完整、直观的感受下，准确地将设计方案表达出来，并减少实施中的误差。

GIS（Geography Information System）这一以地理空间数据库为基础的计算机技术系统，广泛应用于土地管理、城市规划、环境监测、防灾减灾、工程建设、房地产开发、商业等各个领域。目前，GIS 应用在旅游管理与开发中主要是：一是旅游信息的查询，通过提供详细的信息服务的方式来吸引游客。GIS 可以为游客提供关于旅游地区的各种信息，例如：在旅游交易会、旅行社中运用互联网上的旅游网站，多媒体导游系统中通常是文、声、图都具备的查询系统。二是旅游专题图的制作。GIS 所具有丰富性的文本及图形编辑功能，能够便于相关人员对数据库的更新与维护。GIS 对数据进行储存所选择的方式通常是分层储存，所以它不但可以根据客户的需求进行数据的输出，同时也能进行分层或叠加性专题图的输出。三是信息分析。GIS 拥有强大的空间分析功能，并且已经在城市规划中得到成熟的应用，同时，它也可以在旅游开发决策中得到较为合理的运用。通常情况下是先就地形样貌、地质类型、气候特征、交通状况等与旅游资源的评价图进行合理化的逐级叠加，选择出先期发展的区域，之后对旅游路线进行合理安排，最后再借助 GIS 的缓冲区分析功能，对风景区的潜能及保护区域等进行整体性的确定。

无人机“UAV”。运用远程操控技术，比如：无线电、应用程序、车载电脑等，来全自动或半自动控制无人机的飞行。无人机和不同应用程序的有效链接，是未来的主要发展方向。如今无人机在航拍、农业生产、植物防火防虫观测保护、微型的自拍、快递包裹的运送、自然灾害后的空投救援、野生动植物的观测、传染疾病的远程监控、地理测绘、突发事件的新闻报道、电力巡查和安检、应急救灾、影视剧摄制、气氛营造等不同领域的应用，极大地开拓了其应用场景。无人机与设计行业的结合，可以快速测绘成图，使图纸更加直观、准确。

2. 绘图设计工具

常规平面软件：Adobe Photoshop/Adobe Illustrator/Corel DRAW。

Adobe Photoshop 是目前世界上最好的图像处理软件，在图像处理方面，拥有极为丰富的功能，可以极大满足不同性质的需求。特别值得一提的是其特有的位图处理，可以对位图进行设计及修改，使其在细节上表现十分突出，增加不同的光感、营造不同的视觉效果，不仅能直观表现出设计师的设计意图，也能让相关方直观感受到设计内容，减少了沟通的成本。这些优质特性都是矢量图无法企及的。

Adobe Illustrator 则重在矢量图的制作、排版、编辑，以完美的标准和无限伸缩的特性被专业设计师和插画师所钟爱，多应用于图书、互联网和艺术插画等领域。无论是大型，还是小型的项目，它都能胜任，它所生成的精确线稿，广泛应用于工业生产，效果呈现都恰到好处、分毫不差。

Corel DRAW 重在矢量图的制作，主要用于包装、造型、排版、施工蓝图、效果图等设计制作方面，不仅可以插入图片用于描摹，也可直接利用相关图形进行图像的绘制，可以把创意呈现，并快速交付高品质输出文件。

三维立体软件：AutoCAD/3D Studio Max/Sketchup。

AutoCAD 是专业的绘图软件，有丰富的绘图功能，对线条的把控十分完美和细致，通过相关命令可标准化地呈现结构的图形，将设计内容转化成可以精准施工或制作的图件。AutoCAD 不仅在二维图像绘制方面表现出众，还可以进行三维图像的模型构建。

3D Studio Max，常简称为 3D Max 或 MAX，是主打三维成像的软件，可以用于模型制作及渲染，在建筑、艺术、影视、广告、游戏、教学、可视化等领域备受青睐。在国内，虽然较多的建筑设计师选择 3D Max 进行建筑模型的设计和制作，但把这一软件功能最大限度发挥的还是动画及影视等视频行业。

Sketchup，中文名草图大师，主要用于草图的绘制，可以任随设计师的思路自由、流畅、随性地游走，直观快速地呈现效果，不需要很复杂的操作，就可以很好地展示设计师脑海里的创意内容，初学者画效果图非常方便。

5.5.2 硬件的智能化

1. 绘图电脑的开发

专业的设计师绘图电脑，要求图像显示精细、色彩逼真，内存要足够大，可以调动大量的图像信息资源。对于电脑高配的需求，设计师会不顾一切地先满足。随着技术的发展，这些要求不仅得到了满足，而且更加细致的服务也增加了不少，比如更大的显示器以方便看图、更薄的屏幕及可折叠的操作，方便设计师从各种角度观看与思考，更有可触屏的设计，设计师一边画图一边可以随时放大缩小地观看与修改，及旋转角度进行调整细节，非常智能与体贴。

2. VR 技术的发展

VR（Virtual Reality）虚拟现实技术，是诞生于 20 世纪的一项全新的实用型高科技，其利用电脑程序进行电子信号的计算和传输，营造模拟真实环境的直观影像体验，给人以环境沉浸感。这些影像可以是自然界中实实在在存在的物质，也可以是完全虚拟想象出来的画面呈现。越来越多的人接触并体验到了这门新技术，逐渐对其认可，因为其给人带来的是身临其境的真实感受，常给人以真假难辨的错觉。同时，虚拟现实还能充分调动人的五感，通过电脑信号模拟给人以全方位的体验。最后，其通过超强的仿真系统所实现的人机交互，让人在操作体验过程中，及时得到环境最真实的反馈。正是虚拟现实技术的这种存在感、多维度感知、丰富的交互等特征使它受到了许多人的追捧。

设计师为什么需要 VR？设计师与甲方通常只能用同一种语言进行交流，这种语言叫作“平面图”，阅读平面图需要丰富经验与空间想象力，但这种能力有行业壁垒，即使在设计师内部都有巨大的水平差异，所以甲方看不懂设计师画的图，设计师摸不清甲方的意思，甲方和设计师只能对着一张 CAD 平面图和几张效果图反复讨论、反复修改（见图 5-37），而 VR 技术的出现很好地解决了这个问题，直观可视的效果、身临其境的体验，让表达和交流变得直接明了，困难迎刃而解。

现代软硬件的开发大大促进了园林设计专业的发展

机身尺寸28英寸，屏幕厚度12.5mm，是史上最薄的液晶显示屏。机身屏幕分辨率为4500×3000，像素密度达到192PPI，像素密度比4K电视高63%。Studio整机只有一根外接电源线，冰洁在官网产品打包信息中并未出现常见的“小尾巴”电源适配器。如果你只使用原装或者无线外设，你将拥有整个桌面没有线的良好工作环境。

Surface产品老生常谈的特性，屏幕支持触碰。这款产品可轻易“被推倒”，推倒之后，桌面工作台自然形成，再加上相关软件支持，设计师、绘画师、漫画家、工程师等专业人群可在桌面完成创作，可以直接趴在上面画画。

多种软件的辅助下，设计手段越来越完善，更加能辅助设计师完成方案构思及后期方案的设计。

图5–37　绘图技术及设备不断升级（一）

图 5-37　绘图技术及设备不断升级（二）

5.6 园林设计师的新定位

虽然园林设计大师的终点是相同的，却各自境遇不同，成长路径不同，犹如在爬山过程中有人一步一个台阶自己在实践中不断探索思考调整，最后爬上了设计师的峰顶；有人爬着爬着遇到了缆车，搭上了这样的快捷通道迅速成师，这需要机缘，恰好遇到了大师点拨，也恰好悟到了其中真谛。当然这是两个极端，更多的设计师会在这两者之间有所收获，无论如何殊途同归，最后汇集在峰顶一览众山小。在同一个层次，与业界高手们PK与切磋，引领着这个行业向新的更高更好的方向发展。

园林是一个大融合的专业，对于从业者的综合素质要求极高，这对于园林设计师来说既是机遇，更多的是挑战。园林景观中包含了规划、建筑、土木工程、植物、理水、土壤、动物、生态等各科的知识，如果园林想在城市发展中占主导地位，那么园林规划设计师需要对以上这些专业都有较强的领悟，这样才可以“统领”其他专业，否则易沦为边缘境地。

伴随城市化的进程，环境问题日益突出，人民物质财富逐渐丰盈，人们对于生态绿色的呼声加大，这也正是园林行业大显身手的时候，设计师当内外兼修，全面发展其他专业，既要技术过硬，更需内敛人品。任何一个设计，表面看到的是欣欣向荣的自然山水风貌，而背后折射出规划设计师的思想，这个思想里包含了设计师个人对生活哲理、环境价值、社会关怀等方方面面的思考。

一个成熟的设计师一定是一个懂得生活细节的生活大师，是一个懂得关怀地球的环保主义者，是一个懂得关心他人的爱心人士。具备了这些特性，所设计出来的作品应该是感性的（富有爱与尊重、美与宜人），也是理性的（更方便、人性化，生态可持续）。设计师懂得历史而不止于历史，他有开拓精神，不断推陈出新，在先辈的文化精粹上不断进取，结合时代的演进推出更加精进的作品。

5.6.1 生活大师

设计师对于环境的变化应该非常敏感，懂得园林环境如何更加舒适惬意，且能自如地将环境变化与人的需求结合起来，创造最佳的生活姿势。比如说在阳光充足的云南、海南、广东等地方，遮阳是必备的，这可以促使人们更多地停留在园林中，那么就要测算哪个时段是不需要遮阳的（早上几点以前、下午几点以后），在这个时段，人们是需要阳光的，而在其他时段需要有遮阳措施（甚至纳凉措施），不能搞反，否则再漂亮的园林空间，人们也会避之不及、逃之夭夭。从这个层面上说，从游客在园林中停留时间的长短可以基本判定这个园林设计的成功与否。

生活大师清楚地知道椅子要多高、多宽、靠背曲度多大，对花园家具的人体功效学理解得非常透彻。他还清楚哪里应该设计一汪水池、一线溪涧，可以在午后池边或者溪涧旁的凉亭里神游一下。他更清楚，人体健康需要有运动健身的场地，设置在哪儿，跑道多宽、什么材料做最合适。总之，一个懂得生活的设计师，一定也能让更多人懂得生活，开启幸福生活的源泉。

5.6.2　环保主义者

设计师应该是一个环保主义者，知道如何规划设计可以减少对环境的伤害，尽最大可能利用现有的资源，形成微环境的物质及能量自循环，以保证良性的发展。在规划中采用生态环保理念，设计生态循环系统，开展雨水收集、回收利用；采用渗透性路面保证场地与土壤的呼吸性；通过雨水花园的设计，逐步过滤尘土与污染；建立实现生物多样性的湿地公园系统；利用再生能源，最大限度地满足园区能源的自给自足。

具有环保意识的设计师，从设计开始就已将整个环保理念置入其间，推动地球绿色建设。除了在建设环节的环保节能材料的运用外，在运营过程中也要引导开展环保教育与园区垃圾分类管理，保证园区环境健康宜人，让环保成为所有人的共识。同时引导居民开展菜园开垦与种植，举行园区的农家活动，为居民菜篮子的公益事业提供思路。

5.6.3　爱心人士

爱心人士，总能站在不同年龄、不同性别、不同身体情况去考虑别人的需求，做到时时、事事体贴。爱心人士最清楚这个园林身处何方，都为谁服务，他们有什么需求？他们会反思现有的问题，进行总结并更好地造福社会。

丹麦建筑师扬·盖尔（Jan Gehl）在《交往与空间》一书中就提出：为什么步行街的双向靠背长椅，面对路侧人满为患，而背向路侧则冷冷清清？为什么你走在马路上接连 100 米，旁边是摩天大楼一面水泥涂墙，你觉得厌烦，把衣领竖起来，只想快点走完？为什么人们是如此不愿意走过街天桥以至于经常要跃过围栏？为什么有些广场上总有停留人群，而有些广场空空如也？人在公共空间小憩的时候应该如何？步行的时候应该如何？什么样的距离和第三场景可能产生陌生人间的社交？什么样的空间能产生观看关系？什么样的庭院是让人感觉安全可以让孩子玩耍的庭院？这些问题都是一个具有社会责任感和同理心的设计师不断观察、思考与提出的，并为后面的设计提供经验支持。

爱心人士的设计是人性化的，是关怀备至的，在这样的园区中，你能处处感受到设计师的用心并为之感动，同时你的感动也将化成另一股力量去造福社会。

景观设计师在从事专业过程中，不断体验生活、热爱地球、融合社会，越走越谦卑、越走越柔和，不仅美了世界，更美了自我的心灵，是最美好的人生修行。

5.7 主要参考文献

〔丹麦〕扬·盖尔:《交往与空间》，何人可译，中国建筑工业出版社，2002。

〔英〕杰基尔、〔英〕赫西:《欧洲古典园林建筑艺术与装饰》，韩扬云、李国忠译，中国农业出版社，2002。

刘庭风:《中日古典园林哲学比较》，天津大学出版社，2003。

王根强:《欧洲古典园林的发展及其对现代景观设计的影响》，《园林》2005 年第 9 期。

第六章
园林景观施工精细化发展

随着城市化的发展，园林事业空前蓬勃，注册的园林工程公司上千万家，还有更多的“游击队”设计师，纷纷从苗圃入口、建筑入口、装修入口、甚至绘画入口，加入园林工程行业，可谓遍地开花、多管齐下。但无论怎样努力，施工工艺仍然很难达到设计构思，施工设备及技术始终赶不上建设发展的需要，工程师们始终在追赶着新的要求和标准，永不停歇，总感觉离目标还差那么一点点，跳一跳或许就够上了，然而等待他们的是不断地推陈出新，他们也累过、厌倦过，甚至与设计师、甲方不断争执过，但终究因不舍这个生机无限的行业而继续前行。就这样，虽问题重重，吵吵闹闹，但在快速奔跑追赶中，不断总结，并形成了自己的行业标准，尤其施工过程表现尤为突出。

施工是“真枪实刀”地上“战场”，一旦开工，人力、物力、财力都需跟上，如果赶工期，需要与建筑交叉实施时，更是“短兵相接”，热闹非凡。在有限的时间、有限的空间下，“多军作战”更显专业与统筹水平，园林也在屡次作战积累中逐步形成了自己的实施“套路”，即使战场再混乱不堪，也能理出头绪，在纷杂中有序开展。

按照工作秩序，施工之前有一次以上的设计施工交接会，在这次会议之前，施工团队应该对此次任务进行一次“预习”：根据设计图纸、材料清单，到现场逐一核实，并把不清楚的问题整理好。在交接答疑会上，设计方就施工方疑问一一作答，这里的问题不一定都能立刻解决，有的需要甲方协调处理，并三方签字确认。比如说，设计方是外省的，对本地材料不甚了解，设计了一些不适宜的材料，那么就需要三方协商解决方案。当然一次解答是不够的，随着施工进度的深入，可能还有更多细节的问题，设计方将会派代表到现场进行处理。

随着社会对景观多样性的需求提高，园林行业对于建设材料的要求日趋生态化与多样化，对于施工流程的标准化、施工过程的细节精细化以及施工管理的模块化，都有了不断的完善与扩充，整个行业逐步规范了起来。

6.1 施工流程的标准化

复杂的园林施工一般都有明线和暗线。明线就是施工现场的流程秩序，暗线就是配合明线的材料采购、人事安排与设备协调等。每个流程都逐步标准化。

6.1.1 明线的施工流程

1. 放线

放线是所有园林工程的第一道工序，匹配的图纸也是放线图，这张图纸主要采用坐标、方格网等参考方式，对现场进行定位，并准确地把设计元素从图纸上“下载”到土地上。放线，就清楚哪里是山、哪里是水、哪里是路，通过放线，基本能鸟瞰园区，知道坐标位置。施工放线核心是找准放线关键点，由于园林的放线大部分不规则，所以现场放线负责人一定是一位非常懂园林景观的专业人士，不在方格网节点的位置，全凭现场把控，最终的作品是否流畅顺滑，就看放线的水平了（见图 6–1）。

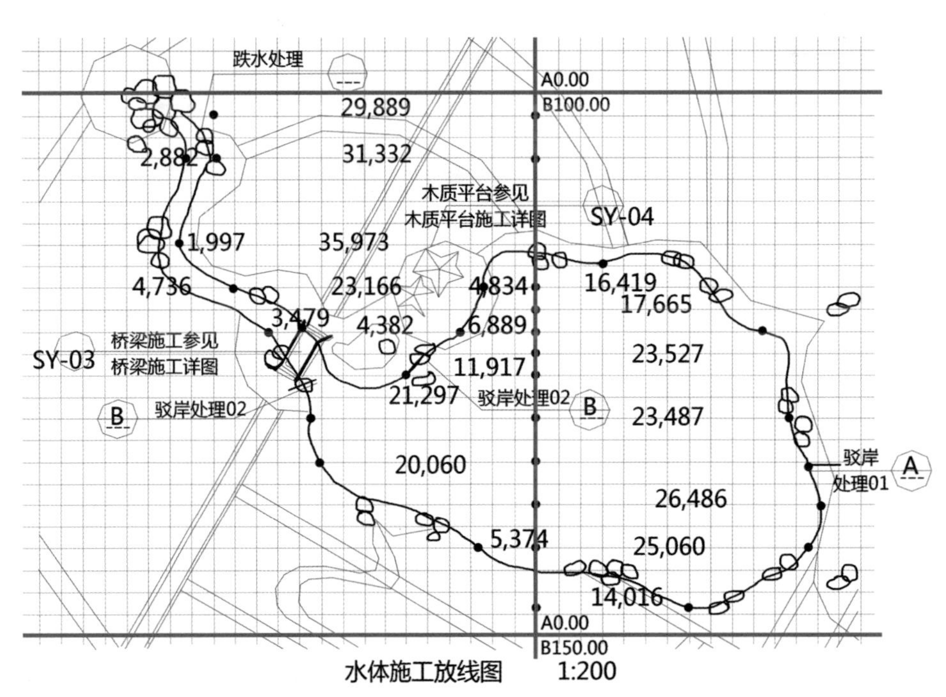

图 6–1 施工放线示意

好的放线作品：平面线条流畅、立面地形起伏平滑，可以创造模拟自然的佳品。放线根据进度分成不同层次：第一层是总体轮廓，包括路面、水面、绿地的边界；第二层是地形；第三层是局部轮廓，包括路面中建筑边界、水面中小岛或构筑物边界、绿地中构筑物边界；最后一层是构筑物放线及绿化植物放线。

2. 土方工程

土方工程是景观工程的第一关，土方的地形处理是景观的难点和重点，地形处理在未通过验收前不得进行苗木种植（见图 6–2）。

1.标高土方平衡测绘

2.场地清理、弹线放样

3.砖胎模搭建

4.铺设排水管沟及
滤水层土方整平、压实

5.铺设滤水层
（砾石、陶粒或卵石）

6.铺设无纺布

7.景观总平面放样地形
营造轻质材料填充

8.土方加封

图 6–2　土方工程施工基本流程示意

3. 基础

基础的流程有施工准备—基层开挖—基础夯实—钢筋绑扎—混凝土浇筑等，每个环节环环相扣、井井有条（见图 6–3）。

图 6-3　基础施工基本流程

4. 铺装

铺装的流程根据面层不同有些微的差异，木地板安装：放样—基层找平抹光—木龙骨安装—木地板安装；石材（瓷砖）安装：放样—素土夯实—碎石找平—混凝土—石材面（瓷砖）；塑胶地板安装：石材边界铺设—刷聚氨酯胶水—铺设树胶基质—刷聚氨酯胶水—刷面漆（见图 6-4）。

图 6-4　铺装施工基本流程

5. 构筑物

对构筑物的施工，进行质量把控的流程包括以下内容：设计方与施工方专项图纸交底、施工现场定位、放样、基础或骨架施工、面层施工等（见图 6–5）。

图 6–5 构筑物施工基本流程

A. 景观小品搭模

景观小品从图纸到最终作品需要经历：倒模—模型实景测试—细节修改—图纸修改—细节打磨—定稿。

B. 景观亭廊

景观亭廊是园林中较大型的构筑物，整个流程也更加繁杂一些：现场基础搭模—亭柱搭模—亭结构搭模—亭石材柱吊装—亭顶部支模—亭顶部干挂龙骨施工—亭顶部石材干挂—亭顶部石膏吊顶—成品。这是石亭的做法，木亭的做法除了石材吊挂以外其他做法基本一致，将石材部分换成木材，并附有不同木结构亭廊的具体实施办法（见图 6–6）。

图 6-6　景观亭廊施工基本流程

C. 水景

水景分成流动的叠水、瀑布及静态的水池、水潭，叠水、瀑布的做法需要配备抽水泵，将水通过气压提升到叠水的顶部蓄水池，通过落差流下至水池，往复循环，形成动态的水景观。而静态的水池根据需要包括生态型水池与游泳池。前者池底是淤泥构成，结合水生植物形成生态景观，后者结合严格的工程流程形成干净利落的游泳池。水池的处理，关键在于防水层的处理，再结合净水系统，可以持续不断地提供清洁优美的水景（见图 6-7）。

图 6–7　水景施工基本流程

6. 植物

植物是园林中唯一有生命的元素，因此从采购到栽植整个过程，都需要随时考虑其生命特点，要不断地进行呵护，防止植物中途死亡或影响后期的健康生长。整个过程包括：号苗—土球包装—吊运—栽植现场种植池准备—种植—养护管理，如果是草花及草坪，则需要近距离运输，谨防脱水致死（见图 6–8、图 6–9）。

图 6–8　大树栽植流程

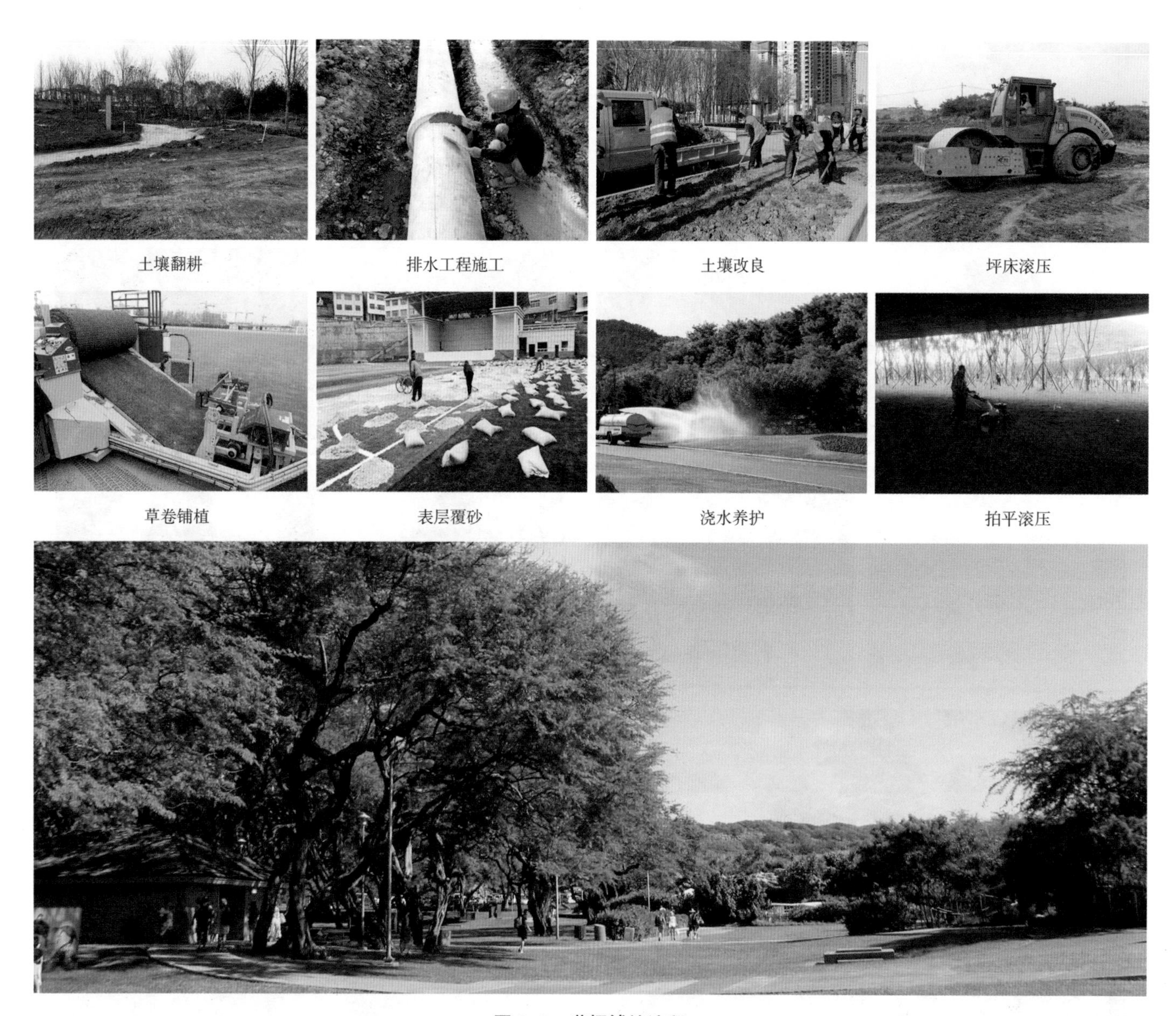

图 6–9　草坪铺植流程

7. 设施安装

基础设施一般会顺着道路进行铺设，重点景观及出入口、危险地带处会有灯光装饰及提醒。因此，在施工道路铺装时，要预留电线的铺设。在植物栽植完成后，最后一道工序就是安装灯管、园灯及园林中的景观小品。

8. 养护

对于施工完成的景观，需要安排精细化养护：对于刚施工完成的构筑物由于各种施工界面还有些尖锐的留痕，需要及时进行处理与保养，让园区的构筑物温润宜人；对于刚栽植完成的植物，更是需要细心呵护与浇灌，刚移植的大树根系还没有稳定，需要及时养护，尽快落地生根。

6.1.2 暗线的施工流程

（1）配合放线过程，土方以及设备的准备。

（2）开挖基础设备的准备与调度。

（3）地面铺装材料的比对与材料的采购。

（4）构筑物材料的购买及设备的准备。

（5）植物采购、吊装及运输，设备准备。

（6）基础设施电线、灯具的采购。

（7）养护团队的培训，要及时到位。

6.2 施工细节的精细化

6.2.1 土方工程

（1）施工方核对景观土方工程高程平面与乔木种植图的关系，分析乔木与土建空间的相互关系，了解硬质空间与软质空间的藏与露、开与合，据此对设计与施工双方进行交底。

（2）施工方应严格按照图纸所标高程进行实地放样，根据图中的坡顶标高、坡长、谷底标高、坡脊线进行检查核对，结合对整个空间的理解，对地形的坡度进行适度调整，做到地形因地制宜、高低起伏、坡脊线变化多端，坡形过渡自然。

（3）地形固定后，为维护原有地形的自然坡度，在乔木种植完成后，对铺设草皮的坪床地形进行精细整形，按照 20cm 一条等高线进行调整。

（4）草坪完成后，对整个空间地形从远及近、从不同角度进行微调，做到空间自然、细节精细、地形平滑。

6.2.2 基础

在开挖基础前，施工方与设计方做好技术交底，施工方在动土之前做好复核基础中心线、方向和高度。结合现场情况，按地质水文资料，决定支护方案、开挖坡度以及地面的排水、防水措施。

6.2.3 铺装

施工前核对施工图纸，对地面施工的结构图进行分析与确认，做到每个环节按照标准完工，确保整个路面完工后可抵御雨水漏陷。铺装工艺的控制包含：基层质量控制、铺装分割放样控制、铺装的工艺及成品保护，每个工艺严格按照施工流程与标准执行。道路高差控制是基层质量的根本保证，特别要关注道路侧石与道路面层厚度，不同路面厚度认真控制：包括沥青路面与铺装路面的面层厚度控制，铺装走边与中间部分面层厚度及坡度设置。对铺装材料的质量等级、抗压强度、抗污能力、颜色差异、材料质感、加工形成的误差，以及异形材料的制作精度进行严格控制。

6.2.4 构筑物

（1）专项图纸交底：设计方与施工方针对重要节点做专项图纸交底。

（2）定位、放样：对景观建筑构筑物按照放线图进行准确定位及放样，并交叉检查复核，检查定位、标高等，确认后及时做好标识标记。

（3）基础或骨架施工：检查构筑物基层或骨架材料的材质、规格、色泽、质感是否符合设计和规范要求，材料的各项配比是否符合设计要求。

（4）面层施工：面层施工前须完成各项材料的进场验收工作，面层施工的工艺需要严格按照施工规范进行。

6.2.5 植物

（1）苗木种植前，对图纸植物空间需要充分理解，并按图纸植物分布先行放样，按照上木—中木—下木—灌木—草本—草坪结构次序进行放样。上木（大乔木）根据植物配置图最好不要形成等边三角形关系，不同的乔木群之间应存在关联。

（2）中木（亚乔木）放样时，可根据现场情况做出适当调整，原则上不能弱化上木（乔木）的关联，亚乔木应处在正常视野高度内，可根据空间的张弛、轴线的开合，以及实际苗木尺寸来调整亚乔木的位置和数量。

（3）灌木放样时要结合现场灌木与乔木或亚乔木的关联，进行株形及位置的适当调整，同时灌木要起到对亚乔木的边角柔化作用。

（4）草花及草坪的栽植或铺设，要注意与灌木的距离、高度与色彩搭配关系，注意装饰根部处理。

6.2.6 设施安装

（1）设施安装的线路应提前在道路一侧有所预留，室外综合管线图纸、景观设施设备图纸和景观施工总图应叠加于同一图纸上，仔细核对每一处雨污水管线、井位、构筑物、设施设备等设置是否合理。

（2）按照图纸将配电箱、绿化井盖、背景音乐设施尽量设置在隐蔽的位置，如果现场其他景观有所调整，这些设施也应随之进行调整。阀门井等设置在易于操作、便于维修的位置。地表排水系统需根据雨水箅子的定位情况，就近接入市政管道。

（3）灯具安装前应核对图纸各种灯具类别与型号，完成安装后应在夜间进行亮灯调试，邀请景观设计单位、照明设计单位、物管公司、项目公司工程部等相关人员，分别进行不同设计模式的亮灯测试。照明对景观的夜视有强化效果，这就要求灯光的层次要分明，重点亮化景观节点。

灯光设计时要考虑照明的优先级和层次，如小园路不宜由草坪灯照明；树冠照明应起到区域照明效果；水边植物的照明要形成水中倒影。基本上，照明的亮度要柔和，这样才能突出重点，形成立体景观效果；在入口、台阶、水边等位置应配置安全性照明，起警示作用。灯光还要注意冷暖配置，近地面及视线内宜采用暖光源，对于视线外部分宜采用冷光源或带滤蓝光的金卤灯。

6.2.7 养护

（1）在苗木进场前，项目景观工程管理人员应督促施工单位及时做好养护人员安排和养护材料准备工作；

（2）树木在挖掘前可适当进行修剪，以减少蒸发量，树木运到种植地要进行定形修剪，摘除部分树叶；

（3）植物修剪应符合设计要求并维持自然轮廓，乔木的主尖应予以留存，不得抹头修剪，因特殊需要重剪的乔木需保留三级自然分叉以上。

6.3 施工管理的模块化

在施工环节中，可以看出一个完美的施工需要不同团队模块的完美配合。项目总工是各施工模块的综合协调者。这些施工管理模块包括了采购、工程现场管理、设备调度、施工团队、后勤保障。每个模块相互配合，形成高效、协调的作战部队，才可能啃下一个个难以咀嚼的“硬骨头”。

6.3.1 采购模块

园林与建筑最大的区别在于植物采购，不管设计师如何规定植物的规格，同一个品种同一个规格的植物仍然大相径庭，为了保证高品质的景观效果，就需要采购模块在场地以外高效地领悟与配合。对于园林工程公司来说，这一块操作得好就是名利双收。因此，采购模块往往行走在大地山野，用他们精准敏锐的眼光选定造型优美而价格友好的植物，这样的植物往往可以决定园林景观的成与败。因此，一个成熟的园林工程公司一定会有一批这样的采购团队游走在乡野之间。当然，由于行业越分越细，这个工作现在大部分被苗圃经营者代替了。

采购模块，要求从业者懂得园林植物景观方案，对于植物形态美有独到的认知，对于植物成活率等特性有很深的认识，对于植物后期的栽植与管理较为熟悉，可以很好地领悟设计方案、配合施工现场人员完成现场的景观施工。

6.3.2 现场管理模块

现场管理模块的团队是直接驾驭设计方案的人员，应是园林专业人员。其对现场场地的认知感强，能综合各种景观要素成景，关键是在出现突发事件时，现场应变能力强，可以很好地协调现场各工种之间的矛盾，化杂乱为条理。

现场管理模块人员要求理性、冷静，面临错综复杂的工程问题、人情问题，能够应付自如。现场管理模块包括了项目经理、各工种负责人（苗木、水电、土建、构筑物）、资料员等。

项目经理是协调各工种协同配合工作、组织施工进度与监督执行施工流程的工程负责人。各工种负责人分别牵头对应工种的材料进场与实施，需要在项目经理的指导下完成与其他工种的配合。资料员，是一个非常重要的岗位，需要每天把施工进展类别、数量与质量等数据与影像图进行收集与整理，最终绘制成结算的附件及依据，资料员在配合各工种工作进展中的统计工作以外，还负责向项目经理进行汇报与呈报材料。

6.3.3 设备调度模块

园林施工中的设备包括了挖机、吊机、碾压机、运输车辆等，这些设备将配合园林施工过程中土方的挖掘、植物的吊装、场地的夯实以及材料的运输。这些设备需要专门有团队进行调度或者租赁，以配合现场的进度，设备调度模块在项目经理的安排下安排设备的进场及工作。

6.3.4 施工团队模块

这个模块包含了工程施工与养护，是一个承前启后的过程，好的园林景观离不开这两个模块的合作。工程施工模块（尤其是植物栽植）与养护模块相辅相成，植物栽植得合理，养护管理就得心应手。而养护模块可以修正施工模块遗留的缺陷，比如草皮铺设与道路之间的缝隙处理，构筑物水泥留边的问题，都可以在养护过程中进行调整，修正这些瑕疵。

总之，园林施工随着城市的建设，尤其房地产的发展逐步规范起来，向着精细化、流程化方向发展。同时，由于现在的园林景观越来越丰富，人们的要求越来越高，园林施工也在不断完善的标准基础上融合与扩容，以开放的心态不断增加新的施工手段、技术，并在解决综合复杂问题时以创新思维邀请更多的其他行业一起探讨并发现更加实用的措施、方法，将园林施工从专业实施转化成专业主导、全社会参与的美好过程。

第七章
植物设计—施工—采购—管控的系统发展

7.1 植物设计—施工—材料采购—业主管控的现状

植物是景观空间构成的最大要素，也是当下景观设计及施工中最大的短板。从上游到下游、在实施的不同阶段，绿化在整个产业链的各个环节，都面临着很多问题及痛点。很多失败的景观案例都是由于围绕绿化设计图纸而产生分歧，分歧没能得到系统的思考，也没有得到有效的协调解决，而最后造成失败。

7.1.1 植物设计师门槛低

图纸出自设计师，理所当然，图纸问题源头出在设计师。那么，什么人可以画绿化设计图？专业水平的门槛在哪里？

城市化进程中大量的园林建设需求，催生了许多植物设计师，这些设计师在没有经过系统的现场实践经验的基础上，就赶着上场负责设计项目，导致许多设计师只停留在平面布局及植物材料的理论认识上，没有苗圃的现场经验，很难想象出自己设计的绿化方案会产生怎样的空间效果。简单来说，面对自己绘制的图纸，设计师本人有时候都说不清楚为何在此地用此植物。

在实施过程中，设计师面临成本超标时，往往通过修改苗木表中的品种轻率了事。即便水平如此，并不影响设计师在当下滥竽充数的行业中找到一份工作。即使最后设计的图纸在现场被改得千疮百孔而设计师全然不知，图纸在一些工程中往往成了摆设。

7.1.2 设计的图纸与施工、管理方的距离差距

作为施工单位及业主方，如何读懂抽象的黑白平面的施工图纸？业主方、设计方、施工方对不同阶段绿化

的施工管控，应该审视哪些问题？

业主方与施工方面对抽象的绿化平面“圈圈图”，困惑而提不出什么问题，只能对具体的植物品种发表主观的见地。绿化图纸如此难以领会，而大部分施工人员由于没有经过系统化的训练，往往更不知所措。

而更严重的是，国家也没有绿化行业具体量化的规范及评判标准，这样导致图纸仅用来做成本预算。由于图纸三方沟通得不彻底，经常发生施工不到一半就出现了各种问题，这时候不知道按图还是不按图继续推进下去，如果推倒重来，耽误工期、影响效果、浪费成本。

7.1.3 施工现场的混乱，导致成本超支、效果打折

设计师、施工方对于成本、进度等缺乏综合考虑，会导致预期效果及成本的管控失控。主要体现在三个方面：一是设计方案与现场不符。如果设计方不尊重现场情况，在施工工期十分紧迫的情况下，设计方的调整方案迟迟拿不出来，业主方的工程变更流程更迟迟出不来，而工期耽误带来的成本剧增无法得到业主方确认，在这种情况下，施工单位往往不等方案变更，而是凭着自己的理解，先种完再说，由此导致景观效果不理想，成本被突破。二是施工流程不完善。施工方缺乏管理经验，对现场管理流程不熟悉，施工现场管理混乱，不同工序交叉，实施效果自然不可言喻，结算成本被突破是再正常不过的事了。三是图纸认识不统一。植物景观本身是一个弹性非常大的因素，审美因人而异，如果恰巧植物设计图纸实用性不强，全凭施工方现场指挥，在施工方经验不足的情况下，必然导致实施结果与图纸大相径庭，效果与理想相去甚远。

总之，设计方案与现场不符、图纸认识不统一、施工流程不完善，多花了钱效果却不理想，甚至推倒整改，是大概率的事情。

7.1.4 成本管控的难题

绿化是施工单位利润的大头，也意味着是开发单位成本控制的重点。成本管控下如果死板按图施工，没有根据现场二次优化设计，绿化效果往往不理想。如果主观调整优化，那动态成本如何跟踪才能保证结算不超标？

绿化施工具有不确定性，图纸与现场有很多不一样，按图效果不一定好；不按图施工，成本又无法把控。业主方的过程管控做法各不相同，最后往往结算成本会变化很大。设计变更如何出，什么时候出？保证调整现场不突破成本是重点。

7.1.5 苗圃行业的尴尬

种苗人一边困惑未来绿化什么才能盈利，另一边业主方及设计方却认为好苗不好找，品种的选择范围越来越小。

一方面，绿化苗圃人缺乏对未来材料的判断，不了解未来品种的趋势，导致无法生产出设计师想要的品种及造型，让设计效果打折。另一方面，设计师不了解苗木成本及习性，不清楚场地设计中植物的生态位、土壤、阳光小气候等，没有仔细研究过植物最优配置，导致按照图纸设计的苗木方案无法实施。

7.1.6 产业链的合作

不同于国外绿化行业或国内装修行业，国内绿化景观的设计、施工、采购、养护等绿化垂直产业链的合作方，缺乏沟通机制，相互之间不理解、不合作、不接力，最后往往浪费成本、影响工期，效果还不佳。

所以，常有个奇怪的现象，如果你私下问业主方、设计方或施工单位，施工绿化调整与图纸设计哪个做得更好，几方有没有合作优化？设计单位与施工单位往往都心怀不满。设计方说“没按图施工，现场乱来”，施工方说“不熟悉苗源现状及成本，图纸都是问题，还不来现场了解情况，能做得好吗”？同时，业主方跟设计单位往往也是暗中埋怨相互不支持对方的工作成果。

绿化产业链不合作的陋习，严重阻碍了绿化行业的交流及发展，最后的结果是设计师失落于自己图纸的无用而丢失了设计的积极性，丧失了从苗圃学习苗木知识的动力，也得不到使用人群对设计绿化的反馈。若遇到有现场能力的业主管理方，最后没有办法时也只能秒变工程师现场指挥。而更多的业主方臆想靠设计师或施工单位解决问题；有经验的施工单位能做表象上的造景，但抓小节点往往失去了建造、功能、生态、主题等大局。

最后结算时，强势方变回到业主方及设计院时，变更签证的依据模糊，施工单位往往哑巴吃黄连。产业链上设计、施工、业主应该的合作，变成各阵营情商与智商的大比拼。因为设计师没有话语权，从而产业链的下游苗圃人看不清其主导的趋势。从上游到下游大家把各自困在井里，试图以个人之力解决问题。

实际上，绿化景观的完善却像产业链上 400 米接力跑，从设计到施工、材料、管理，每段跑百米，跑完才能拿到高分。高分不仅指的是效果，也是高效的施工效率与设计多需求的平衡；不仅是一次投入成本与日后维护成本的平衡，也是效果与未来场景的平衡；不仅是植物与人的平衡，也是美观与气场的平衡；不仅是国人审美与大界见识的平衡，也是小我情节与未来环境气候的平衡……（见图 7–1）

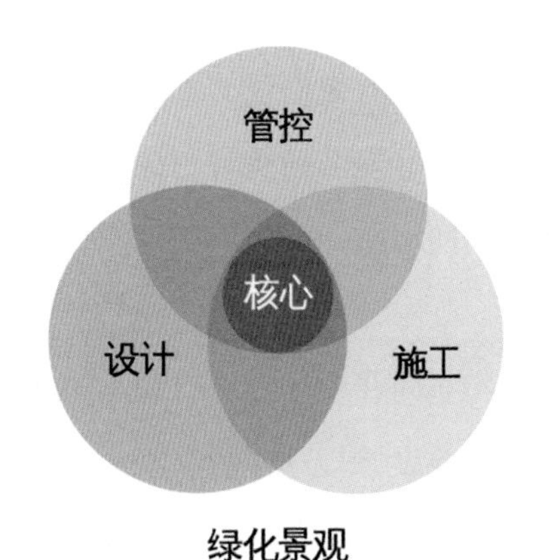

图 7-1 设计—施工—管控关系示意

7.2 绿化景观垂直系统解决方法的思考

7.2.1 设计阶段

绿化景观的设计整体提高需从如下方面进行优化。

1. 突破性

绿化设计应突破空间、品种一把抓的错误常规流程。现阶段缺少一张由建造方案设计师完成的植物细部空间图，用植物的屏蔽高度来做空间界定建造。

高低空间竖向对应的图纸往往是现场二次优化的重要依据，其摆脱对预期品种的过度依赖，为后续的品种选择提供更多的调整可能，涉及品种的形态色彩质感的调整不影响场景空间建造大方向。所以，植物树冠大小形成的建造空间图最为重要，但是现实中这张图是缺失的。

方案设计师认为植物仅仅是搭配观赏，设计方案时没有考虑每棵植物的建造功能；而植物设计师往往不再用建造思维来细化品种位置承接上游方案空间。缺失的这张植物细部空间图，导致方案设计细化到植物设计的时候没有了依据，现场调整也缺少了依据。

绿化设计需突破随意性及主观性，设计强调通过逻辑分析解决问题，把更多的要求作为条件引入，通过交叉推演出设计的结果。越多的设计要求，越容易形成共鸣的设计成果。绿化设计需避免太多的个人认知。实际上，景观不是艺术品，设计师要解决的问题往往在逻辑分析后，水到渠成得到最终的解决方案。

绿化设计需突破设计图纸格式及时间分配的低效。仅“圈圈”的平面图影响了上下游对设计的理解，也阻碍了设计师对场景的直观感知，同时也失去指导现场的直观图像工具。养成绘制对应的立面或透视草图是绿化设计师的良好习惯，而且立面场景是植物空间构造，应放入施工图中做示意图，方便产业链人员对绿化设计的理解。

另外，考虑到大小高低树冠组成的植物空间在现场最没有理由被改变，所以建议设计师把更多的时间用于做绿化空间建造，用方案能力来完成绿化场景设计，这样的图纸为以后的现场优化指导提供了不局限于图纸规定品种的选择模式，为后续“好、快、省”打下优良基础。

2. 创造性

不能按照常规的图纸来表达，需建立全新绿化设计体系，辅助解决设计上的二维到三维、从空间到体验的难题，需要更多的竖向图纸进行补充示意，也可通过 CAD 的尺寸来进行辅助控制。

另外，建立能同时向多人反馈修改的设计图像模块，并通过评估积累形成优化的指导标准，绿化设计就有了标准模块库。之后，在标准的直观图像库平台上，实现不同相关方（设计方、施工方、业主方等）不同阶段（勘察、设计、施工、管护等）的协同、标准化和可视化作业，从而有效避免原来分散、平面和随机作业方式下极易出现的设计误差、施工偏差和管护盲区。在标准模块库的指导文件下，设计质量不再过多依赖设计师的能力水平来控制，设计水平稳定性得到有效保证。同时，绿化景观直观呈现，让各方对设计的理解变得直接简单，也有助于现场施工优化调整。

3. 系统性

设计流程、要点与格式应相辅相成，按照正确的先空间后品种流程，自然生成图纸格式作为最后呈现，也方便现场施工调整的使用。

设计与施工中的流程、关键点、技巧点应一致。现实中施工现场调整经常过度否定图纸，从而使得前端设计前功尽弃，为后续合作及结算也埋下了隐患。或者设计的场景描述过于二维化，而现场工程师的描述主观笼统，听起来好似难以相通。如果能全部收集梳理设计师、工程师等各类人群的做法，从深层次的原理追溯这些内容，其实是可以互补并归纳的。

设计师应更多学习现场工程师的所见所得的熟练度，组团场景一次性成型的专注度，学习他们对植物品种生态位的熟知等。而现场工程师也应从大局出发，不仅考虑某角度的观赏，而应更关注生态需要，更多的人性功能等需求。补长取短，使得设计与施工现场变成接力跑的分段，相互合作补位，最后效果一定不差。景观人的专业核心能力就是设计与建造一体化，任何仅强调单阶段方位的成果都是短见的表现。

控制效果时必须控制成本，更需要随机应变保工期。绿化工程作为最后一段工序有各种不确定性，总是那么无序及无奈。按照比较方便的如现有到场苗木材料来应对紧张工期，也是必备能力之一。

结果导向固然很有效率，但如果设计师及业主方仅仅看最终效果，而忽视了绿化现场过程冲锋陷阵时的挣扎与妥协，是不全面的理解。设计师如果不身临现场，从第二段接力跑上拿分，其个人专业能力锻炼也非常有限。

所以，图纸应为后续的施工提供便利及调整空间，这是设计的重要任务。虽然我们强调设计图纸从逻辑出发，每个步骤都需推敲到具体品种及位置，但在施工过程中有着极端工期的限制下，做到有计划性是一件很难的事，而苗木形态、品种、成本的波动更加大了按图施工的难度。同时考虑效果、成本与工期，把握“好、快、省”的平衡，是绿化人更多面能力的表现，也是对智商、情商的考验。

4. 落地务实性

图纸必须落地。设计应为落地做后续预留，并持续把关注空间作为首要任务，而不是仅考虑品种，这样的设计为后续施工提供了更多可能的品种调整。如多预留几个备选品种，采用当地最常规的品种规格等。

而最终的图纸落地实施完成后，需进行效果评估、整理数据及施工经验做法，反馈到设计中进行下一轮提升，形成数据库。

5. 多向平衡性

绿化设计师应根据不同项目特点综合考虑，需平衡一系列的设计及社会问题，如平衡图纸美观、设计效果及落地性；平衡出图、修改的时间效率；平衡效果、成本、紧工期；平衡植物、人乃至生物的生境需求；平衡植物的即时效果、生长空间延展；平衡生态不破坏与建设有成就；还需平衡因人而异的审美；平衡产业链上上下游诉求……

规划侧重效益最大化，设计师侧重考虑效果，施工方侧重利润，苗木方侧重种植难度，社区业主侧重功能，物业侧重维护成本，而作为甲方业主什么都要考虑。这些诉求如果得不到满足，那最终绿化景观的接力跑将难以持续。五年之后的社区与最初绿化规划经常有很大的不同，原因可能在此。

6. 有延续建造性能力

完成方案图纸之后，绿化设计工作方才开始。植物设计师必须正面应对施工现场的不可预测性及不确定性：在现场解决场地与设计图纸不匹配、苗木质量不能完全满足图纸要求、工期紧张、现场施工无序、界面完全不能按计划移交等复杂多变的情况下，如何把控工期、保成本、出效果？

园林现场工程师，可利用现场经验及场景的营造方式来控制观赏场景，可利用逆向图纸能力解决与设计不完全符合的问题，利用现场可到的苗木进行搭配调整。这时最初的植物空间细化设计图纸是重要依据。有时还可采用类似食材采购的方式，结合经验大数据或当地现有的苗木，把苗木信息表先完成，再结合这些数据反过来设计图纸。另外，关于绿化施工工艺的控制，可用业内工艺细节标准要求，达成现场营造的精致度等。

总之，若仅回到绿化设计本源，需找到一个有突破、高效、有逻辑的体系构建，具有科学性、归纳性，具有系统的梳理性，达成设计推演、落地、成本、工期的平衡，达成产业链上下游的顺利合作，把项目做好，也让行业走出一条崭新的合作之路。

7.2.2 绿化施工实施中的二次优化

1. 设计师与工程师重新归位

设计师的优势在于统筹平面考虑整体诉求，考虑多方问题；设计师的痛点在于，平面与场景的空间思维转换复杂，自身景观体验经历不足。现场工程师的优势在于即看即得，身临其境体会真实，做观赏景观经验丰富；而现场工程师的问题在于缺少多维度考虑，典型的表现是难以把握大尺度现场搭配。设计师熟悉的场景，常用鸟瞰图表现。工程师主控场景，常用平面照片来表现。

2. 植物景观结果界定标准

在现场工程师看来，植物景观最终呈现：结构简明，层次富厚，移步换景；主题浅显，内涵深刻；常见的材料，耳目一新的设计；抽象画般，仿佛一眼就看完，却似乎一辈子体会不尽。

3. 绿化施工中种植模式的应用

模式就是把解决特定门类问题的办法归纳至一定高度的理论化。按照大小尺度有两类模式。大尺度模式：如各类应用（地产、乡村、公园、庭院、花境等）；小尺度模式：如入口位，各类活动场地，宅旁、水边等。按照绿化类型来分，有孤植、对植、列植、丛植、多层组团、林下空间等模式。

了解植物某些特定位置的常见搭配形式，有助于现场快速熟练反馈进行二次的优化调整。大数据的案例可建成若干直观模块库，包括立面、平面及意向图等说明。标准植物模块库可从位置及植物类型两条纵横线进行归类。

这些直观的绿化模式可在设计前期，让施工方与甲方及早从不同角度介入，保证最终完工之后绿化空间形态无过大偏差，从而从方案到植物施工图保持至少空间建造的一致，加快效率，也增加了施工现场中设计落地吻合度，从而把设计师及工程师的现场能力叠加到图纸上进行提升。

4. 设计与施工的一致流程

植物设计与施工三部曲。

第一步，空间节奏确认。通过分析开合关系，得出哪些地方种植绿化，哪些地方不种，即确定空间类型。简单来说，由草坪线及林缘线决定的敞开种植草坪空间在哪里。

第二步，种植的类型与硬景关系选择。是一体化还是互补关系，决定植物该用规则做法还是自然组团的做法。种植类型包括规则、夹道、自然组团、疏林草地等。

第三步，构成视觉艺术。最后在节点、对景位置做爆点。做观赏美照有两个要素，其一，构图与色彩；其二，空间秩序，即选择场景中的主角色。视觉景观，即画面感。从画家的思维来呈现，画面感包括构图及色彩。对摄影师来说，包括空间感及主配角的呈现。

如何把景观场景做好，诀窍之一就是从观赏者的角度，以人流走线的视觉焦点位置进行层次布局。现场施工也可以通过拍照的方式，屏蔽其他干扰，专注于所见所得的场景相片，并对构图及色彩进行研究，就较容易做画面感。

做场景可简单归纳为：先围合空间，后确定主角。无围加围，有围加主，有主加衣。植物造景的构图与美术中场景绘画的构图殊途同归。

不过，园林适合动态体验，引导行为及情绪的变化。所以，除了做好相片之外，还需要协调整体性。

5. 植物施工的两个顺序

现场植物二次设计及施工确认搭配操作步骤：梳理空间序列—确定空间主题—选择空间形式—分析确定主视角—对节点组景—节点间过渡处理—天际线审核—林缘线框定—常绿落叶比例校对。

在统一平衡时注意习性、层次、色彩、季相、对比、节奏、韵律、统一、均衡及风水原则。然后，根据以上的平衡采取其他填充植物素材补充、并以草坪等地被植物铺设做最后的平衡处理。

软景植物种植的工序安排。

方法一：（按图施工）即根据设计图纸进行施工，流程为：首先是上层，大乔木优先，然后是小乔木；接着是中层，先种植大灌木，然后是球类和色叶小小乔木；再接着是下层，先平整土方，然后种植地被及草坪。

方法二：（现场控制）即根据图纸设计大致苗木量和品种实施，实施过程中的具体苗木品种和规格在不改变总体成本的基础上可适当微调，而苗木的种植位置可根据现场实际进行搭配，其施工流程更细，具体如下：先是落叶大乔木（点睛树），然后是常绿大乔木，再后是（林缘线确定）球类，接着到常绿大灌木，再接着是过渡性小乔木和色叶小小乔木，再往后是平整土方，最后是种植地被和草坪。

6. 植物现场搭配常见问题处理

除了绿化品种形状不能满足要求、或临时障碍需优化之外，基本上绿化搭配现场的常见问题就是太散或太乱。无论设计还是施工，都应遵循先做少、做规则，少了后加多的原则。树少不担心，树多要干净。

针对现场如何做得丰富又不乱的问题，如下五原则可解决。空间原则：疏密有致，适当留白；立面原则：前低后高，越高越长，越高越少；平面原则：统一呼应及聚拢原则；形状质感色彩原则：整体协调，对景突出；上下木关系原则：逻辑清楚。

“如何丰富又不乱”这个问题回到本质，就是多样与统一原则。植物多样统一是把不同类型、高矮、质感、色彩、大小的植物有序组织，为达到同一个目标（景观效果）通过空间的有效组织而形成统一的效果、有序的景致、丰富的层次、多彩的内容，在统一中有变化、在丰富中有秩序，完整而多样（见图 7–2）。

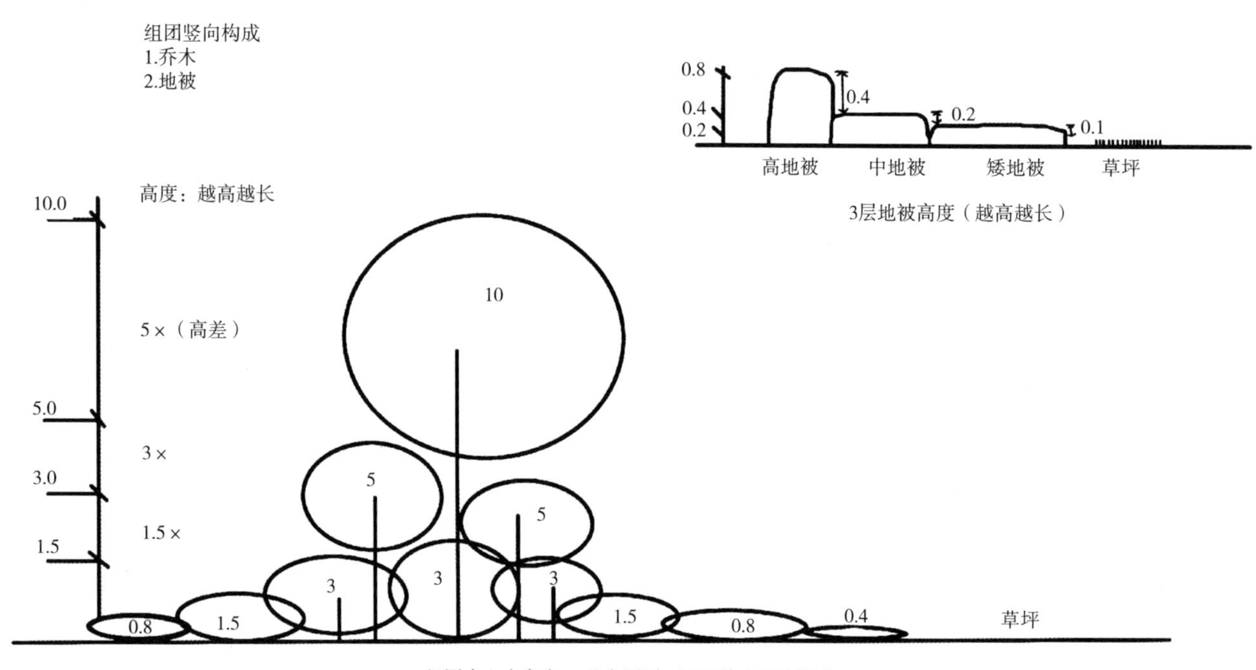

图 7–2　植物空间关系

7. 逆向图纸能力的应用

逆向图纸能力培养，即应对景观现场时间、效果、工期不可控不确定性，培养甲方、设计方、施工单位灵活多变、临时发挥的作战能力。这些能力包括抛开图纸品种，按可用物料做快速搭配；包括不出设计，先出苗单去备料的做法。类似插花：上散下聚、上轻下重、有疏有密、高低有序、上下呼应。不出图先下苗单，类似餐馆食材采购（见表 7–1、表 7–2）。

表 7–1　前端设计效果关键把控要素

序号	能力阶段	关键分项	普遍现状	绿化体系管控
1	通用能力	空间 / 品种 / 经验	不重点不量化	科学提升
	设计 /	植物建造功能	仅谈品种搭配	空间营造为植物的第一功能
	施工 /	品种搭配	凭主观意愿	归纳并景观搭配
	管控	搭配模式	各抒己见	总结大小单位模式
序号	设计前控	流程 / 方法 / 重点 / 格式	错误做法	突破常规
2	设计方法	设计流程	空间与品种混淆	先空间，后品种
		设计逻辑	主观随意	理性优先，习惯推演
		设计时间分配	无用功 / 低效工作	抓重点，专心于一事
		图纸格式	平面图，难懂设计意图	三维图建立，V R模拟
	设计质量	空间思维培养	平面不能构成空间	多方向辅助
		种植类型选择	场地布局把控不准	明确每个场地的做法
		绿化亮点及气质	欠考虑或止于方案	植物场所语言

表 7–2　施工实施效果关键把控要素

施工现场管控	现场常用技能	参差不齐的可能	重点归纳
现场二次设计	配置特征问题等	太乱 / 太散	如何丰富而有序搭配
	配置特征问题等	太乱 / 太散	如何丰富而有序搭配
	场地感观	现场凭直觉经验	如何做场景
现场优化细节	常见问题处理	漏项缺项	如何完美收尾
	质量工艺	无标准，粗制滥造	明确材料工艺标准
逆向图纸能力	抛开图纸现场搭	放任施工员	抓关键，现场快速搭配
	无设计先出苗单	无从做起	控成本出苗单后现场搭配

7.2.3 业主管控体系手段决定最终效果

从业主方管理维度为现场绿化施工提供便利及支持，处理绿化管理体系的各个环节，包括图纸变更、成本签证、工程结算、采购分类等流程。在不同开发商的管控方式下，如何能保证绿化的实现及各方诉求的平衡大有学问。可以学习国内优秀开发商的某些管理方式，如什么时候特色材料需要从乙供改为甲供，如何控制每天的动态成本等。

地产开发商的项目管控体系不同，导致最后的效果完全不同。业主除需要考虑“好、快、省”之外，还应兼顾各方的利益需要，方能把绿化景观接力跑做得更好，景观效果在管控体系中发挥得淋漓尽致。

业主方决定了绿化景观的平均下限，而设计方及施工方决定了绿化景观的上限。现阶段绿化景观的效果在某成熟的业主方那里总会有比较稳定水平的呈现，可以说绿化景观的最终结果与甲方有密切的关联，与设计或是施工单位水平并没有绝对的关系。

管控误区：授权给乙方能解决问题吗？授权给设计单位还是施工单位？不同乙方初衷点不同，能力也往往不相同。绿化景观行业的现状是，会画图的不懂苗木市场，深谙苗木习性的不懂苗木造价，了解苗木造价的不会种植搭配，精通现场种植把控的不会画图。解决问题的人需要具备对人及事的大局掌控能力，具体表现为：上下左右的沟通力、紧急事件的反应力、成本控制力、工期及效果的把控力、产业链相关利益平衡力等。

所以，一位合格又有经验的业主设计师，就是难点的终结者。业主对设计应有如下的要求：分时间展示不同的设计成果，方案设计师管控整体效果，用更多的场景图供施工方参考，预控二次优化的空间。业主对施工应该有的要求：让施工单位明白对标效果项目，允许现场二次优化协商，把效果、成本控制与工期要求同时赋予到施工单位。样板先行，苗木进场及不同节点现场确认并行。

7.2.4 绿化产业串联的思考

现阶段的绿化产业链状态（见图 7–3）。苗木在产业链的下游，隔着施工，难以连接到设计及业主，只能跟风种植。往往工程师在施工中凭小尺度观感获得局部认可。为了短期的利益，其可能与设计师较劲，导致苗木供应者与设计师、业主之间不能顺利沟通。现阶段绿化的设计图纸确实落地不够，让设计师处于风口浪尖上，但作为产业链的源头，设计师只要有足够能力，且有着运筹帷幄之大略，设计师有能力、也应该能够撬动产业链。

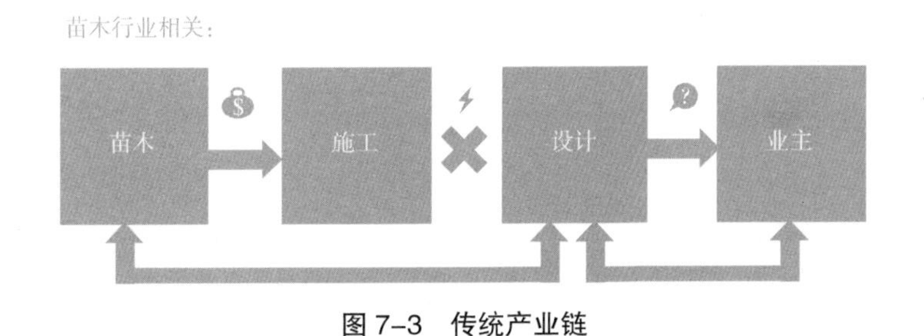

图 7–3 传统产业链

对业主来说，通过设计师协助管理景观施工实施流程是未来方向。设计师的情怀更能被信任，虽然现实中设计不断给成本及工期带来难题。设计、施工、苗木三端接力跑是业主的愿望，也是行业的需求，更是新体系建立的初衷。对于苗木圈来说，如果能连接到设计及业主，将存在新的机遇。但是，苗木行业现状是，一边设计品种缺乏，一边苗场连年利润下滑。

打通苗木的上下游，有助于整个景观行业的发展。上下游产业链的接力如室内、建材行业，如国外切尔西花展等。可用新的绿化体系平台串联上下游，从设计施工，从效果、成本到赶工的平衡，从采购到现场调整，从设计师、施工方到业主，直至撬动产业链。未来新体系平台为现状产业链做出铺垫。

（1）设计阶段预控空间，高低树冠为空间优先考虑，品种可选择余地大。

（2）施工的时候可根据图纸精神进行苗木调整，选择的余地大。若管控有空间，有能力的人能让效果成本工期都有保证，皆大欢喜。

（3）让业主、设计、施工材料及早介入，及早沟通，及早闭环，引导整个过程，达成工期、效果、成本平衡。

新绿化体系平台为连接产业链，寻找新的突破口。那如何对接资源？苗木材料的话语权人在哪里？市政圈因按图施工，所以绿化设计师对苗木品种有话语权。在地产圈甲控对特色苗木意图明显，业主设计师对大苗及造型树有话语权。所以在这里，本书提出定制精品苗圃小众模式。

前提条件：寻找到有潜力新优苗与造型苗；核心工作：连接有话语权之人；做法：在城市中央建立精品示范苗的景观展示基地；推广途径：各类主流景观平台、培训交流平台及传统展览外延到示范区基地。

模式一：运营模式。

第一步，在城市中央建立示范苗（潜力新优苗展示 + 造型苗景观示范）。

第二步：推广。创造网红景观，通过微信软文推广绿化品种；通过绿化设计培训进行普及推广；通过自媒体平台游学参观地；与景观展会合作成为考察地。

第三步：相得益彰变网红苗，及链接话语权人气参观地。

第四步，苗圃去货量大，有更多需求之后，与外围专类苗圃扩展造型苗的回收。

第五步，实现超高溢价。

第六步，一边更新精品新优苗，一边加快造型苗的周转。

第七步，设立城市苗圃品牌 IP，开辟合作外延苗圃新优品种及造型苗。

模式二：人才模式。

绿化是产业链上的短板。从设计、施工、成本控制到最后现场快速随机应变，把控全程的绿化人才稀缺。可以在第一现场的业主方、施工方及设计单位中选择培训。这样的人才，被追求“好、快、省”地产方所需求，被追求高质量的设计院所需求，被 EPC 模式下施工单位所需求，被前瞻的苗木商所需求。

如果有一个团队，即使再急的工期要求，通过现场二次优化调整图纸，也能在提升效果的同时控制降低成本。那这样的团队价值不菲，很容易把绿化工程施工的利润收入囊中。如果有一个这样的团队，该如何发挥其特长呢？可做绿化设计院咨询，做绿化工程专类咨询，甚至做绿化代建，做产业链形成行业智囊？很多想象，留给有准备的人。

7.2.5　未来种植景观的趋势

1. 绿化重归景观的主角位

形式美不是场地设计的第一要素，设计最重要的是尊重现场或因境设景，形成场地对话。随着社区环境的设计的成熟，景观应立足生活，建构人与人、人与自然的新链接，将让光、风、雨、水等回归成为景观主角，并通过地域语言，建立场所记忆。有生命力的植物，将再次成为景观的重点，并与大众连接，把景观从小众设计师的沉醉炫技场拉回成公众最大公约数的舒适环境。

对于小尺度的住区景观，不能再用建筑的围合及精细工艺材料去做地产示范区中炫酷的表象形式。这些能力也非景观设计师的核心能力。植物将再次担当起改造小气候，重建文化、地域、科普的特征，发挥养老、康养、园艺疗法等功能，回归成为大众的活动舞台背景、塑造生活场景。

对于小尺度景观，植物除了营造优美舒适的小环境外，还可通过花开花落进行网红事件创造，促成社区交流。植物环境陪伴一代人的成长，培养儿童的性格、审美等。而从更大尺度来说，植物景观还需要为动物提供栖息地，为环境做更好的贡献。是植物把当下的景观从消费型转到储蓄型，为后代及环境造福。

2. 社区景观种植的未来方向

植物贴身配置不同的场地功能需要；大尺度的繁花色叶促成社交环境，增加安全及社交的可能；当下国际流行多年生草本组合，低维护，梦回乡野；用树量系列感来替换特色树，控成本造大景；场地渗透景深长，空间步移景异而种植简约；植物担当文化、教育、科普功用，植物是传承的载体；微气候精准体配植物生态位，并保证植物的预生长。

7.2.6 绿化理论的研究方式

植物景观囊括三个用途：建造、艺术及生态。植物对于空间界定，起到了引导、暗示、渗透、组织系列的作用。中小尺度的景观设计中，绿化景观应把空间营造作为前提，逐步通过逻辑的思维来推演最终解决方法，不论高低冠幅的位置界定而成的空间，还是色彩、形状、质感等特征要求下的品种确定，都应该由逻辑推演得出。

采用客观理性的分析方法，可把模糊抽象的感性绿化景观解剖出来，更加深入地科学量化，方便教育、传播与传承继后。无论是设计、施工还是教育，忽视理性逻辑是现今植物景观的严重问题。

中国园林“天人合一”，却成为个人主观审美的因人而异的借口，造成绿化景观的评判标准模糊化，难以客观评判。应强调客观、理性、量化，用逻辑推理来指导植物的设计与落地。

所以，应从科学技术的手法出发，综合户外人体工程学、心理学、气候学、生态因子等作为设计条件进行推演，确定植物的位置及品种。离开逻辑，不符合业态的想法只是天马行空的炫技，符合逻辑的创意应是落地的标准。绿化景观理论，除了传统的感性的教育方式之外，可考虑从科学数理方向来补充，不以人的意向为转移。

（1）归纳思维，把复杂问题简单化。例如无论是何种乔木，基本上可以归纳为三种类型，前景树、背景树、特色树。

（2）万物皆数。用数理控制绿化景观。下面罗列了某些条件下的一些绿化数据：特色树的合理视距为树高的 3.5 倍。植物高度围合控制长度 50m 内，界定面积在 1000m^2 内：生态驳岸中的比例，绿化∶景石＝ 7∶3。户外空间尺度与人体心理尺度，亲密，1~2 ≤ 5 人，户外 5m^2；社交，5~10 ≤ 15 人，户外 15~30m^2；合适的室内社交距离 1.30~3.75m，适合的室内社交尺度围合是 3.6m × 3.6m。室外空间是室内的 8 倍，户外采用 20~25m 的社交尺度；愉快行走的上限距离为 300m。

（3）万物皆理。用规律原则批量解决问题，例如高低、质感、色彩等搭配原则，可细分成为量化标准，同时通过案例进行实验论证。另外，还可对植物设计的高级场地语言进行研究，如“场所植物表情”。这个领域在世界科研中少有提及。景观会说话，它们揭示出自己的起源，彰显出那些建造它们的人的信仰，它们肯定或反驳某种思想，它们也存在于艺术与文学中。

而景观讲述的故事则类似于神话或律法，是一种组织现实的方式，它解释人类的行为，并指示、劝说，甚至迫使人们以特定的方式行事。植物与场所会结合起来传播情感，植物与场所发出的语言被称为场所表情。

在类似现地产景观示范区空间中，除了“开合转承”的空间可以调动引导人的情绪之外，常见的做法就是在前场仪式感空间，植物在对外传达“欢迎进入鉴赏”的大度气质。而从植物场所表情的研究看，外延可以尝试从科学层面去解读阐释风水环境。

7.2.7　绿化设计人才的培养

绿化设计人才的培养离不开建筑空间思维的锻炼，离不开不同场地不同行走经历体验，离不开全产业链深度接触的经历，从设计到施工，从苗木到养护，等等。提高绿化景观的配置水平应从如下几个方面来加强。

归纳性及专注：复杂问题简单化，一个时间专注一个事情；逻辑思维分析：感性需站在理性基础上，逻辑推演需贯穿整个过程；科学性传承：透过现象看本质，用客观数据去控制；系统性统筹：设计、施工、管控、材料相得益彰，落地应站在设计的肩膀上接力。

绿化设计虽然经常因为材料不稳定、现场不确定等造成落地失控，但是找到方法来提高能力水平并不难。了解全面的材料知识，通过建筑的空间思维熟练转换，在中小尺度景观设计中，全程化把控方案、施工图、落地的体系，将是绿化设计的突破口。

而后，通过施工现场的二次设计及优化，在“好、快、省”中，寻找合适的绿化空间场景，通过逆向图纸能力保证设计的落地，获得甲方及施工单位的尊重，整合甲方业主—设计方—施工方—苗木单位资源，有可能实现产业链的共赢。

虽然接触成千上万的绿化师，但发现综合全方位人才严重缺乏。这些绿化高级人才价值巨大，不管对于设计院树立绿化设计品牌 IP，还是为施工单位现场创造盈利，或是为带动产业链的下游材料发展机会提供指导，都有很多可能窗口机会，尤其是在当下中国 EPC 工程模式新通道的情况下。

甚至，通过提高绿化设计师话语权，可最终引导生成材料绿化行业的标准，实现下游材料产品化生产，实现批量及规范化，那就实现了更高的社会价值，为园林各产业链相关人员的幸福工作做出了贡献，为大众更长久美好的生活环境打下了基础。

为了达到产业链合作的目的，绿化设计人必须不断成长。绿化设计师最常见的困惑在于，不同的人对于绿化专业可能有完全不同的想法，不同甲方业主甚至有着南辕北辙的要求，所有的这些常常打乱了绿化设计师的系统知识积累，心生迷茫。但从另外一个角度来看，“成长”，应该是反复验证自己以前深信的内容，推翻一个又一个曾经不同阶段的自己，产生新的“性情”，长出新的“智慧”，带着新的迷惘与不确定，坚定奔向未来的自己。

三人行必有我师，绿化设计人要养成从日常生活所见所闻中学习的习惯。景观是大众生活的舞台，每个人都可以对景观提出自己的理解和见解，因此设计师每天都会面对不同的想法听到不同的声音，如果能够持续虚心对待所见所闻，将之变成营养，不断纠偏自己的认知，会形成持续进步，并在有朝一日搭建起完整的知识系统。如果要达成随时从别人的意见中去吸取营养，绿化设计人首先需要建立初步的知识框架，然后是爱好、有信心和养成良好的习惯，将每天路过的风景、每天待人接物的生活场景变成知识积累的过程，让知识系统不断丰满。最终，绿化全面人才的稀缺性将使你变得不可替代。

所以，当你用建筑思维从绿化方案到施工图通盘考虑的时候，你就开始在中小尺度景观上起步了。当你逻辑分析问题、结合绿化经验模式去处理不同尺度的空间场景时，你就开始在总结及论证中上台阶了。

当你全深度接触设计、施工、苗木养护几年的时光时，你就在产业链接力跑的几个段落拿分了，全能之路就开启了；这个时候，你的综合能力可能已经超过 70% 的同行了。

当你能够游刃有余地根据现场甚至是在各种极端情况时，满足“好、快、省”要求，用技术来满足产业链上不同诉求的时候，你的价值及话语权就已经发挥。当你随心所欲采用不同的对策去应对不同类型的项目时；当你打通从大到小的项目类型通道，从市政到地产到庭院能够用不同方法去应对时；当你与国际接轨，为植物本身，甚至为生物为气候有更多的考虑时，可能就开始尝试为人类、为环境做出更好的景观贡献，这个时候，你看起来是个 BIG MAN，有担当有大理想。

而这时，如果你与同行，与更多的有话语权的绿化设计师一起，有意识地去影响下游产业链的时候，建立客观量化的绿化标准就指日可待。这时，行业的一片春天开启了……祝福你，路上同行的绿化景观人。

7.3 主要参考文献

〔日〕芦原义信：《外部空间设计》，尹培桐译，中国建筑工业出版社，1985。

第八章 园林走进生活

园林不仅在城市空间、楼盘景观中发挥了极大的作用，随着生活的日益改善，人们越来越注重生活品位的提升与自我素养的完善。在这一趋势下，人们对于日常生活环境的改善，也逐步提上了日程。

从近几年私家花园的兴起、阳台花园的产生到花艺的盛行都可以看出，园林已经逐步走进了人们的生活，园艺也成为人们茶余饭后的谈资。

8.1 园林走进私家花园

随着生活水平以及审美能力的提高，人们对私家花园的需求也逐步增多。园林因其形式上的自然、灵活及植物种类的多样性而受到人们广泛的青睐，使得园林大量运用到私家花园中。一个美丽而灵动的私家花园，是设计艺术与施工技术完美结合的产物，是景观内容与形式的统一。

私家花园创造的是一个人与自然相生相合的美好境界，与周围环境相协调，是能充分展现植物特性之美的场域，同时为人们提供休养、恢复精力的精神家园。花园植物景观的配置十分讲究，每一个场景都需结合业主的使用爱好，进行科学合理地布局设计，才能创造出方便实用、贴近大自然的和谐美与舒适感的花园。

这就需要设计者充分了解植物学知识，遵循植物造景艺术的基本法则，来开展花园设计的构景。向自然风景中野生花卉自然生长群落学习，选择多年生花卉，及阴生类、爬藤类、地被类植物，以及数百种特殊的花草为主要材料，以自然模式种植于墙边、水池、路畔、空中等空间，从而达到从不同角度观赏都具备的色彩饱满而和谐、季相景观更替丰富的景观效果。

这是一种既符合美学，也符合生态原理的一种植物造景方式。再结合园林小品与其他硬景，创造花园里的花木水石，纳天地灵气，形成浑然一体的人文自然景观。人处其间，在呼吸吐纳之间，感受自然的脉搏，聆听自然的声音，轻闻花木水草的气息，与自然融为一体，天人合一，着意境纯粹居所，还原品位生活。

每个私家花园都有自己的特性，因而所表现出来的与众不同，是不言而喻的。依据不同标尺有不同的归类方式，这里主要从使用者的感受与花园呈现效果进行归类，包括花园主义风格、自然主义风格、现代主义风格、实用主义风格、禅意风格等。

8.1.1 花园主义风格

这类园主人喜欢花草植物，愿意花更多时间维护打理。园子里通过主人的打理，因地制宜，打造出色彩艳丽、层次分明的植物空间。

随着四季的更替，植物品种也会随之更替，形成季节性的花园景观。这些草本花卉包含了一年生和多年生，往往在最远的位置布置高干的多年生花卉，近距离处布置一年生较矮的花卉（见图 8–1）。

8.1.2 自然主义风格

自然主义风格追求的是自然气息，回归与大自然合一状态，常用原始的家具材料（见图 8–2）。

8.1.3 现代主义风格

现代主义风格花园简洁易于打理。这类花园采用品种单一的植物形成干净利落的界面，偶尔有一两棵造型植物在园中进行点缀（见图 8–3）。

8.1.4 实用主义风格

实用主义风格花园，强调的是家庭成员的使用功能，作为室内的一个延伸，或作为室外客厅、餐厅，甚至休息室，拓展一个与室内不一样的使用感受景观空间（见图 8–4）。

8.1.5 禅意风格

禅意风格花园，重在营造宁静的氛围。通过一草一木，一水一石，动静结合营造一个无限延伸的空间，让人宁静、安详。禅意风格，常用的材料是竹、松、石、水钵、枯木，砂石、水景、青苔，在有限的空间里创造无限的世界（见图 8–5）。

花园主义风格

这类园主人喜欢花草植物，愿意花更多时间维护打理。

图 8-1 花园主义风格（一）

图 8-1　花园主义风格（二）

自然主义简约风格

自然主义不一定追求植物多样性，而是以回归自然为目的，享受和煦的阳光和微风拂面，聆听潺潺的流水，与天地合一。

注：由宁波提亚景观供图。

图 8-2　自然主义风格花园（一）

注：由宁波提亚景观供图。

图 8-2 自然主义风格花园（二）

现代主义简约风格

这类花园的房屋类型比较现代简洁，房屋主也喜欢干净利落的景观，便于后期打理。

注：由宁波提亚景观供图。

图 8-3　现代主义风格花园（一）

这一类花园，追求线条简洁明了，植物品种也不需要过于繁杂。在植物设计中，框架尽量采用直线的绿篱或藤本以构建简洁的围墙景观，将花园围合。其内的植物也是用少数造景树进行点缀。

注：由宁波提亚景观供图。

图 8-3　现代主义风格花园（二）

实用主义花园风格

图 8–4　实用主义风格花园（一）

图 8-4 实用主义风格花园（二）

注：部分图片来自“园景人”。

禅意风格花园

禅意风格，重在营造宁静的氛围。通过一草一木、一水一石，动静结合，营造一个无限延伸的空间，让人宁静、安详。禅意风格，常用的材料是竹、松、石、水钵、枯木、砂石、水景、青苔，在有限的空间里创造无限的世界。

图 8-5　禅意风格花园（一）

注：由上海笛萧萧艺术景观供图。

图 8–5 禅意风格花园（二）

8.1.6 中式风格

采用中国古典园林布局方式，运用“咫尺空间见方圆”的理念，在极小的场地中，通过假山叠水模拟出自然山水，增加亭廊建筑，构筑出丰富的园林休憩场所及具有品味的园林小品。中式园林不仅注重实用，更注重空间格局搭配、自然环境的浓缩抽象，实现“虽有人做，宛自天开”的效果（见图 8-6）。

8.2 园林改造建筑屋顶

虽然屋顶花园盛行已久，但并未得到广泛实施。如果每一处屋顶都能变成一座花园，那么所居的城市将化作充满绿色的丛林。屋顶花园不仅能绿化城市、提升环境品质，还能为大众提供休憩场所，吸收热辐射，弱化热岛效应。

在很多已建成的新型建筑中都有开敞的屋顶，这是发挥房屋生态景观最好的场所。在这样新型建筑的推广下，我们的开放空间应同步创新，创造出美丽、实用、环保又有艺术气息的花园，让身体心灵都能得到完美的释放与融合。

对于不是依托于地面而形成的空中花园设计，首先要考虑的问题是可实施性，然后才是可用性、可赏性、可体验性。具体步骤是：生态结构打造、实用主义植物配置、景观配置设计（见图 8-7）。

中式风格花园

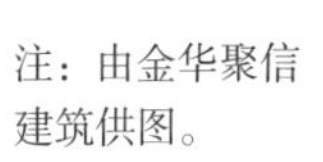

注：由金华聚信建筑供图。

图 8-6　中式风格花园（一）

注：由金华聚信建筑供图。

图 8-6　中式风格花园（二）

昆明胡子艺术美学馆屋顶花园

该屋顶花园占地 500m²，将绘画艺术融入花草美学，结合现代生活语言、空间美学重新定义，塑造独特的、原创的、自然的、佛学的胡子艺术美学。也是基于胡子老师多年学佛而创造的一个静心赏花礼佛之地，在考察全球 200 多个花园基础上，创造的有佛性的胡子艺术空间美学馆，一步一景，还原了生活意境。

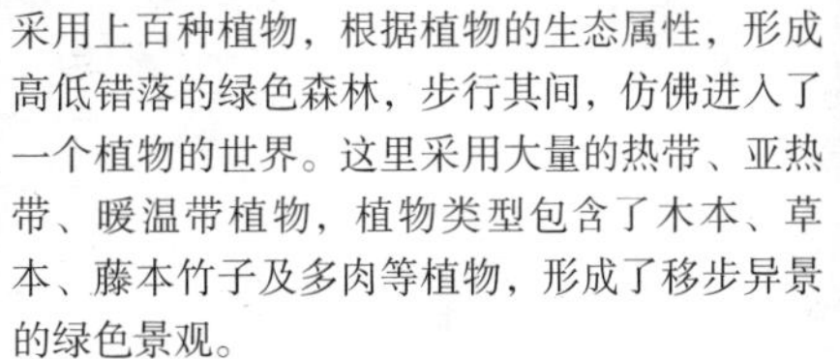

采用上百种植物，根据植物的生态属性，形成高低错落的绿色森林，步行其间，仿佛进入了一个植物的世界。这里采用大量的热带、亚热带、暖温带植物，植物类型包含了木本、草本、藤本竹子及多肉等植物，形成了移步异景的绿色景观。

图 8–7　胡子艺术美学馆屋顶花园（一）

灵活运用木材、石材，结合佛艺术营造不同的场域空间，并赋予多样的功能：既可以游览，又可以休憩；既可以接待，又可以做工作室；既可以独处参禅，又可以三五成群讨论。形成了既有私密性又具开敞性的特点。

图 8–7　胡子艺术美学馆屋顶花园（二）

8.2.1 生态结构打造

面对一个全新的或要改造的花园，首先我们需要清晰地认识这个花园结构，根据空间需求与场景设计划分功能，并根据生态环保需求，充分利用再生自然能源，并配置到花园的基础设施中，根据划分的功能形成不同区域的空间关系，打造花园的轮廓雏形。

1. 荷载检测

楼板检测主要是对荷载力与防水、防腐、排水情况的调查与测试，从而设计如何最大价值化地利用而不影响房屋结构的花园。对于屋顶、阳台花园设计，荷载包括建筑的永久荷载（含屋顶种植荷载）、可变荷载。上人屋面的荷载标准值是 200kg/m^2，即 2.0 千牛 /m^2；高层的屋顶荷载设计值是 300~350kg/m^2，即 3~3.5 千牛 /m^2。在做屋顶花园设计以前，需要参考工程结构图纸，核实清楚荷载情况。

2. 防水检测及设计

屋面防水等级一般根据房屋情况分Ⅰ～Ⅳ级，Ⅰ、Ⅱ级为重要或对防水有特殊要求的建筑，防水层合理使用年限 15~25 年。在做屋顶花园设计以前，需要参考工程施工图纸核实防水材料及施工工艺，确定防水级别，为屋顶花园下一步规划做好准备。屋顶花园因其位置的特殊性，对防水要求较高，需按Ⅰ级防水实施：单层设计应在屋顶铺设 4 毫米厚的耐根穿刺防水卷材和沥青基层。

3. 生态水池及排水设计

根据花园要求，可设计蓄水井，并作为景观观赏、浇灌使用。蓄水池分为暗池与明池。暗池可以结合地形改造，其上铺设木板，可作为步道、休憩场地使用；明池可以结合跌水处理，形成水潭景观，既可观赏又可蓄水。整个排水系统由表及里，根据地形顺势而下，汇集到蓄水池，蓄水池根据荷载的承重量计算出最大容量，在最大容量值边缘设置溢水口，并与城市排水管网连接（见图 8–8）。

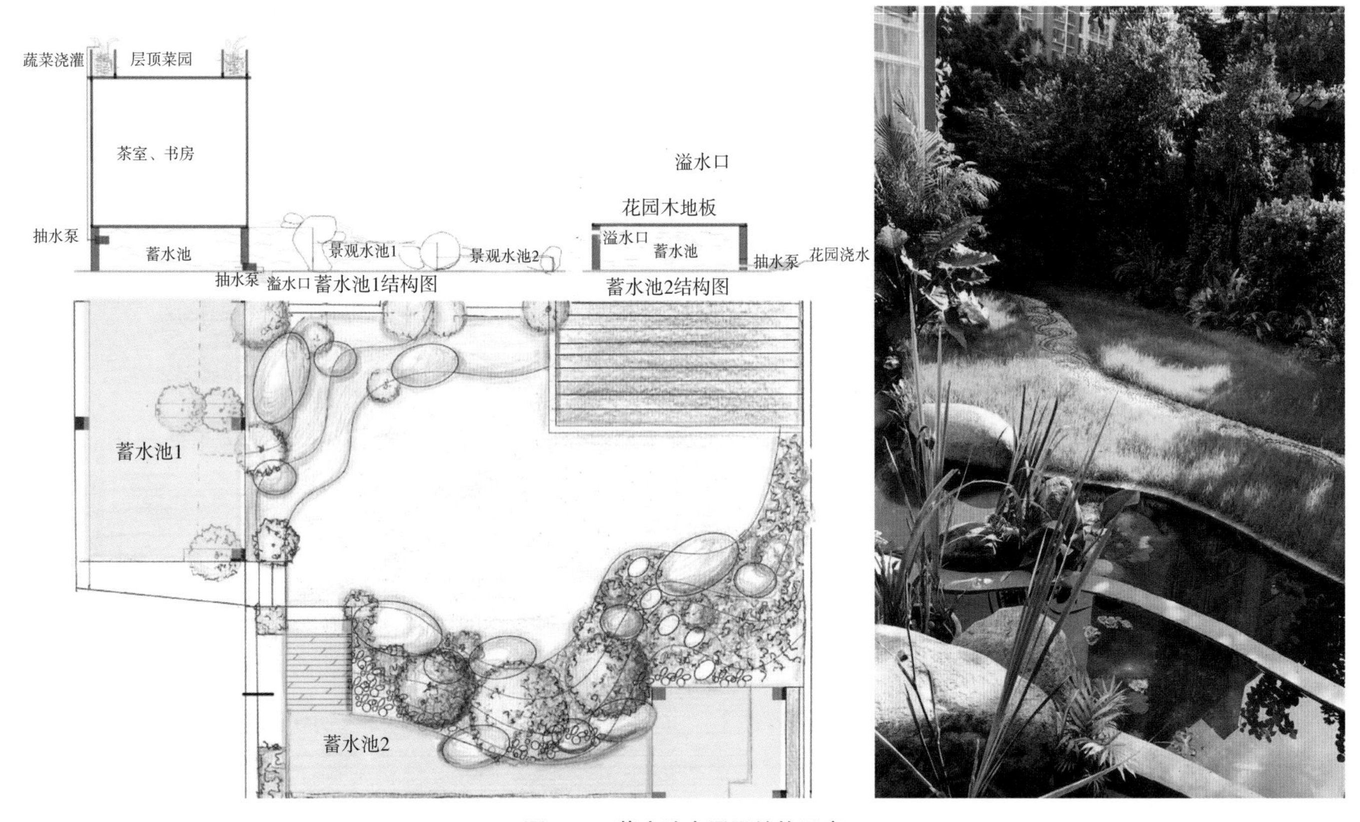

图 8-8　蓄水池布局及结构示意

4. 功能布局

根据园主对花园功能需求，进行功能板块划分，并根据蓄水池的布局、景观空间、行进路线、荷载情况等，设计错落有致的地形，一般情况下地形最高、蓄水最集中或种植大树的地方是荷载最集中的地方，应把这些地方设置在承重柱体所在位置，并以此为核心向外扩散，承重由大到小逐步减弱。功能划分确定后，提前铺设水电管线（见图 8-9）。

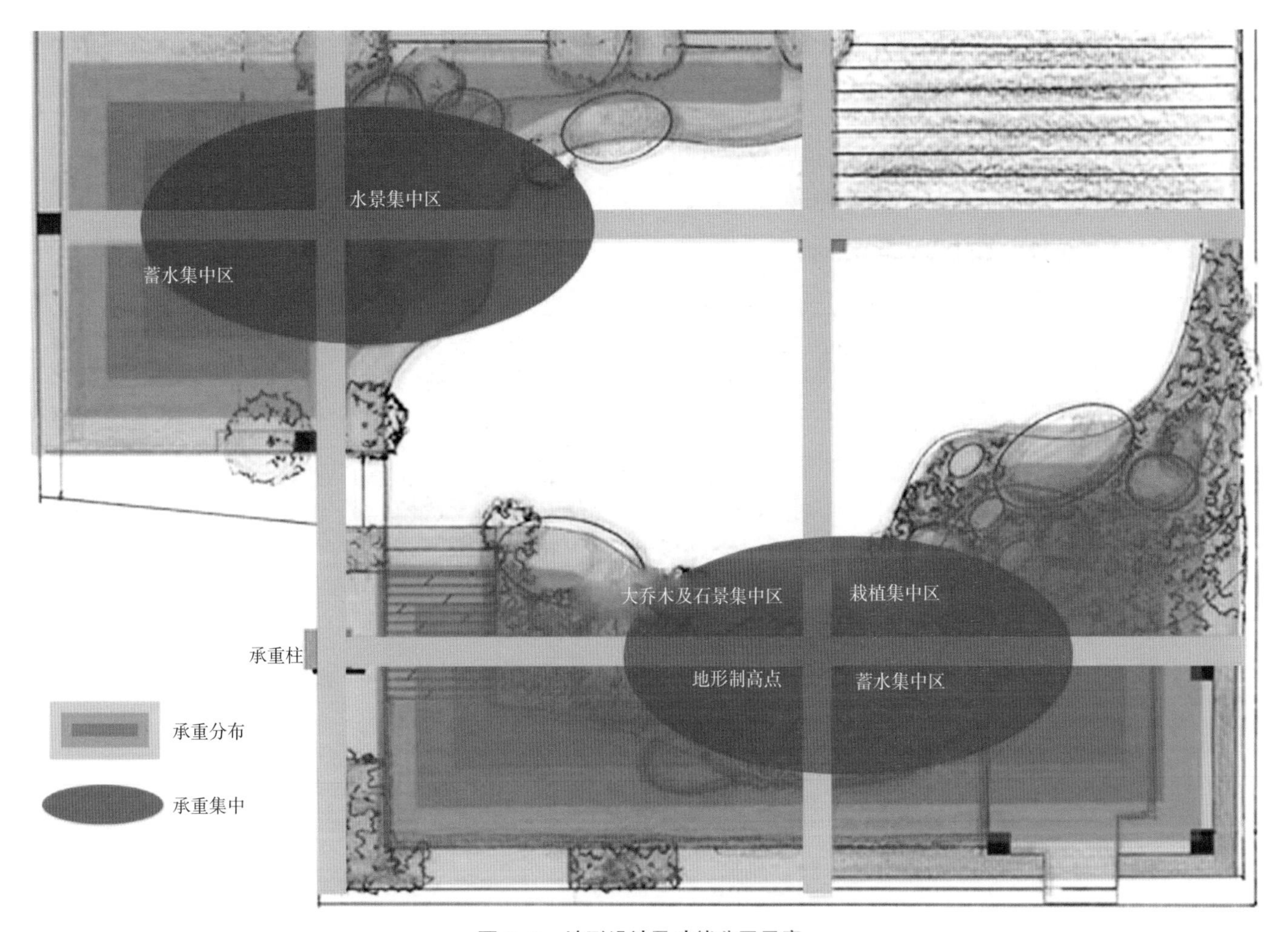

图 8-9　地形设计及功能分区示意

8.2.2　实用主义植物配置

回归自然，最大的诉求莫过于可以全身心陶醉于绿色环境中，能闻到空气中的花香、感受丰富的负氧离子，满眼充盈着叶绿素的调养与五颜六色的惊喜，更能尝到爽口新鲜的果蔬味道。色香味俱全的花园，可以让居民真正忘却置身都市的困扰。花园中最能满足这些综合需求的莫过于果蔬、药材类植物品种了，当然这些品种一定要好看，可观赏的蔬菜具有叶色鲜亮、株型优美，具有观赏性花朵或果实等特点。经过巧手搭配，不仅季季有景，还天天有新鲜蔬果可吃。

那么，在动手设计植株之前，首先要了解哪些果蔬可以供我们挑选，其次对这些果蔬的季节性进行归类，这样我们就可以在同一场地进行多个组合的设计；最后需要了解植株的个体形态，为我们的景观搭配设计、植株高矮配置做好准备。可观赏植物按照季节进行分类，有利于植物按照时间进行选择，在勤于耕作的节奏下，季季都有新鲜的蔬菜可食，日日都有鲜艳的蔬菜可看。

根据春夏秋冬时令观赏蔬菜的品种选择，有以下品种代表，春季：小青菜、西兰花、西芹、生菜、青菜、包心菜、甘蓝、豌豆、西红柿、韭菜、菠菜、黄瓜等；夏季：韭菜、生菜、苦瓜、葱、西芹、辣椒、茄子、青菜、甘蓝、姜、黄瓜等；秋季：鸡毛菜、胡萝卜、丝瓜、四季豆、青菜、山芋、花椰菜、油菜、莴笋等；冬季：白萝卜、茼蒿、蒜、生菜、青菜、菠菜、香菜、土豆等。对于四季都可种植的蔬菜，如青菜、辣椒、葱蒜等，可作为基调植物进行配置，其次是白菜、羽衣甘蓝、紫甘蓝、花椰菜等观赏性强的蔬菜；最后是西红柿、雍菜、红苋、茄子等作为季节性补偿。

植株高低形态在进行花园设计时涉及位置安排问题，一般在设计中从低到高、由外及内进行布置，结合地形设计，形成丰富的空间关系。根据高低，从 10~50cm 进行分类，有以下品种代表，10cm 以下的蔬菜：荠菜、小青菜、生菜、香菜；10~20cm 的蔬菜：甘蓝、包心菜、花椰菜、雍菜、葱、红苋；20~30cm 的蔬菜：大白菜、西芹、莜麦菜；30cm 以上的蔬菜：胡萝卜、茄子、辣椒。在进行设计时从 10cm 到 50cm，由外向内推（见表 8-1、图 8-10）。

表 8-1　四季可选用不同高度蔬菜品种

高度	春	夏	秋	冬
＞50cm	百合、黄秋葵、辣椒、西红柿	百合、黄秋葵、辣椒、西红柿	辣椒、西红柿、茄子	
30~50cm	菠菜、西芹、白菜、小青菜、青菜、红苋、莜麦菜、茼蒿	白菜、小青菜、菠菜、西芹、青菜、莜麦菜、茼蒿、红苋	白菜、莜麦菜、小青菜、青菜	
10~30cm	紫背菜、紫甘蓝、羽衣甘蓝、花椰菜、包心菜、葱、蒜、人参菜	甘蓝、花椰菜、包心菜、生菜、葱、蒜、人参菜、富贵菜、韭菜花	葱、蒜、紫甘蓝、羽衣甘蓝、雍菜、韭菜、西芹	韭菜、葱、蒜
＜10cm	荠菜、鸡毛菜、苦菊	荠菜、鸡毛菜、苦菊	苦菊	草头

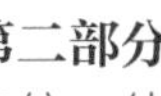

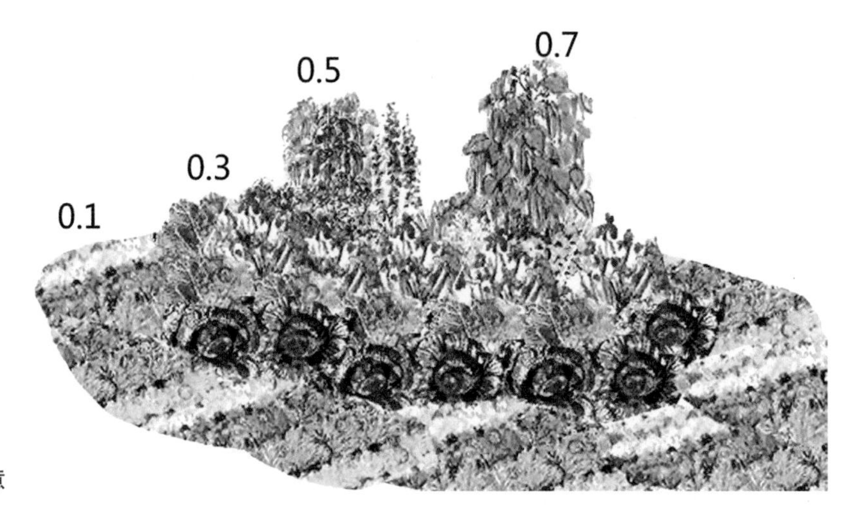

图 8-10　蔬菜高低配置设计示意

植物的色彩搭配是整个景观的视觉盛宴，各种色彩的对比、融合处理，可以将整个花园处理得更有味道。根据常用蔬菜的色彩划分，有以下品种代表，墨绿色：青菜、菠菜、茼蒿、茄子、韭菜、韭菜花、蒜、台湾番薯叶；绿色：葱、鸡毛菜、荠菜、小青菜、草头、莜麦菜、白菜、西芹、黄秋葵、百合、西红柿、辣椒、人参菜；黄绿色：富贵菜、生菜、苦菊；紫色：紫甘蓝、羽衣甘蓝、紫背菜；红色：红苋、火龙果；白色：羽衣甘蓝、花椰菜。植物色彩搭配是以绿色为基色，在其基础上采用不同颜色的蔬菜进行点缀或形成色带（见图 8-11）。

图 8-11　蔬菜色彩配置设计示意

8.2.3 景观配置设计

骨架树的要求是形态美、有果实或有芳香，可以支撑整个花园上层空间的天际线变化。可供选择的乔木树种有木樨、桃、李、石榴、柠檬、梨、橘、樱桃、蓝莓、树葡萄等；可供选择的装饰性灌木有杜鹃、紫薇、黄杨、米兰、含笑、红叶石楠、山茶、海桐、魔力、栀子、七里香、含笑、紫丁香、红花檵木、冬青、金丝桃、荚蒾、木槿、绣线菊、水果兰、黄刺玫、紫荆等。当我们确定好了花园的整体地形骨架，即可根据景观需求开始植物配置设计了。

为了突出整个花园的空间变化感，我们会在荷载集中的地方塑造地形最高点，并将花园的最大乔木放置于此，让花园的空间尽可能拉长。找好花园的承重柱、梁，让地形顺着这些地方塑造。在乔木确定后，围绕乔木设置常绿观赏灌木，从而把整个花园绿化骨架确定好（见图 8–12）。

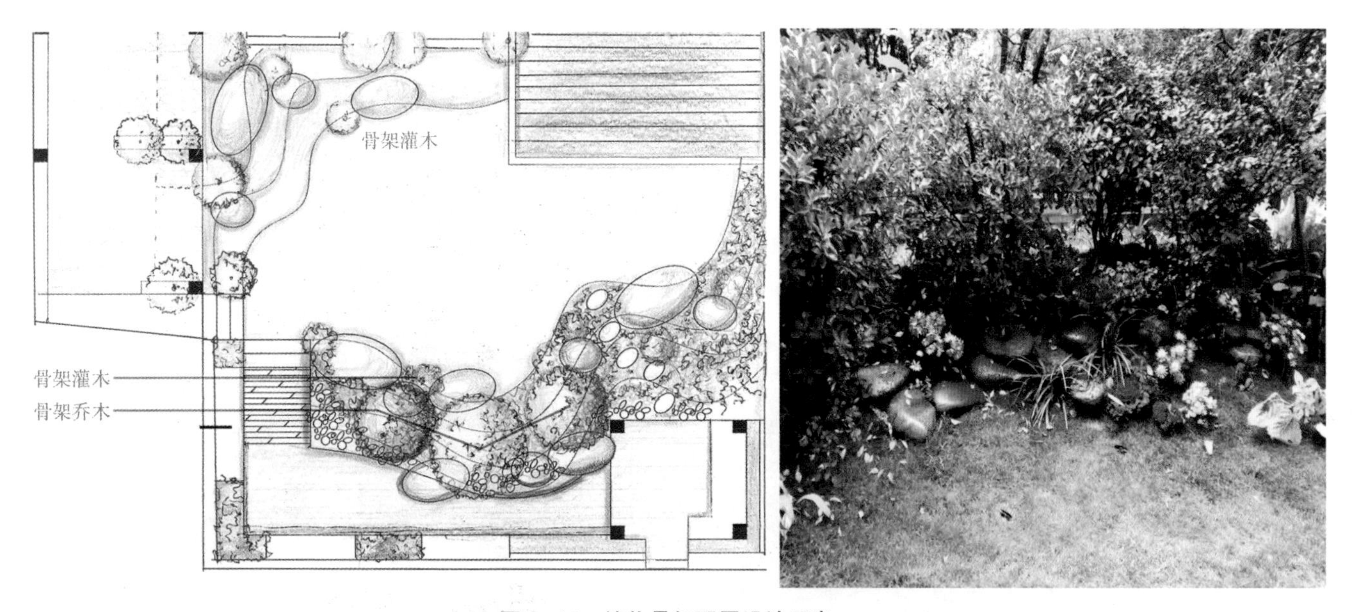

图 8–12　植物骨架配置设计示意

图 8-13　卵石与陶罐的装饰，增添了花园的情趣

花园骨架设置好后，即可将选择好的蔬菜按照由里到外、由高及低的方式进行设计，布置时注意色彩的搭配以及植物质感的搭配。花园主体部分的植物设计完成后，就当选择一些藤本与花卉进行查漏补缺的装饰。其中利用藤本植物葡萄、番石榴、蔷薇、三角梅、曼陀罗等对立面墙体、栏杆进行装饰，而低矮花卉如玫瑰、绣球、山地玫瑰、莲花竹、郁金香、满天星、兰花、金枝玉叶、大丽花、绿萝、生石花等则可以对植物边缘进行润色。

植物配置完成后，完善园路的施工与设计，并与预留好的电线布设，根据景观需求设计好园灯，配合使用需求布置好座椅、亭廊等家具，配合景观可装饰挂画、雕塑、窗帘、垫子等软装饰品（见图 8-13）。

屋顶的充分利用与打造，是推动城市家庭生活品质的重要因素，科学、艺术而又实用地打造一个符合不同家庭需要的个性化花园，让家人迷恋回家，并能在一方园地里恢复工作中消耗的精力，回归到自然轻松的状态，是设计与打造屋顶花园的宗旨。本部分内容旨在用清晰的流程（见图 8-14）指导都市家庭 DIY 属于自己的屋顶花园，城市人在时间、空间有限的情况下尽可能创造条件打造属于自己的身体心灵安息地。由于篇幅有限，还有无限多的细节与空间留待今后探讨。

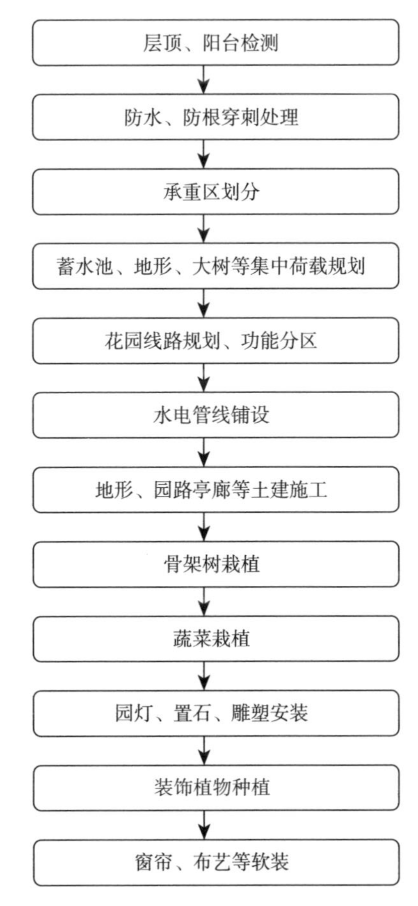

图 8-14　屋顶花园实施流程示意

8.3 园林装扮阳台

阳台，一般空间都较为狭小，承担着透气、补光、乘凉、晒衣服等功能。阳台是人在居室内频繁活动的空间之一，大多数人在阳台种植盆栽，养花种草，收获一份惬意；也有人在阳台种植蔬菜，洗衣晾晒，满是生活。由于阳台特殊的空间特点，阳台园林的设计，首先要考虑好家居和环境的契合，在满足基本生活功能的同时，营造美丽的室内园林景观。阳台园林还要求性价比高、实用、美观、空间合理，可以在角落里设置绿植或开花植物进行装点。在小空间阳台上，可以种植藤蔓，丰富垂直空间。植物的选用也可以使用蔬菜植物，以更好地融入生活。在阳台充分利用空间，以园林手法进行花园构建，不仅丰富了室内景观，还为室外景观增添过渡，提升外立面的景观效果（见图 8-15）。

阳台花园

阳台面积甚小，这样的花园往往通过打造阳台的立面、角落进行绿化美化装饰。而沙发、摇椅、秋千等这样的家具安置其间，在使用时，就如徜徉在绿色花园中。

图 8–15　阳台花园（一）

图 8-15　阳台花园（二）

8.4 园林摆上桌面

微缩的园林景观经常用于在台面上展示，比如展示台、茶台、餐台、会议室、工作间等，微缩景观利用自然材料，如青苔、蛭石、景观石、盆景植物、流水、微缩的园林小品等，在一个微小的空间塑造一方自然山水，让环境、品茗、美食、工作变得更加轻松、自然与惬意。

微缩景观，模仿自然地形地貌、山水融合，并加以人文景观，形成具有人文气息的自然山水气质，同时也改变了整个居室的气质。在微缩景观设计过程中，注意尺度比例，根据微缩景观的长宽大小设置地形起伏高度，并考虑整个微缩景观的空间变化，如果景观过长，可考虑在中间设置一两个小岛，让水流也跟着有高低起伏的变化。微缩景观在制作过程中，注意底槽的设计及施工，由于底槽要承载水景及土壤、植物，所以需要具有防水性、防腐性、防植物根穿刺性，并要设置好水的进出口，以便于水的循环。

在营造整个场景自然气息过程中，可选择多样的微型植物进行装点，形成丰富的群落效果，结合造景树与石景，塑造悬崖怪石嶙峋与独特树桩等奇特的构图。在整个水系过程中还可结合小桥、亭廊、佛像等，塑造丰富的人文景观（见图 8-16、图 8-17）。

“吃”是人们表达感情的独特方式。直到今天，人们对美食的喜爱程度与开发程度仍在不断加深，由此可见“吃”的重要地位。随着生活水平的提升，除了味道外，人们也有了更多的需求，想让用餐的过程更加愉悦，餐桌花艺就必不可少了。

那如何让室内植物与餐厅融合呢？在植物的选用上，可以选择温室植物，因为容易管养，只需光、水、风等满足就可良好生长。设计好餐厅造景及餐桌造景方案后，选取合适的室内植物品种，根据植物色、香、形的运用与餐饮的色、香、形形成呼应，让人们在就餐时的心理和视觉得到极大的冲击，以实现景观在餐饮中的价值。

微缩景观运用场景

茶座盆景、餐桌盆景、雨林缸、盆景缸，是室内可移动的装饰亮点。

图 8-16　微缩景观运用场景（一）

图 8-16　微缩景观运用场景（二）

台面上的微缩景观

将自然山水展示在茶台、餐桌上，为品茗、美食带来美的享受，刺激了味蕾，提升了整个感受过程，并让精神愉悦，让心灵安详。

图 8-17　台面上的微缩景观（一）

图 8–17　台面上的微缩景观（二）

8.5 微缩盆景怡情益智

中国盆景，在一个盆内，将苔藓、树木、花草艺术组合在一起，模拟自然的神态，一花一木都在诉说自然的意境（见图 8-18）。

图 8-18 微缩盆景（一）

图 8-18 微缩盆景（二）

注：部分图片来自全球花木网。

8.6 装饰花艺让生活更美好

近些年，随着社交生活日益的丰富化，人们对不同社交空间的艺术造型有了多样化的个性需求，而花艺装饰在这些空间中起着不可替代的作用。花艺意境成为社交生活中不可或缺的要素，常常出现在各种主题的庆典上，装饰在欢庆的礼堂、餐厅、咖啡馆、广场甚至模特身上。

8.6.1 空间布局设计

空间造型打造一开始，就要将花艺的影响考虑到其中。反过来，花艺造型也需要空间的合理配合。当然这也跟空间主题息息相关，是婚宴还是生日宴、是公司年会还是产品发布会、是男性聚会还是姐妹聚会……不同主题不同空间。可以是简洁大方，也可以是温馨怡人。

8.6.2 花艺风格设计

东、西方文化不同，造就了花艺的风格也不相同，其所形成的不同派别代表了两种主流：东方注重意境，西方强调气氛；东方花艺好比一幅山水画，而西方更像一幅油画；一个淡雅、清幽，一个艳丽、华贵；东方用象征表达每个元素的意境，西方则烘托展示环境的气氛。

8.6.3 花艺材质的选择

花艺材质包括新鲜花材、干花材及人造花材。鲜花自然清新，还带有香味，是活动最需要的兴奋剂，然而由于不利于保存，成本巨大而选择受限。干花是鲜花经过处理便于长期保存的花材，在形态上是真花，保留了鲜花的造型，然而失去了鲜活的气息与芬芳，弱化了场景的热烈，但由于可以长期保存和打理，也经常被作为基础花材使用。人造花，是仿真花材，随着材质与技术的发展，越来越与真花接近，与干花一样缺乏鲜花鲜活的气息与芬芳，但可以长期使用，打理最方便，作为造型框架使用最为妥当。

花材使用举例：如果需要举行持续的活动，则在主框架上可选择人造花材，在造型基调上用干花材（接近鲜花），而在每次不同主题的活动中，在人造花、干花的框架及基础上，插上鲜花，可以增添活动的新鲜、热烈度。除此以外，还可结合光线情况进行选材，光线幽暗的环境，可布置干花，不仅可长期保留其外观，且不易察觉是鲜花还是干花。

8.6.4 花艺颜色搭配设计

花艺的颜色选择要结合空间的主题来进行设置。婚礼现场既可以白色为主，宣扬纯净的爱情；也可以红色为主，宣扬热烈的气氛；还可以粉色为主，宣扬浪漫的爱情。如果是产品发布会，则结合产品本身包装，选择主要色系进行设计（见图 8–19）。

装饰花艺

采用鲜花、干花与仿真花及其他装饰材料，通过艺术手法装饰室内屋顶、墙面、隔断，营造艺术的交流空间。

图 8-19　装饰花艺（一）

图 8–19　装饰花艺（二）

8.6.5 插花艺术

插花的主要使用场景是商业和家庭，根据表现形式可分为中国式、日式和西洋式。

1. 中国式插花

中国插花的取材与造型，都被赋予了寓意，作品令人遐想，且处处贯穿着“天人合一”的思想。其花器丰富，传统花器有瓶、盘、碗、篮、缸、筒、盆等。以“花”作为主要造景素材，结合表达主题选择不同花器，一切都恰到好处，令人欢喜。中国人热爱自然，崇尚自然之道，在中国插花的表现中姿态、线条、构图都是自然式的，上轻盈稀疏，下厚重浓密，高低有致，相互呼应（见图 8–20）。

中国式插花

以松、梅、牡丹、兰花、配叶为材料展现中国福禄寿的吉祥，构图虚实有度，宛如一幅画卷。

图 8–20　中国式插花（一）

图 8-20 中国式插花（二）

2. 日式插花

日式插花与日本园林类似，注重营造悠远的意境，其花材用量少、选材简洁，除三个主枝外，花儿往往并不担负重要的角色，每每需要以不同感性去欣赏花及其造型（见图 8-21）。

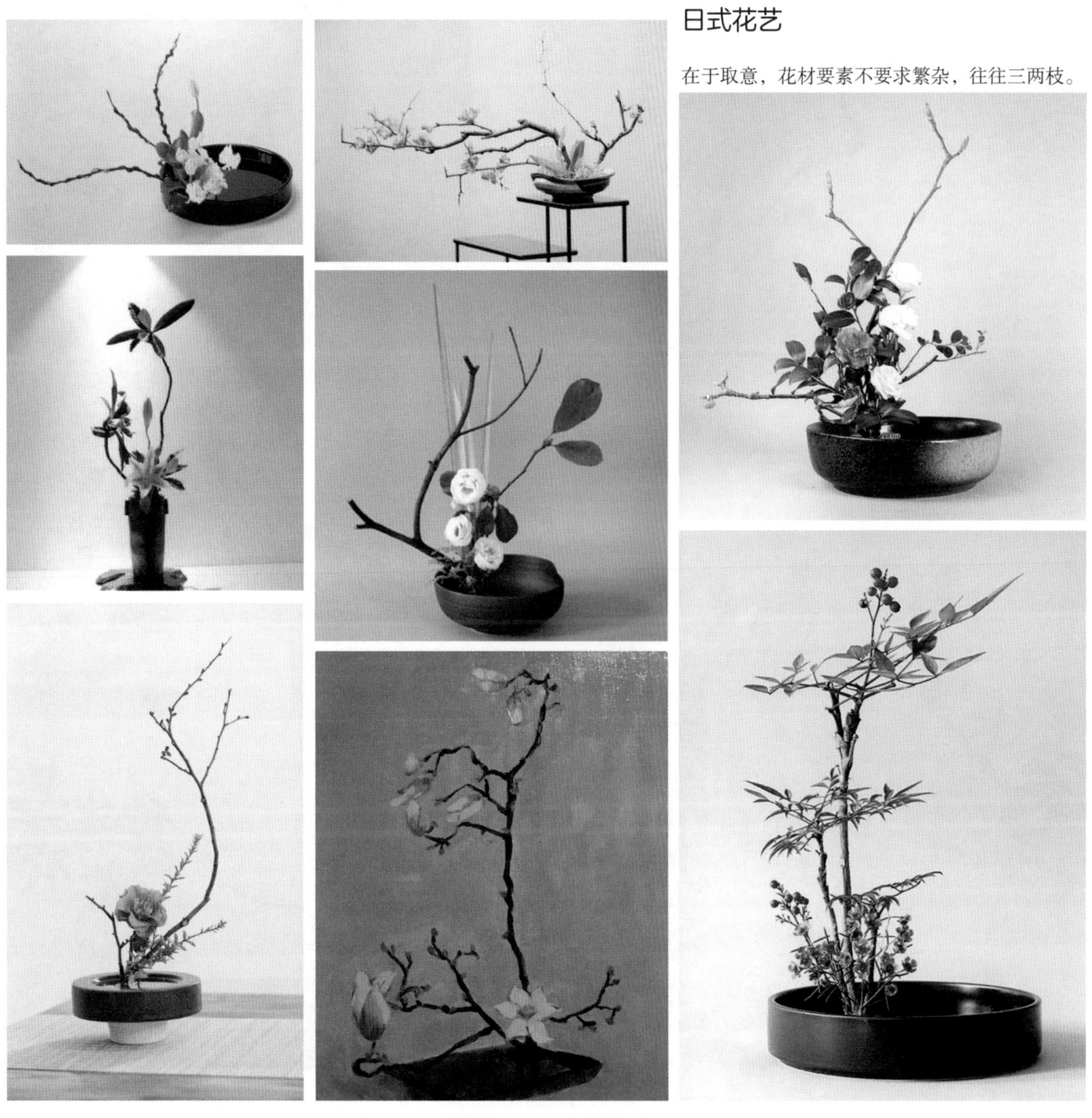

图 8-21　日式插花（一）

图 8-21　日式插花（二）

注：部分图片来自《插花艺术》。

3. 西洋式插花

西洋式插花犹如油画的热烈，讲求实用，同生活结合较为紧密。西洋式插花比较理性，插花无论从色彩的选择，还是空间的塑造上皆有迹可循、按部就班：花色注重搭配，会选择相同或相近色系来形成作品的基调色，起到相互烘托的效果；构图把握作品整体的平衡；布局均匀有致，主次分明，主题明确（见图 8–22、图 8–23）。

图 8–22　西洋式插花造型艺术（一）

图 8-22　西洋式插花造型艺术（二）

花艺时尚

图 8-23 人体模特插花艺术（一）

图 8–23　人体模特插花艺术（二）

8.7 主要参考文献

国家人民防空办公室：《地下工程防水技术规范》（GB 50108-2008），2007。

王月宾、单进、韩丽莉：《国内屋顶绿化施工技术解析》，《中国园林》2015 年第 11 期。

中国工程建设标准化协会：《建筑结构荷载规范》，中国建筑工业出版社，2012。

中国建筑防水材料工业协会：《种植屋面工程技术规程：JGJ 155-2013》，2013。

第九章 园林产业推动城市化发展

9.1 园林产业推动城市经济发展

善于运作的城市，往往在拍卖土地之前，就对地块赋予了很高的战略地位，并把相关的城市政策、资源叠加到地块上，从而让投资者对该块地有了预期，拉动了土地价值。在此期间，基础设施的建设是让这个地块的附加值来得最真实的福利，而园林则是给了这个地块无限生机的活力，让人民内生向往，让投资者热血沸腾。一个地块有没有价值，来自未来的业态能否有增长点，如果一个城市特有的增长点汇集在一个地块，那么这个地块很快就有了溢价，而景观是快速形成寸土寸金外在效果的最佳工具。

因而，政府在一个新区打造前，往往先行园林环境建设，当苗木在成长若干年后，绿树成荫，于是这块地也成熟了，追加道路等基础设施建设，重新规整一下园林景观，这块土地的高附加值就出来了。一个城市将园林运用得好，确实可以为这个城市土地带来更高价值。

9.2 园林产业推动房地产发展

虽然我国园林景观在房地产中的作用发挥起步较晚，但是在人们高品质生活追求下，其发挥的作用越来越大。当地块的价格出来后，可以测算出土地单位价格，在这个价格之上，开发商还需要有利润，于是，开发商为了增加溢价，想方设法做出更加有卖点的故事，那么园林在这个环境中就扮演着讲故事的主导者的角色，营造出绿色、健康、环保、低碳、文化等不同风格作为吸引消费者的亮点，让消费者在留恋迷人景色中不知不觉进入故事情节，并为此埋单。正确把握园林景观在房地产中的作用，对房地产的发展具有极其重要的意义。

9.3 园林产业链的发展

我国园林景观行业市场化历程比较短，从 20 世纪 90 年代民营园林景观企业兴起，到 21 世纪初园林正式引入市场化，园林景观行业经历了从蹒跚起步到蓬勃发展的过程。

9.3.1 园林产业链的内涵

园林景观行业的产业链包括了育苗、设计、施工及养护等一系列的专业分工。园林行业上游为原材料供应商，下游为园林景观产品及服务的采购者，包括各级政府、房地产商、企事业单位等（见图 9–1）。

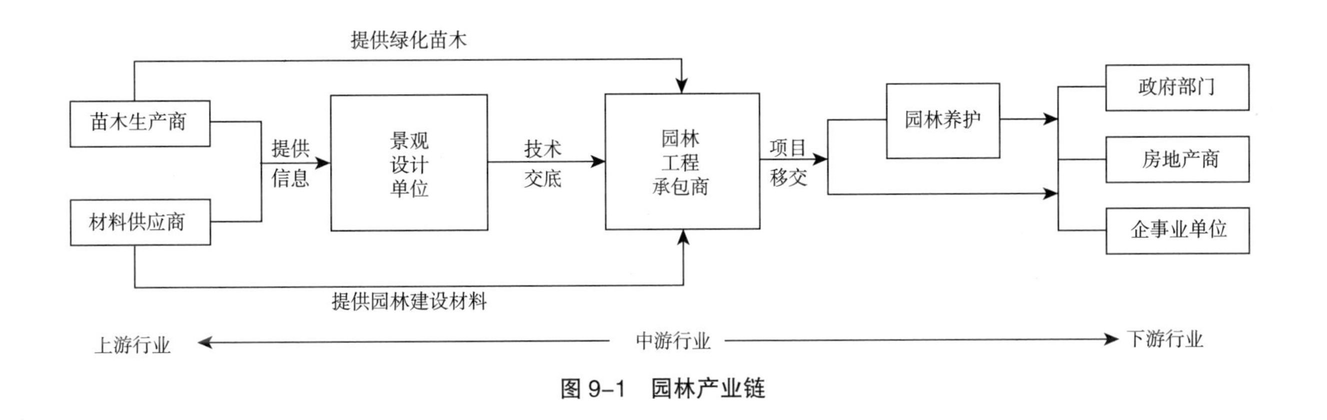

图 9–1 园林产业链

园林育苗、设计、施工及养护这些产业部门之间，互为补充，联系紧密，因此突破上游边界，建立一体化的产业链，提高公司竞争力，成为未来趋势。

拥有一体化综合服务能力的大型园林企业能独立承担一个完整的园林绿化项目，既缩短了施工时间，也避免了设计与施工对接不良等问题，能提高园林项目的施工效果、为客户提供高质量的施工服务；使用自己培育的苗木资源，能有力地保障工程进展，也有利于降低苗木运输成本、提高营业利润。

园林景观行业的下游客户主要为政府部门、房地产开发商和企事业单位，其对园林景观需求的变化将影响园林景观行业的发展，而宏观经济环境下投资主体的资金松紧也使园林景观行业呈现周期性特征。政府要统筹规划，科学发展。

9.3.2 园林产业现状

近年来，随着经济的高速发展，上游园林苗木的生产规模迅速扩大。从零星的一些苗圃商家发展成上万家苗圃企业，种植面积不断扩张，种植规模和品种也不断增加。

随着人们生活条件的提升，园林产品在市场的推动下不断升级，人们用不同的苗木来表达差异化的个性特征，彰显出不同的生活追求及品位。就目前来看，当前园林产业主要呈现以下几个特点。

1. 产品结构区域特征明显

在我国，园林苗木产业主要集中在江苏浙江、北京天津、广东广西这三大片区。这些地方拥有不同的地理环境，自然呈现不同的苗木结构。总体上讲，各地都根据自身优势发展特色树种。

2. 行业集中程度不断提高

我国园林行业目前还处于散点状态，彼此存在行业内竞争，但随着不断的发展，近年来一些龙头企业的不断涌出，第一梯队与第二梯队的实力不断拉开，未来优势企业将越来越集中，凭借资金、运营能力、品牌等逐步提高市场份额。

3. 产业链一体化经营趋势

园林的一体化产业链，是指企业育种、苗圃、设计、工程、维护的一体化结构，具备为客户提供一体化综合园林绿化服务的能力。园林各专业之间存在紧密的内在关系，各点存在相互促进、相辅相成的关系。业主不希望面对众多的乙方，而增加衔接的工作量与麻烦，这就促成全产业链经营成为行业发展的必然趋势，也是企业构建其优势的前提。

4. 景观设计的重要性日益凸显

景观设计直接面对业主，业务的来源取决于设计的质量及与业主的沟通能力，好的设计不仅效果好，而且可以节约不必要的开销，这就导致景观设计将越来越受到市场的欢迎。这是社会经济发展和人们日益重视环境品质的直接体现。

9.3.3 社会环境小趋势背景

（1）近20年来中国房地产业充分绑架中国经济，产业链长而复杂，调控成了常态。

（2）金融业、股市因匹配的法律及制度的不完善，服务水平及效率滞后，主管部门及官员的反应速度与治理水平、上市企业的经营管理水平升级缓慢，导致资本与产业结合进入深水区。

（3）中美贸易摩擦使产业寄希望于拉动内需，制造业堰塞湖释放空间变小，经济全球化与逆全球化共存。

（4）电商、共享、科技、互联网快速升级导致众多供需假象，生产端企业犹若坐过山车，此起彼伏。毕竟都是“小趋势”。

（5）60后、70后、80后、90后等年龄段人群在文化及艺术认知上的差异使整体社会形成认知断层。相互之间甚至存在沟通壁垒，代沟影响经济。

（6）行政管理层水平参差不齐、解读与执行上层政策出现偏差导致老百姓得到的信息紊乱。再加上社会化互联网媒体快速传播导致诸多信息未经过滤而直接入池。

以上六条将波及任何产业及所有家庭，园林自然也不例外。

9.4 园林产业的未来

在社会小趋势与行业规则现状中，园林企业多少有些茫然，但对比其他行业的发展规律，仍可以梳理出一些路径。

9.4.1 需要高度产业化、标准化

园林景观行业是一个非标行业，与服装行业、室内装修行业等的最大区别就是无法标准化，因而很难形成可复制的规模效应。那么，我们可否在现已标准化的行业里找到一些可以遵循的规律？

200年前甚至更早时候，服装行业也是手工的、定制的，原材料品种少、供应量少、所有环节都很稀缺，精美高品质的衣服只有少数人能够享用，那个时候制作衣服的叫裁缝。而当前的园林景观也是极少数人能够拥有，是极其奢侈的生活需求，制作过程叫造园，参与者叫造园匠人。

200年后的今天，服装行业已高度工业产业化，从原料、设计、制作到销售过程都是最专业化、商业化的行业之一；只为少数人服务的高级定制仍然存在，比如部分人的婚纱、礼服；行业高度分化，比如按类型分袜子、衬衫、羽绒服等，还可以按风格分，按使用对象分等。

园林景观行业尽管部分铺装材料是工业化生产的，大部分灌木地被，一部分乔木已实现标准化生产，但整体产业化程度非常低，大部分是定制生产最终产品，如公园、花园等，几乎百分百是定制化生产，一套图纸一个园子；作为公共采购，比如政府、地产商或高需求的私人用户。这个对比说明，定制与工业化、标准化并不

冲突，针对的是不同客户而已。

园林行业原材料（苗木、材料等）的标准化已经基本实现，但是全流程成品服务供应的标准化基本没有开始。工业化、标准化才能让这个行业给更多的客户提供不同级别、类型的服务，行业自然就更大了，就如服装行业有高等级的设计师定制、高端大牌定制，有大品牌成衣、设计师品牌成衣、一般品牌成衣等不同定价的服装，背后是设计、品牌、材料的差异。

9.4.2 基于现有行业范围、规模发展的思考

拿室内行业对比来说明园林景观成品服务供应难度存在的原因。

其实在200年前，建筑跟室内一体化，装修装饰的部分由建筑和绘画等一起完成。那为什么现在室内装修行业的工业化、标准化程度那么高了？除了“人类对美好生活的需求”这个根本之外，就是工业化、标准化带来的福音，室内装修行业，不管灯具、家具、卫生洁具，客户能想到的都完全可以从市场上直接采购到。比如当下的整体家居，除了能提供地板之外，还能提供室内所有内容的标准化全程服务，业主只需采购电器、家具、卫生洁具就可以了。

但园林是一个立体的空间，需要从里面看、外面看，远处看、近处看，而且园林材料基本没有标准的，有室内设计师吐槽不敢接景观设计的原因是，大部分材料都是独一无二的，需要选择、需要重新搭配。按图施工的结果是，不同的预算标准、不同的施工水平下，效果图与现场效果必然出现意想不到的巨大差别。

可以说，园林行业前几十年的发展是基于同类型产品需求的增大而成就的行业变大，而不是需求的多元，这就像服装行业只产工作服和给少数人提供手工定制成衣的区别。可以想象还有无数的客户需求，因为不能实现流程标准化、成为成品服务而被忽视。

而在园林实施更大层面上来看，应该会有园林标准化产业化的全流程服务这个方向，它可以是提供主题性公园、装置花园的全流程服务供应商，它的用户可以是任何主体与个人。

9.4.3 园林行业标准化与定制化并肩前行的趋势

针对采购客户的需求，在预算、施工水准、设计水准都在线的前提下，还需要大量的基础标准化的细分专业与行业，比如专业做夯土墙、水景、构筑物、游乐设施的等，并跟进行业标准。

而景观造型及装饰却无法标准化。比如天然石材、植物。这里有个插曲，这两年很流行天然石材——泰山石片，尤其在中式园林景观中，由于需求量大，于是商家就提供类标准化的、不同规格的这类产品。但加工者

根据设计图纸，要求采购方提供高低长短厚薄尺寸，其实也就是只看单面效果，与室内装修其他材料类似。

同样，植物生产方面能进行标准化生产的，也只有观赏面单一的地被，以及适合大型公共空间的成批、整齐划一的乔木、灌木。如果造园，没法满足“高定”需求，这一块是在苗木产业化标准化之后需要再多一些个性化的苗木供应，且不仅限于传统的罗汉松、黑松、桩景等。

9.4.4 生产方式、商业模式仍有巨大的提升空间

这个相对落后又巨大的行业，可以讨论的东西实在太多，可以想象的空间也实在很大。目前现状是材料部分标准化、项目少量产品化，距离全流程服务还有很大距离，整个行业可以说处在机遇与挑战并存的转折时期，不过不妨碍先将相对成熟的产品开发起来，再逐步完善与扩充范围。

（1）产品的标准化、专业性、容器化。

（2）以苗木核心产品为抓手，拓展工程市场。也就是说未来没有核心产品及技术，做工程、做项目都非常困难。专业技术人员和资本是未来做好工程极其重要的两个翅膀。

（3）未来整个东西南北，跨区域作战将越来越难，产业发展必将“本地化”。

（4）养护、资材市场兴起。俗话说“三分种七分养”，但当下没有专业的养护公司、养护团队，没有对养护建立一个标准的管控系统及技术执行标准是目前整个行业存在的普遍现象，同时也是一个巨大的风口。

（5）产业链协同及管理系统智能化。互联网系统一定会深入研发及应用以降低成本，提升效率。

（6）行业从业人员年轻化，知识结构全面提升，跨越式发展。如今的行业从业人员专业水平大幅度提高，早已不是上一个时代人可比的。

（7）传统“靠权力寻租”“靠地方政府关系”大步往前走的园林企业进入死循环，“ST”（标准工时）成为必然。年轻、稳步发展的园林企业将全面接管。

（8）花卉苗木生产全面“工业化”，更注重机械程度、坪效、人效、品质、财务及可持续。

（9）业主单位（如全国前100名的房地产公司）与行业内优秀苗木生产企业全面深入合作，采用“OEM”（定牌生产）订单式生产，以确保质量，降低成本。

（10）专业媒体、专业媒体人、专业营销机构重新洗牌。

未来园林产业只有不断加强运营能力、人才储备、品牌宣传等各方面的提升，不断加强科技创新，与智慧科技接轨，走自主、引进和集成创新之路才能持续健康发展。我们期待这个行业的发展更加精彩。

PART THREE

第三部分

园林景观在未来城市建设中的新定位

第十章 建设有机城市构想，园林在未来城市中的新定位

10.1 建设有机城市

10.1.1 有机城市内涵

经历了一百多年的摸索，城市环境不断得到改善，却不能彻底治愈，究其原因总结为三。一是仅仅把城市当成一个空间载体、“物”来看待，而不是看作一个有生命的有机体；二是缺乏系统观，城市各个组成部分之间没有建立有机联系，没有联通，不能循环，所谓“痛则不通”，城市病的根源就是各种阻塞引起的；三是城市发展导向是利益驱动，不是考虑城市生命体的健康和承受能力，就像人一味追求物质，在高压下运行，所以就病倒了。因此，我们提出城市是一个有生命的有机体，称之为“有机城市”。

有机城市，是天地间有机整体的一部分，是一个完整而独立、有生命、有活力的巨大的有机体，富有生命底层的内在动力，可以呼吸，可以进行物质和能量的交换流通，具有自我代谢的功能，可以自由吞吐营养与代谢垃圾，机体自动更新，同时与自然同在，与自然界连为一体。在这样的空间中生活，人类仿佛又回到了自然界中，身体康健、精力充沛。

有机城市具备以下特征：第一，是有生命的有机体；第二，是一套完整的系统，而且系统的各个部分是有机联系的、相互贯通的；第三，是自循环的，有一套自我运行机制，可以自我更新、迭代；第四，是功能完备的，组织器官和系统完备且良性运行；第五，是健康的，以人民健康幸福为导向，为人提供舒适的工作、生活环境，而不是产业导向；第六，是有品位的，有精神追求，有文化。

如果进一步采用比较直观的语言来表达有机城市，可以用2010年一部美国3D科幻片《阿凡达》里面的场景进行描绘，这部科幻片将世界上能想象到的美好景观都搬置到了银屏，记得当时观众戴着3D眼镜仿佛置身

情景之间，森林密布、藤蔓环绕、如水母一样飘动在空中的发光动物一闪一闪地围绕在身旁，各种美轮美奂的植物、花朵、怪石、瀑布刷新三观，电影院一片哗然，这里没有高楼大厦，人们住在树上，与大自然融为一体（见图 10–1）。而在远古时代，人类的生存环境就是如此。

那么，在钢筋混凝土的城市空间，如何实现有生命力的城市呢？重新想象一下，阿凡达的场景如何嫁接在钢筋混凝土之上？置身有机城市，一切应该是美好的，你能完全卸下枷锁融入环境中，天人合一。

你所看到的是视觉盛宴：色彩斑斓、空间变化层次丰富；你所听到的是自然的交响乐：潺潺流水的琴声、风儿抚摸树叶的低吟、小鸟欢悦的歌声；你所嗅到的是怡人芬芳；你可以摘到头顶下垂的水果，尝到或甜亦酸的滋味；沉浸在和煦的日光下，闭上双眼，置身怡人梦幻的鸟语花香中，这一刻，你打开了所有的感官系统，每个细胞都贪婪地吮吸着自然的甘露。

城市的钢筋混凝土不见了，被层层美丽的植物包裹着，整个城市呈现出来的是一派原生态的自然面貌。

有机城市，是把城市当作一个生命有机体，他与大地一脉相承，同呼吸共命运。人与居住环境、人与天地置于统一的动态生态系统内，形成有机的整体。这样的城市是健康、畅通的，是自由呼吸、自我循环的，可持续地为人类提供高质量的人居环境。

“有机城市”理论的提出，彻底将城市当作一个有机生命体看待，并按照生命整体的系统性、全息性进行统筹考虑，从城市的空间形态、社会文化形态进行全面而系统思考。这样立足整体性的角度俯瞰城市的细枝末节，可以快速找到城市病因，并因循病源疏通筋脉，治疗城市疾病。

图 10-1　人与自然和谐相处（一）

《阿凡达》镜头中的生态环境

镜头中，人与自然和谐共荣，人与自然界的一切都可以对话，人只是自然环境的一分子，在那里人与自然和谐相处，自然环境奇幻美丽。

图 10–1　人与自然和谐相处（二）

注：图片引自电影《阿凡达》。

10.1.2 自然居住理想由来已久

1. 中国自然居住观

自然栖居，这种生态的理念最早应该追溯到中国东晋郭璞的《葬书》，书中记载：葬者，藏也，乘生气也。五行行乎地中。发而生乎万物。木华于春。粟芽于室。经曰。土形气行。物因以生。此段文字阐述了中国传统深厚的自然风水观，描述了生态循环的一种状态：物质最终归根于土地，通过分解进入土地营养成分中，继续生发植物，形成万物生之源。

明崇祯年间的《园冶》中描述："景到随机，在涧共修兰芷。径缘三益，业拟千秋，围墙隐约于萝间，架屋蜿蜒于木末。山楼凭远，纵目皆然；竹坞寻幽，醉心既是。轩楹高爽，窗户虚邻；纳千顷之汪洋，收四时之烂漫。梧阴匝地，槐荫当庭；插柳沿堤，栽梅绕屋；结茅竹里，浚一派之长源；障锦山屏，列千寻之耸翠，虽由人作，宛自天开。"表达了与自然和谐共处的造园思想：园林的设计虽是人的作品，却是学习、模仿、顺应自然的结果。我们从中国传统的"天人合一"里，可以得到对宜居环境打造的启示，首先就是要把"天"和"人"二者协调，也即深入研究天地环境的改变和人体身体健康状况这两者之间的关联及变化规律，细化具体进而形成适宜的人居环境建设方案。

2. 西方自然居住观

1820 年，空想家罗伯特 · 欧文（Robert Owen）初次提出了"花园城市"的理念。50 多年后，也就是 1878 年，在美国波士顿的城市公园规划中，景观设计师奥姆斯特德（Olmsted）提出要打造一个保护水系的城市生态公园，并通过纽约中央公园（见图 10-2）、纽约林荫道及波士顿翡翠项链等的设计来实施。他的纽约林荫道系统被认为是纽约区域规划的先河。另外，其著名的思想还有尼亚加拉大瀑布的保护、国家公园体系等。

图 10–2　纽约中央公园

针对无序、野蛮的开采自然资源，奥姆斯特德提出要通过规划进行合理开发，不仅要对其进行保护，还要加以管理和维护。对于都市的糟糕生活体验，他提出整改方法：建立公共的园林景观，打造成开敞的城市空间，引入乡村的元素，把城市园林化。他的基本思想是，如果把公园和公园有效链接起来，形成一个生态整体，效果会远远超过单一的公园，这样城市就仿佛融在了自然之中。

3. 有机城市的实践

A. 新加坡花园城市的实践

新加坡，历经 60 载的深厚积淀，蜕变为备受世界关注的花园城市，这不仅体现在新加坡的主体建设上，也体现在其深入了每一个新加坡人的内心。新加坡的土地面积狭小，在高速的城市化推动过程中，他们深刻认识到要和自然相融，才能存续发展，并庇佑子孙。正是基于这样的深刻认识，在城市规划中，新加坡有意地加大了对公园等开放空间的打造，结合其海岛优势，构建水系特色，绿篱贯穿其中。历经几代人的不懈奋进，新加坡惊艳了世界，创造出了“花园城市”。新加坡的卓越成就，改变着这座城市这个国家的面貌，吸引着来自世界各地的游览者和投资企业。

“绿色新加坡”以其特有的内涵让每一个来到这里的人们，留下了灿烂的笑颜、轻松的心情和愉悦的体验。新加坡的滨海湾花园，就像电影《阿凡达》里的花园一般，令人向往，其采用回收能源再利用的生态循环办法对花园进行了设计，并经艺术大师之手，展示出比如“超级树”“花之穹顶”“云之森林”等唯美动人的垂直园林绿化。2019 年通航的星耀樟宜生态机场，几十米高的候机厅，通过不同楼层的垂直绿化，形成了一个大型的垂直绿色森林，中央巨型的圆形瀑布，提升了整个绿色生态环境的感受度。而更多的公共建筑纷纷采用屋顶花园、垂直绿化、屋内庭院的方式，加深了观者对新加坡花园城市的印象（见图 10–3）。

B. 米兰“垂直森林”

2006 年，在米兰的土地上“长”出了一处新的世界纪录，那是高达 100 多米的绿色的姊妹楼，其以生态的颜色向世界展示着独一无二的垂直森林。整个垂直森林种植有 5000 多棵树、1 万多株草，仿佛给人定义出了未来住宅的概念。这一承载绿色生命的建筑，让人足不出户，就生活在森林，可以观树赏花。用绿植给建筑体织了一件厚的绿色毛衣，看起来是那般鲜艳、那么显眼。这一新颖的生态创意，也必将广泛应用于未来的建筑中（见图 10–4）。

新加坡的生态园林建设

新加坡经历了 60 多年的花园城市建设经验积累，在城市生态园林建设上产出了大量的优秀作品，引领着整个世界的生态园林建设，是全世界最瞩目的花园城市。

图 10–3　新加坡花园城市建设（一）

图 10–3　新加坡花园城市建设（二）

米兰垂直森林

米兰垂直森林开启了绿色建筑新纪元，实现了在建筑上大量种植植物的梦想，构建了居住环境的生态系统，让人们居住在闹市，也仿佛身临郊区花园中。

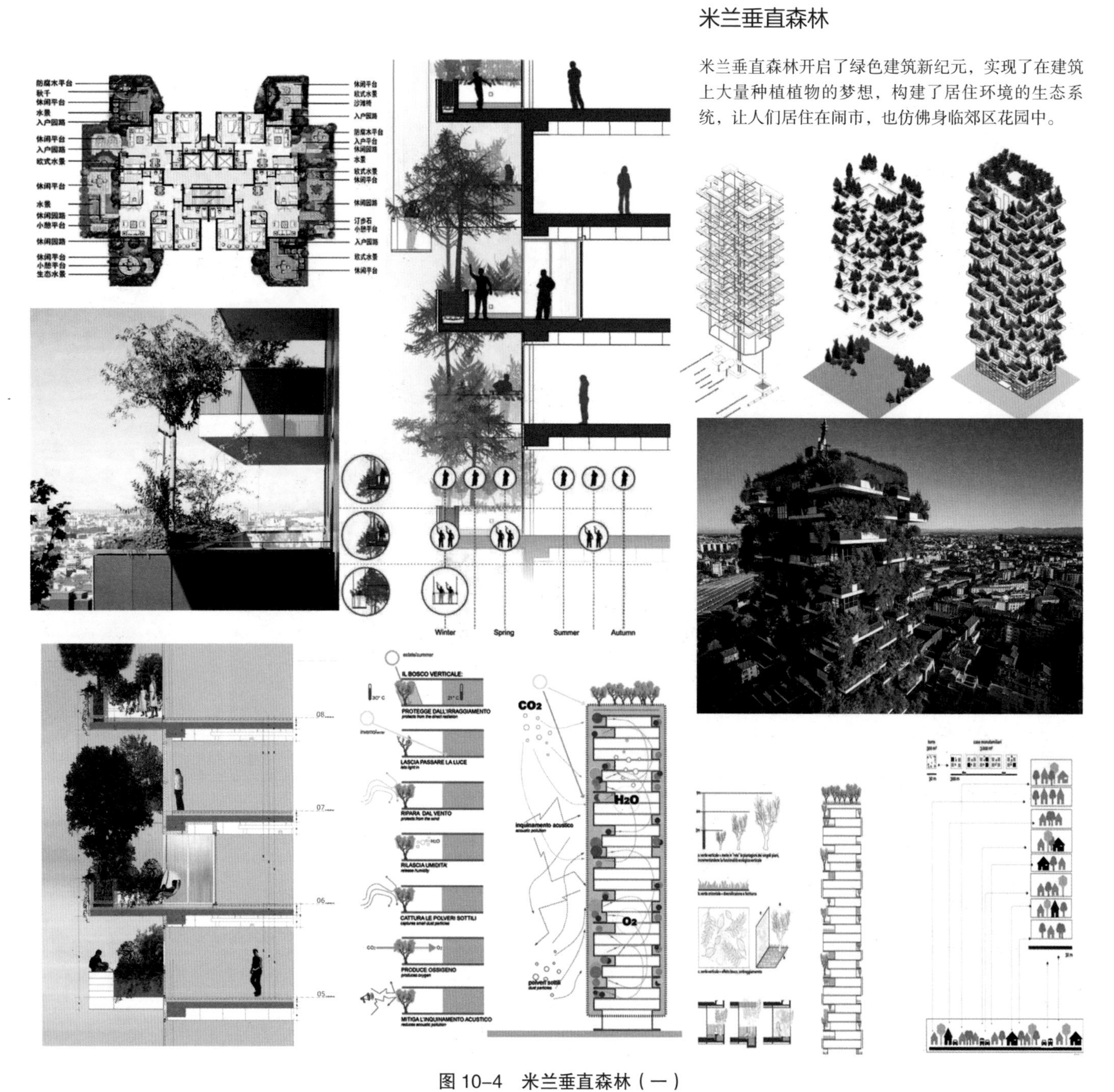

图 10-4　米兰垂直森林（一）

图 10–4　米兰垂直森林（二）

注：图片来自《欧洲商旅资讯》。

C. 生态、文化、科技融合的有机设计

a. 昆明白沙河仿生有机规划

云南是中国最大的生物基因库，在云南的省会昆明白沙河，树枝仿生造型的规划，以及建筑单体生态绿色的有机设计，符合地域特征以及未来城市发展趋势，整个设计同时融入了云南代表性动物——孔雀的形态，将动植物生动有机地结合，形成流畅、灵动、具有生命力的有机规划。而建筑本身也是绿色与科技并进，将健康与智能有效结合，见图 10–5（一）。

b. 哀牢古国“活态博物馆”

哀牢古国“活态博物馆”以哀牢历史文化为线索，采用现代生物绿色高新技术手段的指导思想进行设计与打造。以此为思路，总体规划依托原有的山水格局进行布局，建筑随着地势高低进行设计，造型依据哀牢古国的文化属性，在绿色中布置建筑功能动线，在建筑中设计绿色空间，总体规划弱化了人工建筑的痕迹，人们穿行其间彷佛置身于古国原始森林的状态中，见图 10–5（二）。

D. 有机建筑

有机建筑是活的，实实在在具有生命力，模糊着自然与建筑的界限，融在了一起。因其独特的存在，自成一派，开创者是美国的著名建筑师 F.L. 赖特（Wright）。墨西哥有名的有机建筑师 Javier Senosiain，以光滑柔软的线条模仿沙丘、山丘和洞穴等自然形状，融于环境且充满梦幻感。这种形体自由的半地下住宅，就像早期人类或动物的庇护所一样，利用洞穴而不改变环境，建造一个像母亲怀抱一样温暖的避难空间。由于屋顶土层的保护，海绵吸水一般，即使有地震或风暴，灾害所带来的振动也会被土壤吸收，不会造成人员伤害。同时长在屋顶上的鲜活草坪，就像绿色守护神一样，隔离着火灾的危险。

有机建筑应该是一个可以适应人类活动的空间，且具有可持续性，内部环境充满和谐。符合人类物质和心理的需要，充分尊重人之始于自然本质及其在历史中所创造的有机空间。当建筑形态不再被传统框架所束缚，它可以在任意角度进行开窗设计，利用自然光照，让室内空间变得更加明亮与通透（见图 10–6）。

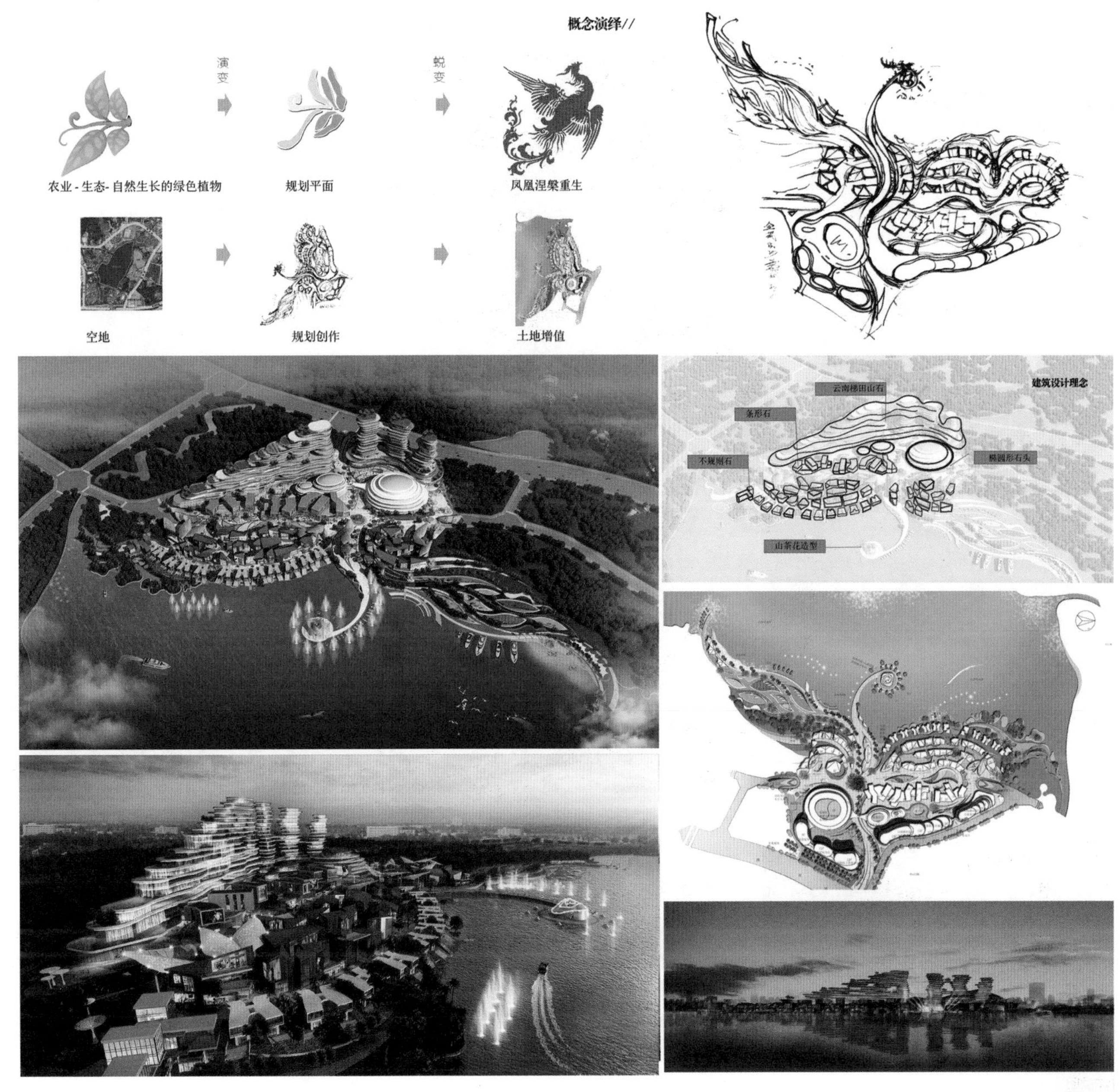

注：由北京开创时代文旅供图。

图 10–5　昆明白沙河仿生有机规划（一）

注：由北京开创时代文旅供图。

图 10–5　昆明白沙河仿生有机规划（二）

有机建筑

与自然完全融合的一种建筑形态，形状取自大自然，建筑内外融于大自然，充分利用大自然光照、空气与通风，节能环保、安全舒适。

图 10-6　Javier Senosiain 的有机建筑（一）

图 10-6　Javier Senosiain 的有机建筑（二）

注：图片来自公众号“木叔”。

E. 柳州“森林城市”及中国多数城市相继推出森林城市

中国广西柳州基于意大利垂直森林的建设技术，建立了“森林城市”。这个项目垂直绿化拥有 100 多万棵植物和 4 万棵树木，每年可吸收近万吨二氧化碳、57 吨精细粉尘污染物及释放 1000 吨氧气，并促进当地的生物多样性。建成后，这样的绿洲除了吸收有毒空气之外，还可阻挡噪声污染，吸引当地鸟类、昆虫和小动物，动物的栖息地反过来可以支持生物多样性（见图 10–7）。

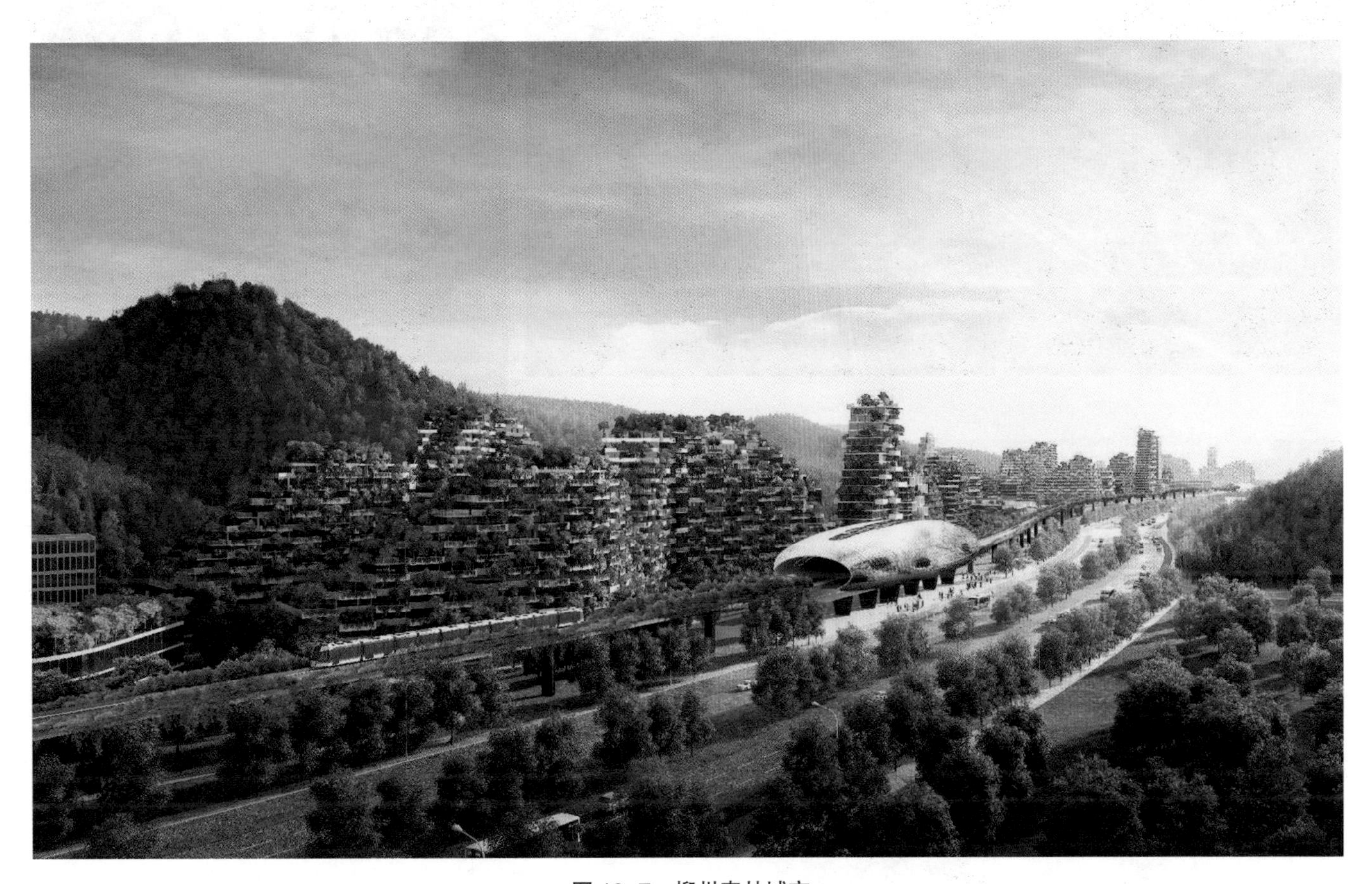

图 10–7　柳州森林城市

近几年，垂直森林在中国可谓遍地开花，除了在广西柳州大规模建设以外，在上海、重庆、湖南株洲、陕西韩城、江苏南京、贵州贵阳、河北石家庄和四川成都等地，此项计划也将相继推出（见图 10–8）。

图 10-8　中国部分垂直森林建筑（一）

▲上海垂直森林
▲重庆垂直森林
▲贵州垂直森林

图 10-8 中国部分垂直森林建筑（二）

注：图片来自“AssBook 设计食堂”。

F. 第四代住房：别墅四合院相结合的空中花园

住房走到今天，概括起来已经经历了茅草房、砖瓦房、电梯房三个时代。不同的住房解决了各个时代的困扰与需求，当人们已经解决了基本的衣食住行，向着更健康与更美好的生活标准迈进时，人们开始规划未来新型的居住空间。

第四代住房需要满足健康的需求、美好的需求、便捷的需求，并能更加环保地融入整个城市空间中。比如，由清华大学设计的“空中庭院房”，将四合院、胡同街巷、郊区别墅三要素高度集约化，搬到了城市中心，搬到空中。每一层的公共院落，促进着邻里的交流与融洽；每家的小院，满足着家庭种菜养花、闲适生活的诉求，车子还可停到家门口；有长满植物的建筑外墙，人与大自然生活在一起。

从第四代居住的设计方案可以看出，其不但注重了方案实施技术的可行性，从落地实施的经济效用上更是做了有效的分析，这必然成为未来居住的一种趋势（见图 10–9）。

第三代住房
第四代住房
有家有院 才是真正的好房子
A house with a yard is a really good house
Each floor is a public courtyard with a lane
这是人类一项前所未有的
The 4th generation housing is a major
还可使每家每户都是独栋别墅
but also allows each family is a single family villa
Resident families will part with dark underground car parks
which are full of dirty air
the construction area and cost,
and also the prices, are nearly the same as that of the common houses
On the basis of summing up the experiences
and lessons of many green ecological buildings both at home and abroad
Its private standard swimming pool
There is a private yard out of each house's living room
and also a piece of land of scores of squire meters
120平米
138平米
第四代住房，一个人类住房新的时代
更方便人们上班、上学、生活、医疗、和出行

图 10-9　第四代建筑（一）

第四代住房
别墅四合院相结合的空中花园

以郊区别墅、胡同街巷以及四合院这三种形式相结合而成。每家都有花园，展示了一种极端的私有化公共生活的场景，借此表达了人们的公共生活逐渐走向私有化的方向。而垂直森林，是其中的一种方向。

图 10-9　第四代建筑（二）

注：图片来自“腾讯视频”。

10.1.3　有机城市的运行机制

基于国内外对于有机、生态、绿色建筑的探索与实践，有机城市的建设成为一种可能，下面就在现有的技术条件下，对有机城市的运行机制做出概括性描述。

1. 有机城市的框架

城市如人体一样，有各种组织器官，每个组织器官都有各自的功能，各个器官彼此协同统一，形成有效的集体意志，运转着城市新陈代谢。作为城市，新陈代谢的功能建构在城市基础设施上，包括能源、通信、交通、防灾、环境等系统，这些基础设施能保证城市机体正常运转，就如人体的五脏六腑，能够保证人体新陈代谢，从而延续生命一样（见表 10–1，图 10–10）。

表 10–1　人体与城市功能对比

功能	人体	城市
吸收、消化、排泄、输送	物质循环系统	供水 / 污水 / 垃圾处理、供电及交通系统
能量补充	能量系统	能源系统
气体交换	呼吸系统	绿地系统
信息处理	神经系统	信息系统
行动驱动力	动力系统	经济系统
机能调节	精神世界	城市广场、景观、文化

这些基础设施的固定保护设备，犹如人体的骨骼，将有序、节约、高效地统一布局在城市各大功能地下空间中，尽可能地在满足功能的情况下集约化利用地下空间，保证地上地下的有效呼吸和联通功能，同时保证尽可能少地占用地下土壤空间，让土地尽量保证全方位通透。

城市土壤如人的肉体填充而成城市的机体：饱满、通畅、富有营养。地表上的绿地、广场、建筑，如人体的毛发、皮肤与五官，塑造城市美好的外表。人体奇形怪状的五脏六腑，都藏在皮肤以下，通过人体的骨骼、肉体、皮肤逐层进行包裹，最后外表装饰，形成了悦人的形象。

城市在发展过程中，也逐步意识到对这些基础设施进行隐藏，以获得更加整洁、美好的外貌：早期城市的

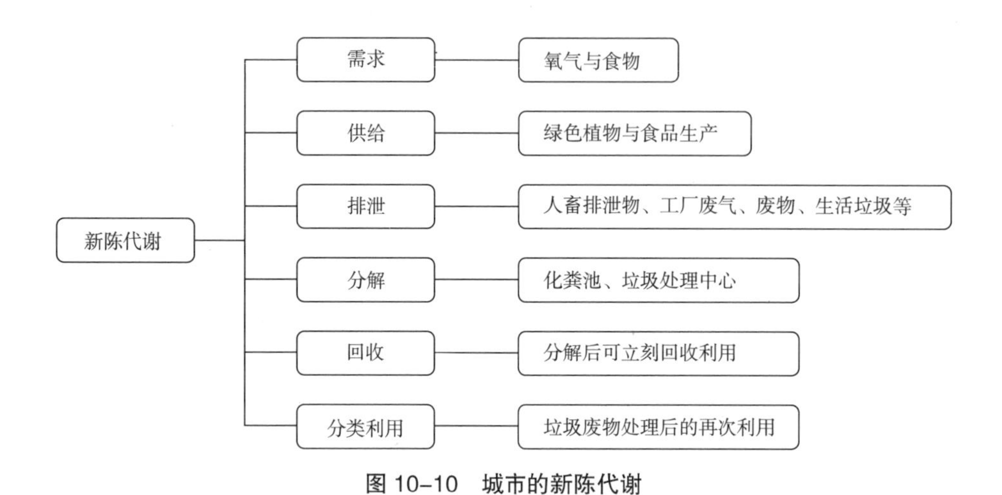

图 10–10 城市的新陈代谢

电缆、通信、给排水设施通过立柱挂在城市上空，随着城市风貌整治，逐步埋到了地下，甚至交通系统中的地铁从诞生就存在于地下，未来机动车交通系统也将全部进入地下（见图 10–11，图 10–12）。

图 10–11 城市功能分工布局（一）

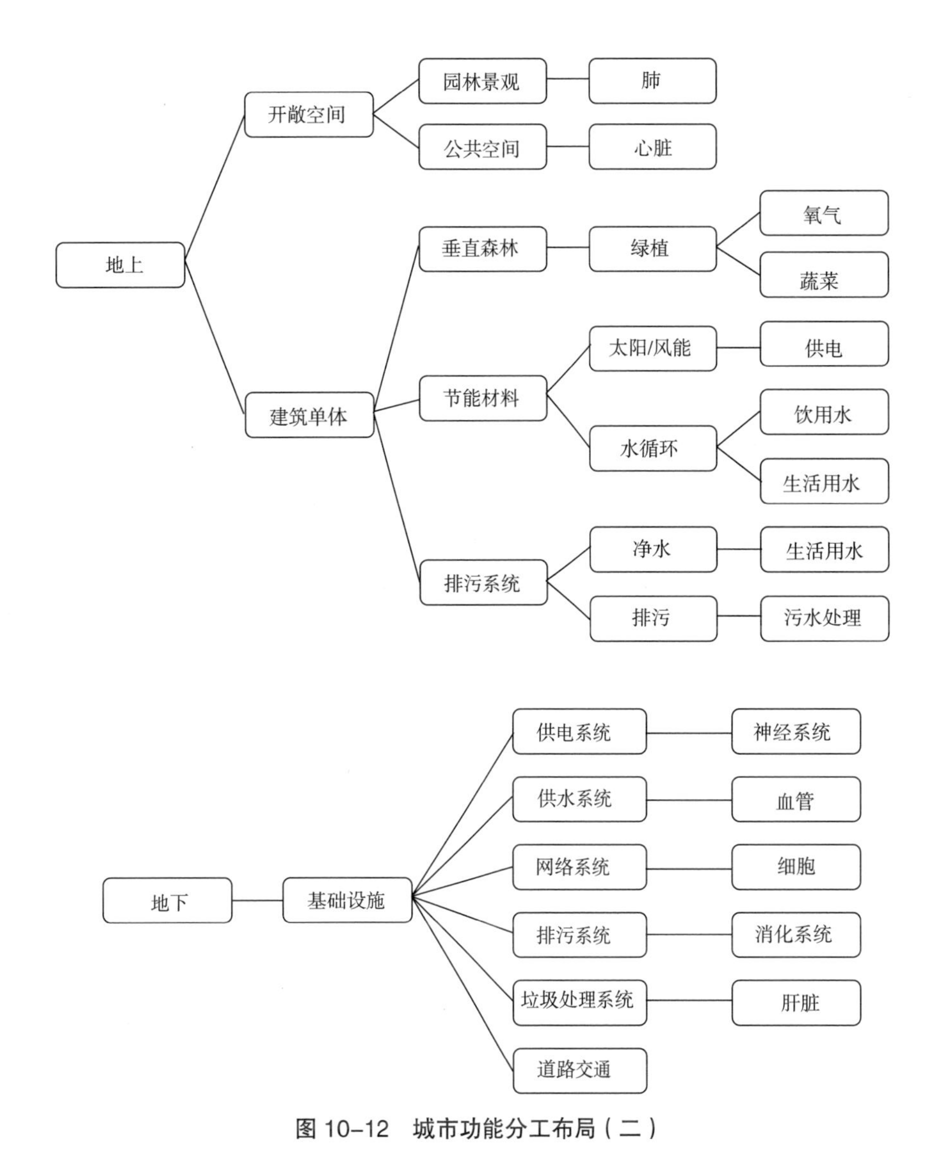

图 10–12　城市功能分工布局（二）

2. 有机城市的运行机制

城市的发展，产生了大量的废气、热辐射、排泄物，处理这些会消耗巨大的能源，其实，这些也会通过植物来消耗分解。我们以前是先有城市后有公园，其实我们可以转换思路，先有公园后有城市，这就要求在城市规划的起始点上，认真思量，把绿色空间的营造作为城市的主体，增加景观多样性，丰富生态城市，创造有机的城市体。

现在的城市采用的是自上而下的运营机制，城市的基础设施按照由主及次的层次分布，带来的弊端就是基础设施庞大但效率低下，而未来的有机城市却与之完全相反，引入区块链概念，分布式布局。城市的新陈代谢最小单元为建筑单体，其次是社区，然后是城区，最大单元就是整个城市。为了节约城市流动过程中产生的空间占有和设施配备，以及及时回馈更加高效，城市的物质、能源供给尽量采用就近及就地原则：建筑单体所要消耗的能源尽量自给自足，新陈代谢所排放的污水、垃圾尽量自我消化，这就要求污水与垃圾处理能够便捷高效化发展；建筑单体不能供给的能源以及消耗废水与垃圾，由社区提供支持，这就要求社区能够集中再生能源采集与废水、垃圾处理循环回收利用；社区不能供给与消耗本区的资源与垃圾，就需要城区集中分配供给与处理；最终全城通过分布式的基础设施，消除城市的盲区。从建筑单体—社区—城区—全城，形成了城市自下而上的能源供给与消化的路径，路径流通过程中，所需与排放越来越少，最终释放了城市基础设施的负荷，埋在地下的市级基础设施会越来越少。从而形成适宜的人居环境建设方案（见图 10–13，图 10–14）。

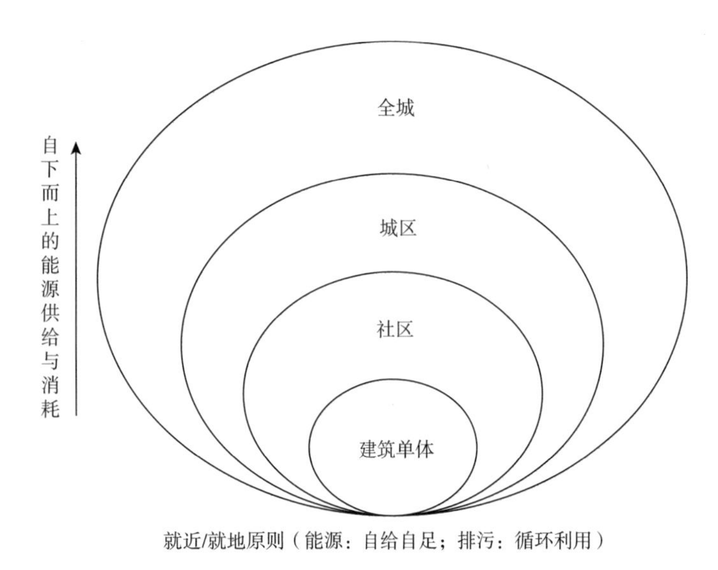

图 10–13　城市能源与物质运行机制（一）

从有机城市的新陈代谢过程可以看出，从建筑单体开始，每个环节都需要各行各业的协同配合与技术更新，实现有机城市是一个综合性系统工程。由有机城市最终的目标反推城市的面貌，再到实现这样面貌的设施配备，由表及里，找到实现有机城市的要素。我们的目标是实现具有生命力与灵性的城市环境，它与大地相连，吸收土地精华，与环境融为一体，能感受到自然的一切变化，实现天人合一的生存空间。

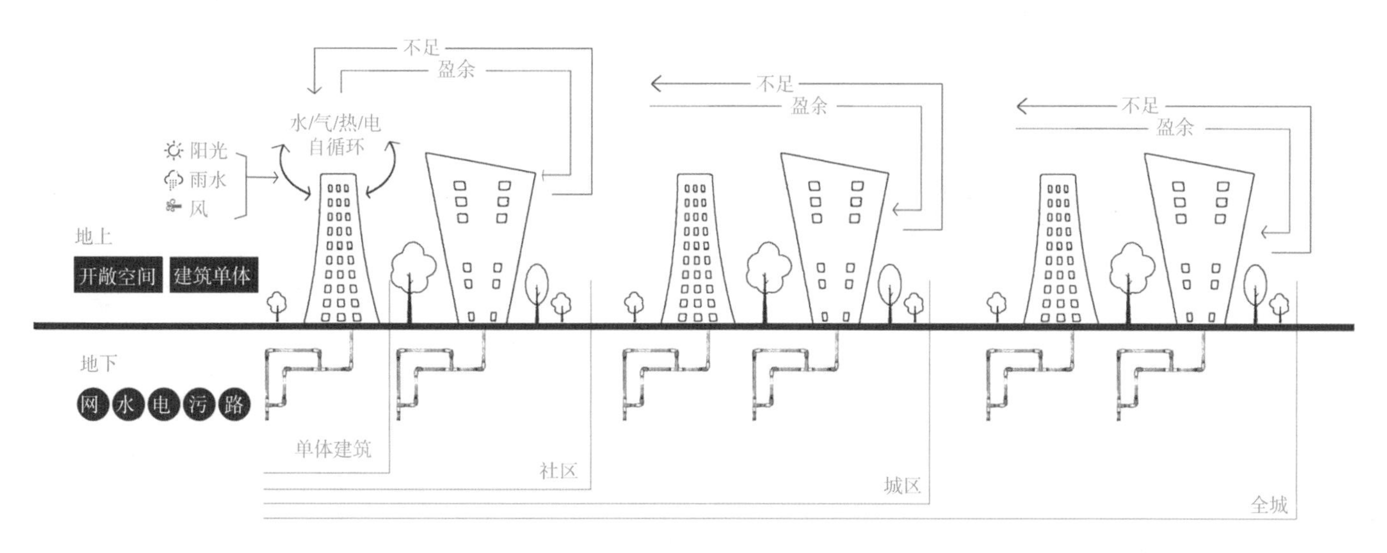

图 10-14　城市能源与物质运行机制（二）

所以，这样的城市，首先是与大地相通的，那么打造呼吸城市是必需的；其次，要形成与自然和谐共生的环境，应该友好地邀请所有的生物来参与城市的生活，因而，建立生物多样性的生态系统是必需的；再次，消减建筑以及基础设施对环境的伤害和提供充沛的氧气供给，因而，建设垂直森林以及室内森林是必需的；最后，减少甚至不需要城市能源的消耗，因而，再生能源高效、低价的开发利用势在必行。

3. 有机城市的规划及设计

A. 城市规划阶段

有机城市的设计需要不同尺度地贯彻实施。在城市总体规划层面需要注重点线面的结合，保证绿色廊道的畅通，以保证生物多样的连续性。“设计结合自然”，需要依据城市的自然条件，充分利用原始条件，创造因地制宜的城市空间和绿色基底。并设置好总体控制城市绿地率、绿量指标、生物多样性规划、城市建筑的环保标准、建筑垂直森林运用细则等细节，依据不同层面的规划，设置对应的规范导则，从概念规划开始、逐步到总体的规划、然后是详细规划，一直到修建性详细规划，同时制定对应的行业标准，指导城市的花园建设。

B. 花园规划阶段

无论是公园、市政、道路、企业、学校、医院、住宅还是车站等，虽然各自的用地标准不同、功能用途不同，但都要把每一处用地当作花园规划，只是不同场地花园大小不一而已。比如，向大众开放的城市公园，属于公共绿地，就要有极大的生态性，要建造湿地，有意识地引入相关动植物，聚集生物多样性，营造美妙的湿地景观，使其形成自循环生态。

同时为市民建造活动广场、亲水平台、休闲栈道等，融娱乐、社交、教育于一体。再比如城里的路和河，是贯穿全城的纽带，有重要的连接功能，对景观的连续性及多样性流通都会起到作用，也就要求设置层次分明、结构丰富的多样景观，能很好地与小动物一起生存。人流集中的区域，要对人和车进行分流，车辆进入地下车库，地面设置集中湿地，要分别设置透水、净水、蓄水功能，同时给建筑体着绿装。

C. 景观设计阶段

景观设计阶段，内容丰富，从图案、植物、空间、小品等方面都需要做到十分详尽。设计场地图案：融入本土文化特征，用艺术雕塑、造型、颜色、轮廓等凝结成不同的标志性图案，增强识别度。选择植物品种：园林树种，以本土树种为主，外来引入种为辅。还应重点培育本土的野生物种，丰富地域文化，凸显区域特征。变化空间层次：植物有高有低错落有序，建筑有的显有的隐，有的开有的合，不仅要有相得益彰的美感，还要有绿色低碳的环保。运用景观小品：在色系上要“多”，在造型上要“美”，在功能上要“适”，在安置上要“巧”，为空间提供声、光点缀，以及收集垃圾的实用功能。

D. 室内景观设计

人大多的时间是在室内，虽然无法做到人人住树屋，最起码可以有盆栽、盆景的点缀，让空间多一抹绿意，也可以是爬藤，布满单调的墙体。目前的墙体没有考虑绿化的需求，在防水和负荷上还达不成花园建造的基础，但较为成熟的墙体绿化、构造生态墙植物墙是可以实行的选择。在未来，伴随垂直立体绿化的成熟，在家享受室外花园还是会实现的。

4. 技术措施得以保证

有机城市的愿景宏大又具有诗意，但落入工程层面，会遇到诸多的技术壁垒，只有逐一突破才能看见这一“诗和远方”。城市所产生的大量废水废物，要经过生态的办法进行处理，让其重新回到城市，让这些废水、废物能转化成新的可利用资源，这是非常重要的环节。在有机城市建设过程中，生态材料的开发与运用也非常重要，比如渗透性强、耐受力强的地面铺装材料，可增强城市地上、地下的通透性；建筑材料的环保性、耐受性、呼吸性，使建筑的运用范围更广，为屋内可栽植做好准备。开发植物品种，为有机城市多样景观及生态性做好准备。后期城市的智能化管理系统，为便捷式管理多样化的有机城市系统做好充分准备（见图 10–15）。

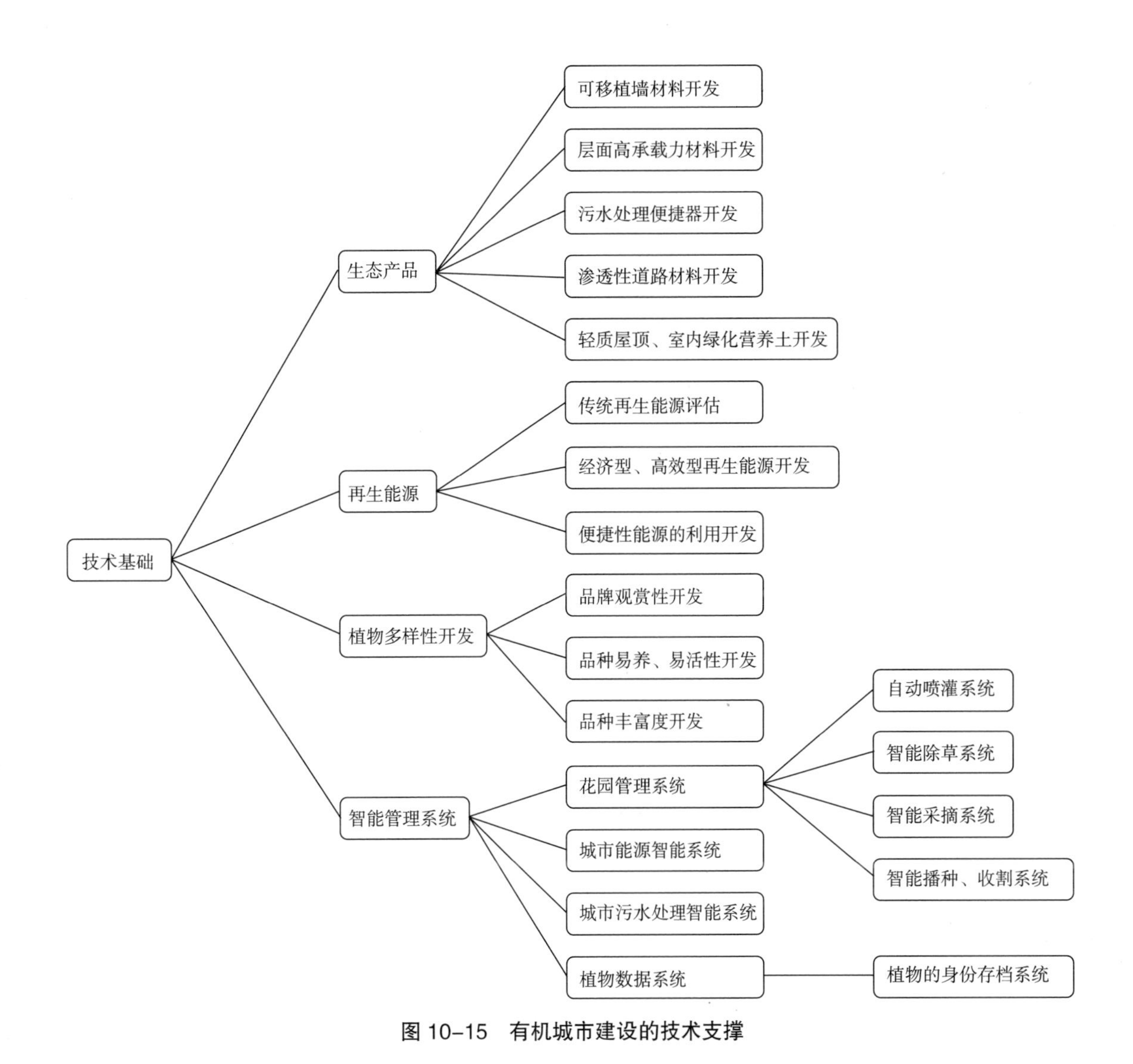

图 10-15　有机城市建设的技术支撑

A. 污水处理系统

城市污水主要源自生活排污、工业排污以及城市水体的富营养化。在生活污水处理上，目前主要采用的方法是利用人工驯养的生物来进行净化，经过长期实践，人们发现可以通过操控微生物的生长繁殖来降解水中所存在的有机物这一原理，进行人工培养微生物来进行生活污水的净化，这也是当前技术支撑下净化生活污水的主要手段。该方法具有效果明显、占地少、可控调节的优点。不过，缺点是：成本费用高、管理流程繁复、需要大量人力参与，需要不断提升技术、缩短管理流程、简化操作使管理变得更简单，从而节约人力、物力、财力。

最理想的状态是：每户人家的生活污水通过一键式解决净化程序，在出水口就是可以使用的生活用水（当然区分类别），从而实现循环利用水资源。如果这项技术可以实现的话，那么生活污水处理应该真正革命了，我们离花园城市又近了一步。

伴随着工业技术水平的迅猛推进，所产生的废水繁复多样，对水体的破坏和污染也越来越重，甚至影响着人们的身体与生命安全。虽然，人们很早就发明了净化工业废水的技术，但是由于工业废水无比庞杂的组成和易变的特质，到今天还是没有完全攻克技术上的难题。在这样的形势下，处理工业废水的趋势肯定是：收集水和污染物，净化后作为二次使用，以及推广闭路循环的技术。

B. 植物品种丰富度培育

自然景观无法离开植物而存在，植物所具有的颜色、气味、形态、光合作用，对人们享受视觉体验和清新空气不可或缺。地大物博的中国，原产植物资源极其丰富，但实际应用的园林种类却显单薄。

与之不同的是英国，英国本土植物不多，但在历经长期的引种培育后，园林中的数量已经过万。也正说明，通过严谨的科学研究，可以提高植物品种的丰富度。从世界范围看，发达国家的观赏植物达 4000 多种，高等湿地植物近 7000 种，然而应用于有效污水处理的还不到 100 种。

植物品种的丰富度，直接关系着城市景观的建造，以及生态修复的完善。在选育时，还应考虑观赏价值，可有意培育大绿量、丰富颜色、开花结果显著的植物品系。

选育是一条艰难的路，道远而任重。还需扩大投资，引进人才、修建实验室、增加设备、建设育种基地，尽量在短期内形成效果。

C. 工程技术的完善

要实现有机城市的设想，少不了工程技术的进步。比如，如何在墙上种上花草，如何维护屋顶花园的效果，如何在室内地板上种植树木，是否可以实现远程景观维护……这些都需要投入时间和财物进行反复研究论证，某些方面还需要其他行业的进步来共同解决。

钢筋混凝土一直是以骨架的方式存在着，其形成的墙壁，是栽种植物的基质。随着承重技术的突破，砖块的承重得到提升，就可以架设楼宇之间的桥梁，形成立体交通，解决交通拥堵问题。如果这些技术壁垒得以突破，那么像“阿凡达”一样的神秘花园就会指日可待（见图 10–16）。

图 10-16 可栽植的墙体

5. 政策管理充分完善

为了实现有机城市，需要举国之力一起来推动，新加坡之所以成为有机城市，就在于政府的全力以赴：从城市规划到建筑单体实施都进行了严格的控制。在政府层面，强制手段和引导方式双管齐下，既有惩罚又有奖励，制定切实可行的措施，引导未来的城市花园建设（见图 10-17）。

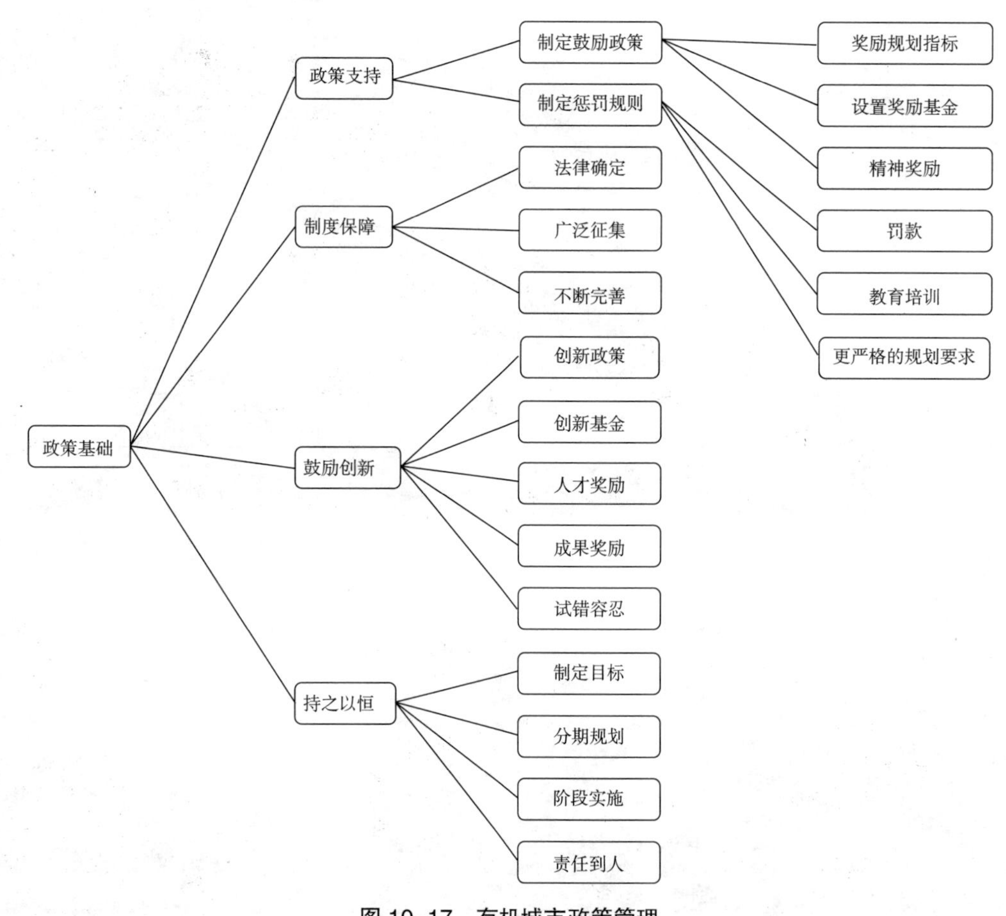

图 10-17　有机城市政策管理

6. 市民花园意识培养

城市花园是全民的花园，需要全民一起参与。市民生态文明建设、科普宣传教育是非常关键的一步，需要逐步实现全民意识，有力推动有机城市的建设。新加坡培养全民花园意识也是通过有惩有奖，在一代代传承中去影响，逐步形成共同的意识，尤其在孩子教育中灌输花园意识，解决了新一代的共同认可与实施（见图 10-18）。

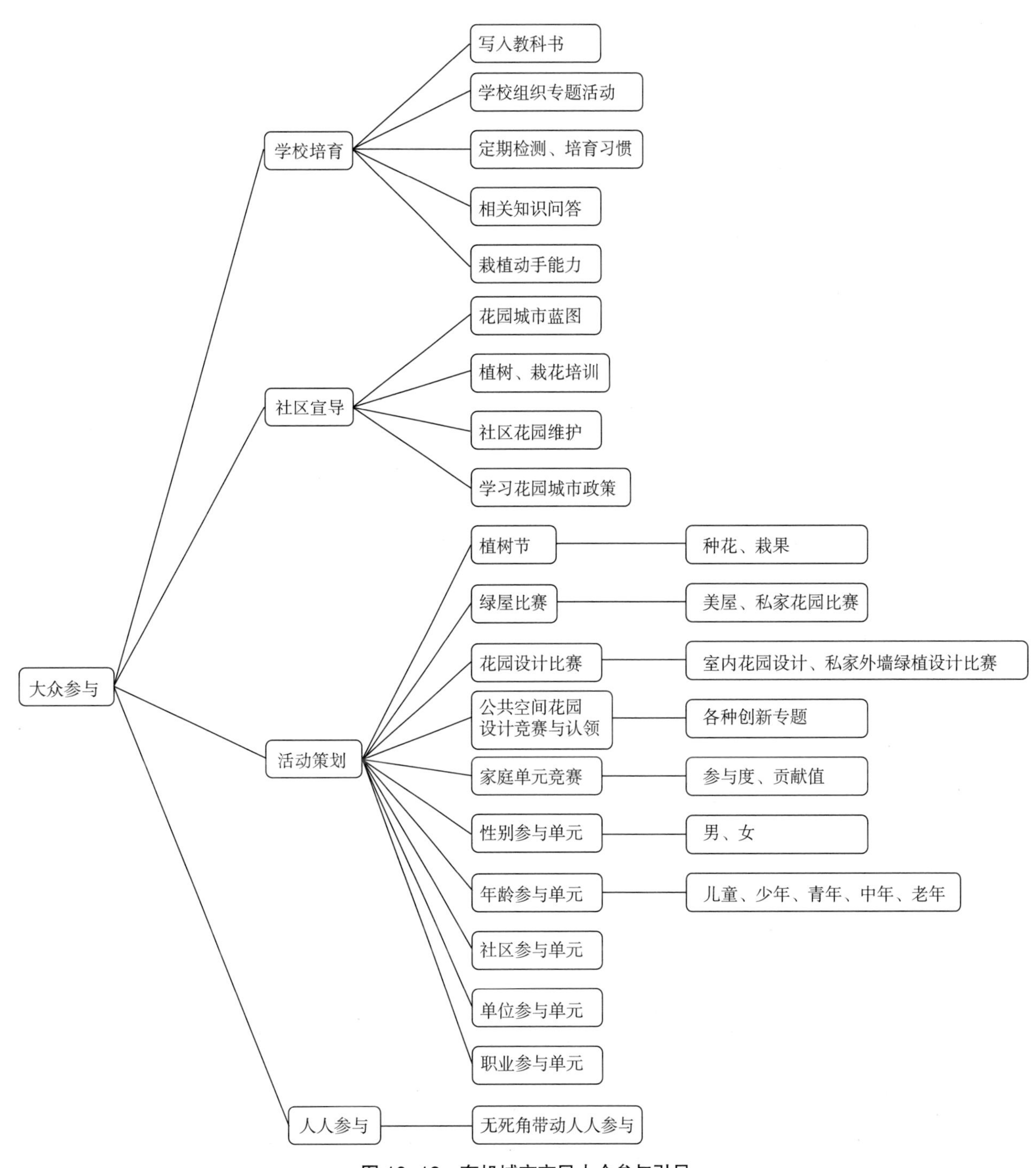

图 10–18　有机城市市民大众参与引导

10.1.4 讨论与建议

有机城市，不但增添了更多的绿地，而且能丰饶景观，整体丰富城市美感。有研究发现，不论是在人们的生活区域还是在办公区域，增加绿色植物的数量和面积，能够有效降低精神疾病、心理疾病和慢性疾病的发生风险。

因此，尽管有机城市建设需要投入较大量的资金，但是建成有机城市，能够在城市各个角落有效增加绿地占有率，增加景观的丰富程度，提高生物的多样性，可以在一定程度上降低城市居民心理疾病和精神疾病发病率。所带来的社会效应和回报是巨大的，即在一定程度上可减轻社会负担，降低社会运营成本，增加城市社区有效劳动力的数量与提高质量，达到提升生产力的效果，最终提升人们的生活幸福感。

有机城市是世界范围内的政治、经济、社会、科学，相互融合、关联、协同，彼此促进、推动后的结果，同时也是人类物质和精神文明的伟大积淀。实现有机城市的道路是遥远的，需要近、中、远期目标逐一去完成，这就需要我们从政府到民众持之以恒、设定好目标后一代代坚持不懈地去完成。虽然建设有机城市需要长时间持续投入，但是，有机城市为人类生活所带来的收益和回报，是巨大且无法估量的。

10.2 公园城市探索

城市不仅仅是物质层面的空间载体，更是人类文明的载体，城市空间本身也是人类文明的一个产物。公园城市，是人类社会发展到今天对城市发展规律、人与自然关系演进规律、城市文明发展规律的科学把握和深邃洞见，是以生态文明为新的时代主旋律、由内到外发生的众望所归的主题。

10.2.1 公园城市是人类文明的新高度

1. 工作形态的改变

城市发展到高度智能化与城市产物多样化后，人类在这个高效运转的新文明组织形态中所扮演的角色也已发生了天翻地覆的变化。人的生活形态与工作形态、社交形态随着互联网的高度发展，已经发生变革性的改变。人们的角色更加多样化，人在互联网中显现出IP地址化，每个人就是一个数字代码，而这个代码在互联网高效运转下，可以无限释放自我的能量，从而通过这种方式重新获得新的报酬，新的社交与生活。

在公园城市中，通过互联网的运转，人类依各种需求被编码到不同的“程序”中，发挥各自的价值。具体来说，一个医生可能也是一个画家、书法家、音乐家或者厨艺高超的厨师，但在现实维度，他只能在医院坐班，除了给病人治病外，别无选择。哪怕空闲时候，他也只能在办公室翻看手机打发闲时，这种在现实维度的禁锢，无法充分释放每个人的价值，社会也会因为这种时空局限而错失更多更好的发展。

在公园城市时代，人们可以不局限在单位坐班，花更少必要的规定时间出现在现场，而更多时间，他可以通过网络将自己的 IP 地址发送到爱好的不同场景里，并释放自我的才华，为社会提供更多的服务。他自己也可以获得更多的报酬，让自己的生活得到更好的提升。

2. 社会创新的新途径

未来个人可以是无所不能的超人，通过互联网所提供的宏大语境，他可以做他想做的一切事情，只要他能想到，他就可以实现。在传统生产流程中，先有一些好想法，然后就要去构造它，从信息的源头到构造，是一个冗杂的过程，而且充满层层关卡，甚至是限制，让我们的好想法一再打折，最后呈现出来的还并不是我们想要的。但是在未来的互联网时代，我们的这些很好的想法，可以快速通过互联网形成信息资源库，并通过智能手段给出高效的解决方案，最后，可以形成比我们预想还要完美的作品。

为什么呢？因为在这个过程里面，所提供的渠道和信息源头，又多又好，通过智能算法，可以高效匹配最合适的解决方案，比我们想象中的还好，那么最后生产出来的或者呈现出来的结果，将是超越我们原来的想象的完美方案。所以说，通过互联网，一个人可以成为一支军队，一个人可以无所不能，他可以创造出他想象的所有一切。那么未来，在这个信息智能化的社会里，当人类所有的想象都能够瞬间得到释放和实现时，人的能力会有巨大的提高，能量将会得到巨大的释放。

3. 自洽式的生活模式

未来的生活状态是自洽式的，自己想过什么样的生活，都可以根据自身需要进行调试，反过来，对整个社会也是一种推动作用。每个人按照自己的需求去制定他的生活模式，那么社会也可以在他的最高频率里面，提取到他最有价值的社会贡献。从个体层面说，我们的才华和能量得到了增加和释放，并带着整个社会群体向高频率层面移动，那么我们整个社会将趋向于更健康、更和谐、更美好。同时，传统行业里所禁锢的资源，也重新得到释放。

4. 社会组织的新形态

通过互联网智能化平台，整个社会将是高度自组织化的新型社会形态。任务的下达、工程的组织以及实施，都将是自动化形成，人的行为也在这样的组织形态下得到自动化的约束与管理，最终形成自觉、自愿、自我约束的文明意识，公共意识重新得到发扬，这将是一个非常美好、大爱无疆的新的社会面貌。

10.2.2 公园城市是城市空间的新表达

公园城市的人们根据智能化开展工作、生活与社交，城市空间也将发生改变。

1. 基本工作、生活社区化，社区空间更加完善与综合

智能化的工作、生活方式，让人们可以快速高效解决平日的常规问题，人们没有必要挤车上下班，更多时间可陪伴家人，在社区中进行交流与娱乐。因而，社区中需要配备老中青及孩子们的学习、娱乐、社交设施。这样的社区可能更多朝向同质人群的集聚，所以，未来社区逐步会形成相同爱好与个性的聚点，人们的日常工作生活也是一种志同道合的配合与休闲娱乐。

社区中匹配老年人的娱乐室、再就业学习室与实验室；中年人已经担任着社会的重担，是老年与青年的衔接过渡，一边辅导青年接班，一边陪伴老年学习，同时担任着社会运转的重任，因而，这里有为他们准备的设施齐全的实验设备以及健身设备、咖啡吧等社交空间；青年人逐步担任社会重要角色，在这个过程中，不断学习与实验、交流是必需的，因而，设置了更多的学习空间与交流空间。这些场地都是人们需要集体协作时才聚在一起的，当然，有时候不需要协作时，大家也希望见面交流以产生更多的想法，或是满足心理上群居的需要。

除了工作空间，更多的是生活与娱乐空间，这里配备了家庭生活需要的所有设施，购物商场、孩子教育、健身娱乐、亲子社交、主题活动、物业服务、老人娱乐、茶吧书吧……这些功能空间或集中或分散到社区的每个角落。在社区空间中，除了居住房屋以外，其他空间均为公共设施空间及绿地公园。这里的公园除了景观优美以外，更注重生态环保以及社区居民的参与性。植物多样性的引进既满足了景观的需求，也逐步实现了生态环境的优化，小动物也因植物的多样性而逐步丰富起来，这又为老百姓的科普教育、环境建设与维护的参与提供了更多的机会。同时，社区组织一些农业活动，让居民参与种植蔬菜瓜果，并组织社区居民集体劳作、采摘、分享果实，并借此开展孩子的农业知识教育、社区居民情感交流等活动。因而，绿地空间成为居民工作以外所有的生活寄托的场所，绿地也会根据社区居民的需求进行多样化的规划与设计，更加贴近生活。

2. 社区环境物质、能源自给自足，绿色空间进入每家每户

为了实现社区化综合服务，就得实现社区物质与能量的自给自足。这里的物质包括必需的水、空气、食物，这里的能量是城市运作的电、信息。在社区中实现这些要素的自给自足，是公园城市得以发展的重要因素。

水，包括饮用水与生活用水，饮用水可以通过城市集中供给，也可以通过社区开发供给；生活用水则是通过社区循环用水解决。空气，在社区更大面积的绿地供应下，较之以往，社区的空气质量将得到极大改善。食物，在公园社区中，居民可以通过在社区种植蔬菜瓜果，居民家里也可以自己生产基本的蔬菜与瓜果。

居民通过家庭及社区基本可以满足食物的需求，而对于更多品种的改善，可以通过物流在各社区及外地之间进行交流。这样食物的仓储与物流设备也大量减少。在公园社区中，更多便捷式的太阳能、风能发动机得到广泛运用，居民自己所需要的基本用电可以通过建筑体外挂式太阳能进行解决，而社区公共建筑及绿地用电也可以就地解决。这样，用电的基础设施也极大缩减。在公园社区中，信息将以无线连接方式解决，基础设施铺设完全取消。

由此可见，在公园社区中，物质与能量的自给自足极大地释放了传统社会中基础设施所占用的极大空间，为建设公园绿地提供了充足的空间。

3. 城市交通轨道化，基础设施集中入地

人们的生活大部分在社区中得到了解决，外出的概率大大缩小，城市的交通压力得到了很大的缓解，必要的私家交通也会集中入地下解决，更大范围释放城市空间给绿地，地面上唯一的公共交通为轨道交通，占地少、速度快、更加方便，满足城市居民外出的需求，共享单车可以为短距离交通提供终端服务。

4. 城市公共职能集中化，高效开展解疑、科研工作

人们需要的重大疾病诊疗、特色教育、高新技术研发、规模娱乐、特色聚会及一些在社区公园范围无法开展的大型演艺、专类人群聚集的活动，在城市的公共建筑中集中开展。这里的设备是最先进与齐全的，为专业服务、科研、实验提供完善的支持，这里也是城市发展的驱动力，是与其他城市进行技术、艺术、创新思维交流的公共区域。整个城市，把最前沿的工作与普通生活分开，既满足了城市的发展，又不干扰平常的生活，让城市得到高效的运转。

5. 城市公共空间犹如公园，休闲娱乐与绿地在 50% 以上

以上城市基本功能与发展的规划与安排，集约化与高效自循环的设计和开发，释放出了大量城市空闲土地，这些土地根据城市安排，结合公共设施功能的需求，规划为具有教育与休闲功能的特色公园：动物园、

植物园、纪念馆、体育公园等。传统的社区公园、街区公园在社区中已经得到充分的实现与使用，城市公共空间则是城市表达共同意志的需求，走专业化路线，既是全市人民的需求，也是连接更大范围城市的需求。

10.3 园林在未来城市中的新定位

10.3.1 规划—建筑—园林三位一体

未来的城市，专业的融合度空前密集，专业的边界变得越来越模糊，工作开展的时序性也不再分明。未来城市的规划、建筑设计以及园林设计慢慢趋于同步进行；城市被当作一个有机的生命体来进行设计，犹如婴儿的诞生，不存在先有头发还是皮肤、先有心脏还是脾胃……而是作为整体，一切都是同步从雏形到具象、最后到产品。未来城市规划，更加注重整体的新陈代谢以及可持续循环；更加注重引用可再生能源，为城市增加动力；更加注重垃圾废物的无害化处理与再利用，让城市不再成为地球的负担；更加注重城市地面的呼吸与水的循环，让城市能够自我更新与迭代。

因而，在城市的设计和建设中，规划者会把城市能量、水、氧气、食物等输入与城市运行过程产生的垃圾排泄物进行平衡，当做城市设计的核心指标，让整个城市能够自给自足地正常运转。那么，在规划过程中，就得考虑城市的容量（人口），在生产生活过程中高质量的生存可能消耗的物质与能量的总和，由此推算出应该配置多少标准的产能，具体来说：能源需要消耗多少，对应的配置多少太阳能、风能、生物能装置；氧气需要消耗多少，对应的植物绿量应该配置多少；水需要多少（所有生物所耗费的），对应的生活用水处理量多大；食物需要多少，需要设计多少能生产出足够的粮食、蔬菜、水果等日常食物的种植面积。这是从城市物质供需角度来设计的部分，需要在城市规划阶段就进行系统考虑，如何将这些元素在城市空间中分布，在建筑、公园、道路等中分布。而在建筑设计时，要考虑如何让建筑单体成为有机体，尽可能自给自足，还能输出产能，让整个城市的建筑不再是能源的消耗体而是能量输出主体。在园林设计阶段，要考虑如何更有效地配合城市的生态，提供生物多样性的解决方案、更可行且实用的城市蔬菜基地，具有可观、可游、可体验的城市花园，可移动、配送、标准化的建筑室内花园……让城市的生态化环境得到根本的治愈。三者相互关联而同步推进，你中有我，我中有你，在未来的有机城市建设中，围绕着治愈城市、让城市复活、成为有机城市这一主线，从整体到局部、从系统到单元，结合物联网技术，实现城市在森林、城市即森林的智能绿色健康空间。

10.3.2 园林在未来有机城市中的新定位

有机城市的系统是畅通的、绿色的，园林在这样的城市中要扮演好绿色氧气输送者、独特城市形象塑造者、城市生物多样性创造者、美好生活缔造者的角色，从城市大空间的生态公园打造，到与建筑设计配合形成垂直森林建筑，再到入户绿色室内空间新生态的缔造，全方位服务城市的方方面面。

1. 国家公园的规划者

园林从城市走向整个国土空间，必将把城市公园衍生成国家公园，结合自然保护地等自然风景，在保护的基础上，适当进行旅游开发，既更加有效地保护国土自然资源，也创造旅游价值。在规划设计与实施过程中，要求园林自始至终围绕保护与开发，在尊重原有生态环境的基础上，丰富景观多样性，创造景观的可达、可游性，并能更有效地保护和优化景观生态。

2. 城市生态公园的缔造者

园林作为城乡绿色基础设施的发展方向，立足于土地、植物、水体、气候等自然要素，将城市地上地下打造得通透、健康。对园林的生态设计与实施，可以保持地上地下水体的自然循环；对园林植物品种的培育，可创造更完整的植物多样性生态系统；完整的植物系统，创造更多动物、生物的栖息地与食物，从而形成生物多样性；生态公园中通畅的水分循环以及动植物的粪便、枯枝分解后回归土壤，形成更加肥沃的土壤。城市的公园就是生物多样性的生态空间，让人类与动物完美栖居在一起，城市与农村、森林完美融合，不再是生态的孤岛。

3. 城市双修的修理工

园林在城市“双修”（生态修复、城市修复）中，所起到的作用是巨大的，通过栽种植物、微生物介入和运用技术等生态方式改良已经板结的土壤、土地。在老城拆违建绿的过程中，逐步恢复城市的生命力。园林以本土文化为魂，注入艺术内涵；以生态技术为纲，修复沉寂的土地；以植物、水体、建筑小品为体，成就城市的生机勃勃。

4. 垂直森林建筑的坚强后盾

未来的垂直森林建筑所依托的建筑绿色外衣，从设计、实施到后期维护，园林都是其坚强的后盾。垂直森林建筑中植物品种的选择与开发，涉及浅根系的控制、抗风能力的筛选、品种的观赏性与实用性相结合；植物栽植介质的开发，涉及营养要素的配置、固根效果、轻质、生态环保等因素。另外，一旦垂直森林建筑作为未来有机城市的标准，那么其上的垂直森林花园将随之进行相关产业链的标准化设定，涉及垂直森林的施工技术标准设计、植物智能化管理系统的开发与运用及植物维护平台的开发与运用等。

5. 室内空间新生态的守护者

互联网时代，宅家的时间越来越多，人们开始逐渐习惯了网络化工作，这样一来与自然界的接触就少了，人类是从自然界走来的，长期离开了自然环境，人类的各种疾病就接踵而至。中医讲究“治未病”，我们调整好生存环境，养成良好的生活、饮食习惯，拥有好心态，病就会远离我们。既然如此，为何不把大自然搬回家呢？照料植物可以成为一种深刻而丰富的精神修炼。给植物浇水和检查叶片的健康状况这些小事，都能给种植者提供片刻的沉静凝思，与植物相伴也许能为我们探寻深层次快乐提供一条蹊径。那么可在室内打造一方绿色：在客厅的沙发背景墙面设计一幕绿色墙，或是电视机下的一角设计山水融合的小园林；在厨房设计一幕蔬菜墙，或在餐厅周围设置一道蔬菜槽；抑或在书房设计一方禅韵的中式园林（见图 10–19、图 10–20）。这样不仅优化了室内生态环境，也美化了我们的生活。

图 10-19　室内新生态的绿色空间（一）

图 10–19　室内新生态的绿色空间（二）

图 10–20　室内新生态的菜篮子工程（一）

图 10–20　室内新生态的菜篮子工程（二）

10.4 主要参考文献

Reilley. K A., Banks M. K., Schwab A. P.. Dissipation of Polycyclic Aromatic Hydrocarbons in the Rhizosphere [J]. *Journal of Environmental Quality*, 1996, 25（2）.

〔美〕F.L. 奥姆斯特德：《美国城市的文明化》，王思思等译，译林出版社，2013。

（明）计成：《园冶》，胡天寿译注，重庆出版社，2009。

范锐平：《成都，公园城市让生活更美好》，《先锋》2019 年第 5 期。

郭风平：《中外园林史》，中国建材工业出版社，2005。

黄凌涛：《几种生活污水处理方法》，《科技视界》，2013 年第 21 期。

李颖峰、康兴军：《〈内经图〉与天人相应实践》，《中医药文化》2006 年第 5 期。

刘国华、舒洪岚：《新加坡的花园城市建设》，《江西林业科技》2003 年第 2 期。

孙丽：《用鲜花丰富城市色彩——花境应用在北京》，《中国花卉园艺》2004 年第 17 期。

王文蓉编著《工业水处理问答》，国防工业出版社，2007。

本章留言入口
公众号：yunwowo云窝窝
微信号：helloyunwowo

第十一章
建设高质量城市——室内园林崛起

城市居民尤其是北方居民大部分时间消耗在室内，而室内的生态环境不佳，影响着城市居民的身心健康。城市居民年平均有 3/4 以上的时间待在室内，相关回归分析表明，办公室里植物的数量越多健康评价越好，反之亦然。受访者自评得分曲线显示，压力、焦虑、抑郁、疲劳、躯体症状的平均得分会随植物绿量的增加而减少（见图 11–1），并呈现规律性。增加办公室植物的方式有很多，除了传统的盆放、桌摆以外，还有墙体绿化、室内园林造景，为了让空气流动加快，可以辅以跌水景观的方式。

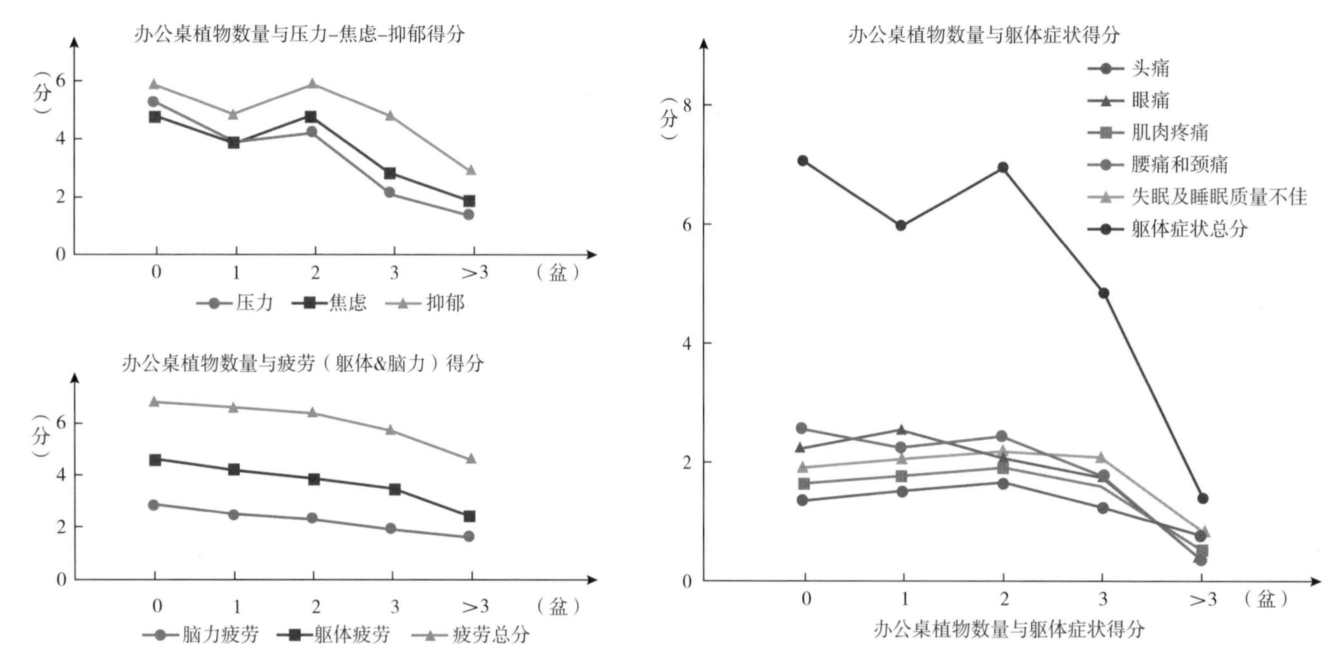

图 11–1　办公绿量与健康的规律性

在办公室设置休闲空间及办公空间，在紧张的工作之余可以有适当地休息调节，在这些空间中通过增设绿植、园林景观，让紧张的大脑临时得到调节。办公空间尽量摆置大型的绿植，办公桌上摆置小型盆栽，室内充满绿色，在思考之余，不仅眼睛可以得以放松，在绿色界面的切换当下，大脑皮层也能受到些微的刺激，从而得到调节，更有效地发挥工作能力。

11.1 园林走进室内的必要性

11.1.1 回归自然就是回归人类原点

起初，人类生活在大自然里，只是那时的自然环境风雨不定，冷酷严寒，还时有猛兽出没。为了能遮风避雨，取暖御寒，获得安全感，人类慢慢有了固定的居所。从起初的洞穴、帐居，到后来茅草房、木屋、砖瓦房，到现在的水泥钢筋……人类一步步走向文明，也一步步困于城市，发现自己离大自然越来越远……人类的居住变迁，在不断更迭中升级换代，也在逐步远离大自然。

11.1.2 回归自然的渴望

人们对家的定义是安全、舒适，拥有自我特征、又不可侵犯的领地。于是，在工业时代，人们创造出了样式各异的装修风格，比如中国风、田园风、复古风、英伦风、工业风、极简主义、日式等，在五花八门又大同小异的装修风格面前，人们既想找到符合内心向往的类型，又无从选择，即使选择了也不甚满意。这背后的原因是什么呢？因为这一切都离内心的渴望相去甚远，没有深谙那份渴望回归自然的心境。

人类出现之初就生活在大自然的丛林里，科技的发展、文明的进步、社会的分工使得我们一步步远离了大自然。但我们的基因，仍保留有对自然的记忆、对自然的向往。所以我们会在心情不悦的时候，想出去走走，去看看山，去看看水。山水自然契合着我们基因的记忆，这是我们内心深层次的需求。我们的“家”本来是在大自然里的，只是我们离开“家”太久了。于是随之产生很多“野奢”度假酒店：在野外美景中，建设一处既能保障室内的安全和舒适，还能与室外的风景融为一体的休闲度假地。但是，这样的“野奢”酒店打造及维护的成本极高，导致享用的成本也极高。“野奢”酒店住一晚，动辄需要花费几万几十万元，只适宜极少数人使用，大多数的老百姓是无力承受的。人们多么希望能把家的安全和自然的美景结合在一起，创造鲜花绿树的自然空间，让人心神安宁、回归自在。没有院子，也能把大自然搬回家，直接搬到室内，搬到卧室，搬到床边……

11.1.3 身心恢复的必要

如今，我们面临着更为严峻的生存危机——植被总量急剧减少、森林被过度开发、淡水不足、能源不足、人口大爆炸、土地沙漠化石漠化、空气雾霾、气候反常……无不制约着我们的生存与发展。这个时期，人类开始反思自我，发挥潜能，重新回到与宇宙万物沟通的轨迹上来，用欣赏与感恩的心去感悟大自然生命的神奇、神秘和神圣。

忙碌一天，回到家，最需要的是卸下一切包袱，将自己安置在一个安全放松的环境，这是属于自己和家人的私密空间，这是心灵安放的港湾。因而，将居家环境打造得安宁、祥和、安全、私密、愉悦相当重要。为了给人一种远离工作压力的感觉，居家环境应该创造另一个世界，一个柔软而安静的迷人地方，让人神游，创造室内绿色空间可以通过人体五感来加强与自然的互动。自然干预会改善情绪，消除担忧，促进良好的生理反应。

有条件的家庭可以拥有一片私家花园，没条件的也可在自家阳台或者入户厅创造一方绿洲。在这个花园里，你可以陶醉在自然芬芳中，也可以亲自撸起袖子体验与土壤、植物亲近的过程，感受从无到有的绿色培育欢喜，还可以栽种一些蔬菜，亲自下厨料理，品尝一下劳作获得的满足感。家庭花园不仅提供装饰感官的效果，更可获得参与过程中体验到的喜悦，这些恰恰是人们释放压力、减去负担的良方。这样的花园对面积没有硬性要求，可大可小，从舒适、丰富和奇妙的正面体验，找到自己穿越空间的方式（见图 11–2）。

园林走进室内

园林全方位走进室内，不仅是盆栽与局部装饰，而且与室外一样种植在地板上，营造室内外一体的园林景观。

图 11-2　园林走进室内的渴望

11.2　园林引入自然能量到室内的秘密

园林包括了自然科学（生态、植物）、工程学（园林建筑、施工）、社会心理学（人类活动习惯）、艺术文学（设计、绘画）等，是一门综合性学科。园林所要阐释的就是自然与艺术的结合，从而满足使用者生理心理，甚至灵魂需求。

11.2.1　人体与宇宙天然合一

1. 人体就是宇宙的微型“沙盘”

宇宙是极大而无限的代名词，人类这个生命体暗含了宇宙的法则与规律，从自身的衍生、进化直到消亡，人体中无论物质还是精神，都与宇宙相连、相通。宇宙中，人从微小的蛋白质氨基酸进化到一个生理组织系统完备、构造严密、机能复杂、功能完备、运行精准的有意识、有思想的人。所以，人类是宇宙的一部分，与自然、万物同源、同根。从宏观的角度看宇宙也好像是一个人体，所有的星体与物质，就像是人体的细胞，互相依存、互相作用。

2. 人体与宇宙天然合一

经过研究发现，人体的每个器官都进化得非常完美，不但功能完备而且造型独特、美丽。这个宇宙中特有的生命体在亿万年的进化中一直与自然万物和谐、共存。正如古老谚语所说，“一切源于尘土，一切归于尘土”，人也是自然这一统一体的一分子。在人与自然的对话和沟通中，在对自然整体的神奇感叹中，我们敬畏自然中一切生命和非生命的存在，感恩赐予人类以生命和力量，能在自然怀抱里诗意栖居。

11.2.2　人体向宇宙要能量

1. 人体与宇宙是微观与宏观的一致

“道”链接着宇宙万物，是智慧的起源和终极，同时，也是地球人类与地球外多维文明未来能够沟通的媒介。人脑中有超过 1000 亿个神经细胞，这的确是一个难以想象的天文数字。银河系中也分布着约 1000 亿个恒星。宇宙造人绝不是偶然的想象，因为从人体的完美结构与功能就可以看出其中的必然结果。宇宙不但赋予了人类能够完美生存的躯体，还给人类了“感知系统”，以强大的能量来调控和引导人类，使人类永远在宇宙的秩序和规律下生存。

生命科学的探索，深入一定层次时，必须触动到宇宙和人体的密切关系。佛教说“一花一世界，一叶一如来”，就是说，一朵花的结构，其复杂完善之德，像大千世界一样，包罗万象；一片叶的整体内涵，也正像大自然，即“如来”的本体一样，变化万千。通过人体就可以探测出宇宙的伟大与永恒，我们感受到的宇宙信息是来自佛界、道界、天界、地界、生物界或遥远的外星世界。如果讲得更现实科学些，宇宙信息是来自宇宙中的各个不同层次的信息网络系统。而人的大脑就具有沟通接受不同层次网络系统信息的功能，一切生命皆是一体的。

2. 人体向宇宙要自然能量

宇宙有大玄机，人体有小玄机，宇宙与人体相对。人体是小宇宙，能摄取宇宙能量。我们每时每刻处于宇宙能量的照耀之中，却对它了解甚少。也正像是我们对自己的身体一样，虽然我们与之朝夕相伴，却对身体了解不多。宇宙是一个完整的大系统，在看似纷乱繁杂的表象下有着其坚不可摧的规律和意志。宇宙里事事相连，物物相关，息息相应。作为宇宙体系的一个微观组成部分，人体也是一套复杂而有章可循的系统。现代科学也已证实，人类大脑、人体系统，与宇宙的运作规律有着极其近似的原理。

地球和自然万物作为宇宙的一部分，具有宇宙的全息特征，宇宙自然为人类的生存提供了一切可能，例如：负氧离子、地磁、远红外等。在千百年对大自然的觉察过程中，我们不是发明，而是发现。把宇宙大自然中无穷的能量合理地利用起来，来智慧地改善生命质量和生活环境。我们一直践行在自然中寻找超强能量和与万物和谐生存的新方式，把大自然搬回家，使人们私密的生存空间里也能充满着原始森林中才有的新鲜能量。生态智慧将会改善人与世界的关系。

11.3 园林走进室内需要厘清的几个矛盾

11.3.1 习惯与向往的矛盾

人们享受着空调吹出来的那股清凉，似乎早已忘记自然风的撩拨；饮用着被塑料桶紧紧包裹的水，似乎早已忘记山泉水的甘甜；习惯着灯光的斑斓与闪烁，似乎早已忘记山林的绿；无奈着城市的拥堵与嘈杂，似乎早已忘记天空的蓝；天天抱着手机，似乎早已忘记田野的辽阔；餐餐吃着蔬菜，似乎早已忘记泥土的芬芳……渴望着，清风拂面、泉水叮咚；期待着，林间漫步、蓝天白云；常想着，田边野花、泥土清新。

人们不能，也无法做到，重回丛林。人们的身体也早已进化得不再能适应野外的生存条件，身体害怕蚊虫的叮咬，心里害怕野兽的围攻。如今，人们只能猫缩在自己的家里，看着那么近又那么远的大自然。内心的渴望却冲突不了身体的束缚，向往与习惯的矛盾，在内心不断徘徊。

11.3.2 成本预算与现实财务的矛盾

园林艺术从古到今，仿佛都是达官贵人享受生活的奢侈品，虽然当今老百姓也能居住在环境优美的小区里，但是，每个人都清楚园林景观的高昂造价，何况建好后期，还会有大量的资金维护，也都算在物业管理费上了。对于老百姓来说，真是望“园”兴叹，内心的居家理想被成本预算推到了门外。

11.3.3 维护管养需要专业与外行的矛盾

园林艺术与家具不一样，园林艺术是由具有生命的植物、动物以及灵动的水景构成，除了一些园林艺术装饰品外，大部分园林景观是需要浇灌、喂养以及水体更新保养的，而传统的装修只需要正常的打理即可。许多人对于园林艺术走进居室虽然非常渴望，却很担心后期的维护跟不上而造成破败的景致。

11.4 室内园林艺术打造

那么，能否把家的安全和自然的美景、自然能量结合在一起，让每个家都变得更美、更舒适、更健康，让充满鲜花绿树、处处风景、自然气息的景致回归家园？能否通过设计让自然居家实惠地走入寻常百姓家里？能否设置好智能管理让自然居家能够智慧管理？围绕这些问题，需要从房屋整体结构、材料、设施以及艺术造型、自然能量引入上做好充分设计，才能创造出定制化、价格亲民的自然居家环境。为了达到这个目的，本节将从室内空间打造、室内园林打造等方面来介绍，如何在成本有限的情况下创造回归自然的定制化艺术空间。

11.4.1 室内空间打造

空间的构造，是一门艺术。空间艺术的高维形态便是灵性空间。如果说，还要把灵性空间向前推进一步，那就应该是充满自然气息的回归家园，如春风拂面，令人欢喜。如何将普通的居民楼改造成充满灵性的自然艺术空间的居家环境，将是未来城市发展追求高品质生活的一个重要出发点。

自然居家打造的第一步是对整个居家空间的打造，并清楚地知道把自然带回家的园林艺术在整个家居环境中扮演何种角色，在整体室内框架中，如何更加和谐自然地处理园林与家具、艺术装饰的关系。

因而，在看到一套室内空间后，首先应与业主深度交流，清晰地确定主题，然后对整个空间结合室内园林考虑结构设计、确定骨架，再与业主沟通中结合结构确定功能，根据业主的爱好及主题确定风格，最后才是装饰，形成绿色、文化的室内空间。唯有正确的路径，才能保证用合理的费用，创造最佳的居室空间和灵动的自然氛围。

1. 主题选择

房子针对的是特定的社会群体，不同的社会形态，建筑是不一样的，这个社会形态包含了纵向时间范畴的差别，也包含了横向空间区域的差别。从社会形态来讲，古代的中国和当代的中国，以及中国和欧洲、美国，都是不一样的。在美国，城市最高的大楼一定是金融大厦；在欧洲，最高的楼一定是教堂。美国的金融大厦与欧洲的教堂都处在城市的中心。而泰国最核心的部分是小乘佛教，围绕着这个主题做出神龛、雕像、香台，围绕香台做一些流水穿插，并伴随其间设置休息间。

建筑内的空间也是如此，一般情况下室内最核心的部分是大厅。就像一个人进到房子，首先要了解房子的主题是什么，主旨是什么，意识状态是什么，要表现什么。所以在打造房屋之前，要与业主沟通透彻，了解业主的思想，确定房屋主题。

2. 结构造型

房屋首先考虑的应该是结构造型。如果说主题就像一个人的气质，那么结构就像一个人的身材。结构设计好了，怎么搭配都觉得舒服合理。结构本身是静态的，然而，在使用过程中，这个结构却在功能衔接中体现出动态。犹如一个跳舞的人会展现出身体结构，每一个举手投足都是有结构关系的，如果动作流畅和谐就很有美感，在他跳动的过程中，观众的心情都被他带动。人在房间里也是这样的，每走到一个区域的时候就会产生相应的心情。

如果结构能够带动人的心情，说明这个结构设计得非常好。结构就是整个房子的骨架，是整个房子的身材，创造优美的体态，才能创造优雅的生活情境。好的结构可以装下人的行为，也就是功能。每个功能空间都有独立的特征与属性，而这些空间彼此连接流畅、自然。好的结构可以装得下人的思想，在会议室就有开会的想法，坐在电脑前就有办公的想法。好的结构气场会好，可以容纳下人的心灵，容纳下各种各样的情绪、感觉，可以运动、可以安静、可以思考，能容得下人的各种各样的情绪。

3. 功能设计

功能就是空间的协调性，如果处理好功能分布，空间使用就会更加方便舒适。中国农耕社会中，对装修的要求很规范，比如说女儿要住在西厢房，“大门不出、二门不迈”中的“大门、二门”是对女儿的行为约束规范。《红楼梦》里面佣人多少年也没见过丫鬟，更不可能见小姐，因为建筑功能的设计是封闭的，通过礼法规定，不可能跨越其他空间进入。

建筑、装修、装饰对人的行为，对人的内心是有引导的。功能包括开放的、半开放的，抑或公共的、私密的，具体包括办公、会议、休息、生活，甚至还有健身、修行、交谈及看书，在这当中每一个空间的氛围都不一样，空间是为独特的功能服务的，这与社会形态相关。按照这个顺序打造的空间，既舒适、方便，又能节约大量后续装饰的费用。

11.4.2 室内园林打造

1. 室内园林入户类型

那么如何将自然美好的花园引入室内呢？这里从可能遇到的三种房屋情况进行分析。第一种，已经装修好了，并且短期内不打算再装；第二种，还未装修或者打算重新装修；第三种是还在建设或未建设的房屋。根据三种不同类型的房屋，可以选择不同的引入自然方式。

A. 园林模型的引入——已装修好的房屋

这样的房屋要引入花园，就得创造出花园模板，让这个模板直接“安装”在居室里，不影响房屋原有的装修。以北京某房屋客厅为例，该房屋已高标准装修完毕，根据需求想要引入花园，营造一个具有禅意的喝茶花园空间。于是，客厅布置了远山、近景迎客松与小沙弥雾化跌水，在近景布置了一片微型苔藓及砂石地形，其上种植了兰草、铺设了石板，形成一副虚实结合的山水景观，当薄雾从小沙弥处溢出流淌在整个苔藓面上时，一汪自然气息扑面而来。

在山水景观的对面则是女主人待客的流水茶台。茶台由一组老石槽、石磨组合而成，经过小沙弥的钵—石磨—长水槽—深水槽，水潺潺而流，深水潭旁放置了旱伞草，鱼儿在槽里欢快地游荡，流水茶台上放置了从云南大山带来的造景树桩，似乎把大山的灵气也带来了，旁边放置了兰草与大小佛肚竹，当云南古树茶的香味缭绕房间时，一股禅意油然而生。为了避免将原有的木地板弄坏，以及考虑植物浇水渗透腐蚀地板，在实施之初设计了一个防水的塑胶槽，然后在这个槽上铺设陶粒、土壤、腐殖土，然后造景。创造自然重在抽象并还原自然，所以需提炼。

地形的塑造多半是绿色苔藓，寓意青山，小半是碎石，寓意山脉，两个状态融合处需要自然过渡流淌，并在其上布置兰草与铺地石，提炼了青山的景观与山脉的游走。流水茶台上的摆饰及植物不宜繁杂，中国画重在留白，只有更多的留白空间才能将禅意释放出来（见图 11–3）。这样的花园模板可以设计很多种风格，以上是禅意风格，还可以设计成繁花似锦的花园风格。每种风格又可设计无数种样式，供居民选择使用。

在现有的客厅“安装”花园

▲ 客厅的北面原状

▲ 客厅的北面花园改造效果

▲ 客厅的北面花园改造配置细节

▲ 客厅的南面原状

▲ 客厅的南面花园改造效果

▲ 茶台小沙弥流水景观与兰花盆景组合

▲ 客厅茶台与花园的自然融合

图 11-3　在已装修好的房子中“安装”一个花园（一）

▲工人在防水槽里配制种植土施工现场

▲客厅花园安装现场

图 11-3　在已装修好的房子中“安装”一个花园（二）

B. 引入屋内——已建好还未装修好的房屋

这就需要打造空间结构，根据功能使用情况，划分出植物种植部分，并在种植池处理好防水、防穿刺以及地形以便于植物的栽植、灌溉与管理。以海南保利开发的一个临海大平层的室内景观创造为例，该户型一共200m^2，在整体设计上，把阳台与客厅的玻璃隔断取消，打通空间，扩大了公共空间的景观界面，公共空间（客厅、阳台、餐厅、卫生间）所有的墙体外扩开设种植槽，地面抬高30cm，并引跌水入室，增加自然气息感。材质上尽量采用植物、石材、木材等自然要素，打造了一个虽在室内，却感受室外的情景。

植物的选择以室内植物为主，靠墙一侧选用藤蔓、高秆室内植物等将墙体遮盖修饰，并形成室内园林骨架，在近地面处适当选用花卉及观赏叶植物，靠近地面处低矮的植物叶片与地面直接搭接，可以轻抚我们的脚，却看不见土壤，我们可以赤着双脚干净而快乐地行走在屋里。公共空间的地板与墙面均为水泥面，生态、防水、方便又节约成本，还最大限度地贴近自然。而卧室，则采用木地板，温馨舒适。

为了更能体现室外与植物的触感，拒绝修葺花台的做法，所有的花池都沉下去，在靠近墙体位置土层可以稍厚到40~50cm，从地面到墙体，形成由低到高的植物层次，创造丰富的立体空间。为了塑造俨然在室外的感觉，公共空间部分，除了功能家具，其他的墙体均采用植物或造景修饰，并在所有的阳台采用榻榻米结合绿植的方式营造室外生活的场景（见图11-4）。

在房子中种上植物，生活在自然中

图 11–4　在毛坯房中“种”一个花园（一）

图 11-4 在毛坯房中“种”一个花园（二）

C. 花园建设房屋——还未建设的房屋

这一类室内园林是在建筑设计方案时介入，把室内园林的概念植入未来建筑中。那么就要对未来建筑的可种植植物的条件进行提前设计。既然要创造室内自然景观，就要把植物真正种进房子里，那么，在建造房子之时就要把植物的种植池设计好。植物种在种植池里，叶片流淌在地面上，当我们赤着脚走在地板上时，犹如沐浴在自然之河，清新自然。

由于是在未建设的房子里事先做设计，所以整个房子的自然要素更好控制，从房屋的高度、采光度到给水设施的排布上都更加灵活与方便，为创造更加丰富的自然景观打下了基础。

2. 室内花园植物生长条件

植物生长主要靠光照、水分、温度、空气、土壤。生长环境控制好这五种要素，植物就可以茁壮成长。

A. 光照

植物在光照条件下，进行光合作用，转换二氧化碳为氧气。光合作用中重要的叶绿素的形成，也受光照影响。一旦光照不足，就会影响生物合成。所以，如果植物栽培密度过大，一旦上面的遮住了下面，叶绿素的分解就会超过合成，导致发黄叶。光照是所有生物的能量源泉，从发芽、胚轴和茎节间的生长、叶的展开、花芽的形成和根的生长等生长发育过程中都需要光照，称为光形态的建成。

B. 水分

绿色植物体中有超过 80% 的水分。植物水分从根部吸收，并输送到茎和叶各部位，然后通过光合作用蒸散。植物水分吸收量少于蒸散量，就会导致植物枯萎死亡；反之，过量的水分，会导致土壤空气含量降低，阻碍根部的呼吸，影响正常发育，也会导致植物吸收能力减退而死亡。另外，植物生长环境中空气湿度高，茎叶的蒸散作用就减缓，也会加强植物水分含有量的保持。

C. 温度

每一种植物都有自己的适温范围。原生于热带的植物，可以抗热抗高温，但不耐低温。反之，原生于寒带地区的植物，可以忍受低温，但不耐高温。每一种植物都有它最理想的适温，是其茁壮成长的重要因素。

D. 空气

空气中的氧气占总容量的 21%，是植物呼吸和生存的必要条件，在植物生长发育的各个时期为生命活动提供能量。植物所需要的元素，有 4% 来自土壤，另外 96% 的碳、氢、氧等元素来自空气。

E. 土壤

土壤为植物输送生长必需的营养和水分，并起到根部的固定作用。不同植物对生长所需的土壤性质也不一样。有些植物喜爱贫瘠的土壤，有些喜爱碱性土，有的适宜在潮湿土壤中生长等。

3. 室内植物选择

根据室内植物需要的条件，选择好植物的品种，并根据这些植物品种大小、色彩、形态设计好景观造型。人体最舒适的温度区间是 18℃ ~23℃，45%~65% 的湿区间，氧气含量 21%；另外，医学研究表明，每立方米空气中含有 2 万个以上的负氧离子，就会有治疗疾病的效果。那么在选择植物时，尽量选择这个温度、湿度、氧气范围及有利于负氧离子增加的植物及设计。并按照人体对室内环境的需求，选择相关的品种，室内园林植物要遵从：环境优化、观赏植物与花卉搭配、高低错落搭配、不同质感形态搭配的原则。

A. 环境优化选择，所选择植物是生态效益比较好的植物，对于环境的改善有很好的帮助。可以改善室内环境的空气质量，最好还具有一定的香气，可以最大限度改善人体感受度。

B. 观赏植物与花卉的搭配，所选择植物要么形态优美，要么叶片漂亮或者花色绚烂，给观赏者最佳的观赏效果，让环境赏心悦目。

C. 高低错落搭配，根据观赏界面需求，高的植物靠近墙体，修饰墙体的生硬、枯燥，低矮且观赏性强的植物则放在行走一侧（这也是观赏面），这样可以最大范围观赏到植物的姿态。另外，空间大的地方需要高大的植物装饰，空间窄的地方尽量采用扁平或体型矮小的植物装饰（见图 11–5）。

图 11-5 室内园林的运用（一）

图 11-5　室内园林的运用（二）

4. 室内园林设计

当选择好室内园林植物后，根据业主需求，选择相应的景观主题，比如，禅意的景观，抑或花园式景观、中式文化景观、专题景观。然后，根据主题配置景观素材，比如，禅意景观需要配置枯山水、流水钵及少量的松、修剪常绿植物、青苔等植物；花园式景观需要表现繁花与自然，设计花样植物景观及雕塑小品；中式文化景观需要常用的梅兰竹菊植物搭配及书桌、景窗的设计；专题景观则是根据主题表达选择相应的植物与小品进行组合。

A. 禅意景观

这一类的景观要素不多，但能营造更加深远的意境，常常采用的材料是：砂石（代表水）、景石（代表岛屿与礁石），通过砂石与景石来表示大海的景观，在有限的空间里表达无限的广阔。通常也在这些景观周围配置缓坡，种植常绿植物，形成绿岛效果（见图 11–6）。

B. 花园景观

花园景观，强调的是花园，繁花似锦的热烈。在这类花园中要营造四季开花的景象，选择多种开花藤本、草本，组合形成一幅浓烈的彩色画面，并配置相应的装饰小品，烘托自然生气的景象（见图 11–7）。

C. 中式景观

中式景观，强调中国文化元素，色彩淡雅、虚实结合。常用梅兰竹菊等植物元素与景框、景石形成动与静的对比关系，通过山水画的留白手法，创造悠悠意境（见图 11–8）。

D. 专题景观

专题景观，是业主酷爱某个专题，而形成的主题式景观。比如，特别喜欢竹子可创造一个竹园，这里的植物可以选择不同竹品种，来营造专类园。景观中的装饰小品也可以是竹子主题的，比如竹简、竹筒等元素装饰（见图 11–9）。又比如佛园，喜欢佛文化的业主往往收集了很多这些元素的装饰品、唐卡等，根据这些元素，结合水景与植物的运用，可设计一个佛系的景观空间（见图 11–10）。

禅意室内园林

竹篱笆、榉木、置石、青苔、砂石、石灯或水钵，构建静谧的禅意空间。

图 11-6　室内禅意园林（一）

图 11-6　室内禅意园林（二）

图 11-7　繁花似锦的室内花园（一）

图 11-7　繁花似锦的室内花园（二）

中式室内园林

以国画写意的手法，留白，远中近层次空间，通过框景等造园手法，制造画框效果及远近的界限，并构造出虚实感受，常用的元素是松、青苔、石、流水以及中国要素摆件等。

图 11-8　中式室内园林（一）

图 11-8　中式室内园林（二）

不同主题造景

将植物的特性发挥到极致，营造不同主题的空间效果。

图 11–9　不同主题的室内园林（一）

图 11–9　不同主题的室内园林（二）

佛系园林

佛像与水景、青苔、一株植物就构成一组佛系景观，用极少的元素展示无限的空间。

图 11-10　佛系主题室内园林（一）

图 11-10　佛系主题室内园林（二）

注：部分图片来自“锦鲤鱼池”。

5. 室内花园实施

室内园林施工的第一个环节就是对地面种植区的改造，然后是景观造型，最后是植物栽植。

A. 地面种植区的改造

种植区一般处于地面的四周、靠近墙体或柱体 30~80cm 宽、10~30cm 深的种植池。种植池是一个带状的容器，为了保证植物更接近人体的触感，通常会把铺装面抬高或提前降低种植池，让铺装与植物叶面平齐。然后，对种植池进行防水与防植物根穿刺的处理。

B. 景观造型

种植池处理完毕，就是对景观进行造型，比如，假山造型、水景造型，根据设计空间布局与造型，同时做好防水等处理。

C. 植物栽植

植物栽植，是景观建设的最后一步，这个环节是先放一层陶粒，然后放一层防菌处理后的轻质土壤，最后根据设计，从墙侧到屋内逐步种植植物，形成高低错落的植物景观效果。

11.5 室内园林智能化管理

室内园林管理好，首先要了解植物都需要怎样的条件，才能健康成长；其次，根据植物的需要，创造对应的条件，并为每个条件设置自动感应设备，同时辅以相应的智能解决方案。

11.5.1 室内园林设施安装

根据植物生长的需要，配置了自动浇灌系统、新风系统、照明系统、土壤营养监测与管理系统，并且这些自动控制系统能够集成到手机 App 上进行移动智能化管理。

1. 设施安装

在植物栽植好后，根据植物特性安装与调试设备，浇灌系统可以采用喷雾与滴管结合，做到植物需求的最适尺度；新风系统，可以结合房屋建设或后期改造新装，以保证空气流通；照明系统，也是根据植物的需求，可细化到单株植物的需求量，为每株植物补充到合适的光照；土壤的营养成分也可以实时监测，根据室内园林布局设置相应的检测点，做到以点带面的检测，并及时给予营养的补充。

2. 设施调试

设施安装好后，根据植物大小调整喷灌出水大小及光照大小，运转一段时间，观察植物长势，再调整，直到植物长势为最佳。

11.5.2 室内园林智能管理

安装的设施都配以感应系统，植物的长势会通过感应系统进行信息传输，并会展示在相应的手机终端 App 上，用户可以根据 App 来实现远程管理。所以用户可以自由地出差、旅游，不用再担心家里的植物会死亡了，等出差归来，绿油油的植物景观就迎接着主人的到来（见图 11-11）。

图 11-11 室内园林结构及智能管理原理

未来的城市会逐渐步入智慧城市，生活的方方面面都将智慧化展开，室内园林环境也如此，在智慧化的科技基础上，室内的园林管理智能化已经指日可待。

其实，室内园林除了改善人居环境、愉悦人的心情以外，它首先应该是环境监测器，植物生长的好坏直接表达了环境的优劣。室内环境是否达到了人居的最佳宜居状态，看看屋里的植物状况就知道了。

11.6　主要参考文献

丹尼奥·温特巴顿:《自然与康复：为何我们需要绿色疗法》，刘娟娟译,《中国园林》2018 年第 9 期。

毛文凤:《神性智慧》，江苏人民出版社，2009。

姚亚男、黄秋韵、李树华:《工作环境绿色空间与身心健康关系研究——以北京 IT 产业人群为例》,《中国园林》2018 年第 9 期。

后　记

非常感谢中国社会科学院给我们的这次出版机会，当时一看到中国城市经济学会就“新中国城市发展研究丛书”征稿时，我主动请缨，争取了“城市景观”这个板块。虽然，我是园林专业的科班出身，又长期在学校担任“园林景观设计”教学，以及屡屡涉足设计施工实践现场，但我深知园林景观包罗万象，不仅仅停留在看得见的规划、建筑、植物等专业上，背后还必须对天文地理、政治经济、社会人伦、艺术美学、心理认知等吃透，在我有生之年竭尽我的努力，也无法企及园林规划总设计师的理想彼岸，深知自己在这个领域中知识饱和度的欠缺，由此而惶恐不安，担心此书无法承载其赋予的意义。

于是，我邀请了行业内站岗在不同领域的同行，尽我们所能，共同完成这份作业。他们是：站岗在上海市城市园林管理部门的高级工程师蓝明星，他从新中国城市园林 70 年（主要是近 20 年）建设层面论述城市园林的发展与管理；站岗在北京，但长期服务于各大城市政府部门的姜海凤博士，基于长期从环境修复及景观生态宏观领域上为政府写报告，她从城市景观生态理论方面阐述新中国成立 70 年城市发展走过的足迹；长期研究、生活在欧洲的法国巴黎第一大学博士许延军，其基于 22 年来一直探研宇宙能量和自然之美相结合的全新课题，提出了原始森林级的自然能量如何在室内空间中充分艺术施展的路径，利用宇宙波频能量的转化，创想绘画艺术与园林艺术的相通之处，为室内环境“自然能量艺术化”创造了系统的理论与实践基础。

但“城市景观”不应该只停留在理论研究上的记录，更应该将新中国成立70年城市建设实战现场中的血雨腥风经历记录下来，将挥洒在祖国城市土地上的建设者的身影展现出来。

于是我又邀请了中国大地上奔赴在建设第一线的勇士们，他们是：

站岗在广州，拥有18年知名地产甲乙方双重履历的翁苑钧，他获得大量奖项，基于设计、建设、管理第一现场的丰富经验，总结了一套系统的园林实施流程，并通过风景园林委员会、广东园林学会、地产企业智库等从管理到顾问层面发挥专业的能量，同时在许多知名培训机构担任高级教师，竭尽所能发挥自己的余热，从园林设计、施工到管理落地建设流程中，以自己精辟的视角发现问题并提出解决思路。

站岗在湖南，但流动在全国（一年300天以上）的裴小军，他创办了中苗会，倾心联络全国知名园林企业及苗圃的行业，并为这些企业不断提供人才交流、信息咨询、业务与培训服务。20年来他一直努力游走在行业第一线，对行业发展的洞见与思考从未停止，他从这些年的思考精髓中提炼出对行业产业链的总结。

站岗在云南，与花为舞二十余载的赵应江，他创办了胡子艺术美学机构，用花草的灵性来装扮俗世的凡尘空间，用花艺的表现手法来驾驭现代的环境陈设，向全国培养了几万名花艺师，同时也沉淀了1000余个花园设计及工程样板。他是一位真正的园林美学家，他从园林走进生活每个角度，描绘了园林中禅意的生活。

最后，我要感谢：

中国城市经济学会给予此次著书的机会，感谢中国城市经济学会智慧园林专业委员会全体成员的大力支持，我得以在最短的时间内收集到丰富的素材！

当代知名景观规划设计师李建伟老师。作为“景观生态统筹城市”的践行者、“生态设计与艺术相融合”的引领者，他主张景观设计最大限度做到人工结构与自然结构的平衡，以景观设计统筹城市规划、水利、交通、建筑等各项规划设计，他在百忙之中对本书肯定的同时，全方位进行了指导，并题写了序言。

西安建筑科技大学风景园林专业副教授、同济大学博士、硕士生导师杨建辉同学，在指导毕业生答辩、繁重的教学科研任务以及自己博士论文答辩之际，还认真而全面地对本书进行了系统性的梳理和建议，在本书交稿之际仍在负责进一步完善！

以及，张鹤同学，一直以来跟踪文稿的进度以及编排、整理，在此由衷感谢！

由于本人的眼界与格局所限，以及涵盖的方方面面并不全面，这本书，记述未尽，我们只是开了个头，欢迎更多同行补充完善，为此，我们在每一章节后面，专设了留言入口，希望广大专家、读者踊跃留言、完善。

我们会在下一版上，将精彩的评论列入书中，更多精彩待续。

本书部分图片来自公众号——景观帮、园景人、新微设计、张唐景观、赛肯思景观、看见景观、木叔、AssBook 设计食堂，以及全球花木网、鄢陵花木网、大洋网、百度等，供大家学习分享，版权归原作者所有。图片如有侵犯您的权益，请告诉我们，我们会第一时间处理，谢谢!

刘文风

2021 年 6 月

特别鸣谢

中国城市经济学会	北京云窝窝景观技术有限公司
中国城市经济学会智慧园林专委会	云南考班格旅游服务有限公司
昆明理工大学	北京开创时代文旅规划设计集团有限公司
中南林业科技大学	上海尚春建设工程有限公司
西南林业大学	上海瑞宝绿化工程有限公司
云南省风景园林行业协会	上海千年城市规划工程设计股份有限公司风景园林院
	宁波提亚景观设计有限公司
	御园景观集团有限公司
	广东彼岸景观与建筑设计有限公司
	BCLA 厦门铂宸景观规划设计有限公司
	上海笛萧萧艺术景观有限公司
	上海拓绿景观设计有限公司
	上海恒景园林有限公司
	金华市聚信建筑工程有限公司
	（排名不分先后）

图书在版编目(CIP)数据

新中国园林70年 / 刘云凤等著. -- 北京：社会科学文献出版社，2021.7
（新中国城市发展研究丛书）
ISBN 978-7-5201-7768-9

Ⅰ.①新… Ⅱ.①刘… Ⅲ.①园林建筑-建筑史-中国-现代 Ⅳ.①TU-098.42

中国版本图书馆CIP数据核字(2021)第017161号

·新中国城市发展研究丛书·
新中国园林70年

著　　者 / 刘云凤　姜海凤　蓝明星 等

出 版 人 / 王利民
责任编辑 / 陈　颖

出　　版 / 社会科学文献出版社·皮书出版分社（010）59367127
地址：北京市北三环中路甲29号院华龙大厦　邮编：100029
网址：www.ssap.com.cn
发　　行 / 市场营销中心（010）59367081　59367083
印　　装 / 北京盛通印刷股份有限公司

规　　格 / 开　本：787mm×1092mm　1/12
印　张：29　字　数：451千字
版　　次 / 2021年7月第1版　2021年7月第1次印刷
书　　号 / ISBN 978-7-5201-7768-9
定　　价 / 198.00元

本书如有印装质量问题，请与读者服务中心（010-59367028）联系